基礎から実践

構造力学

編著
大垣 賀津雄

著者
大山 理
石川敏之
谷口 望
宮下 剛

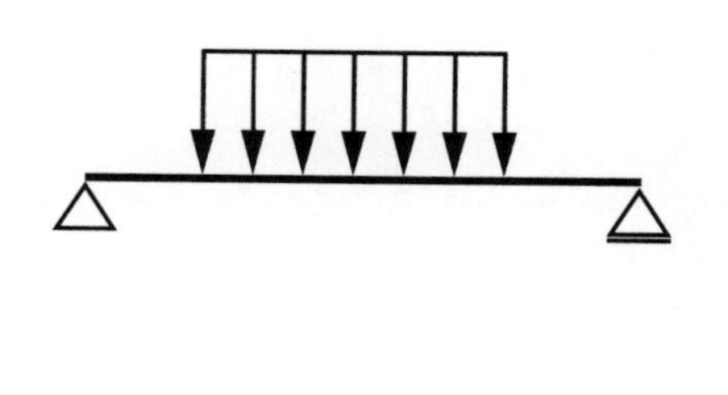

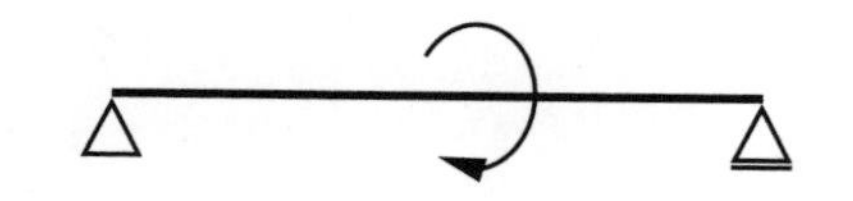

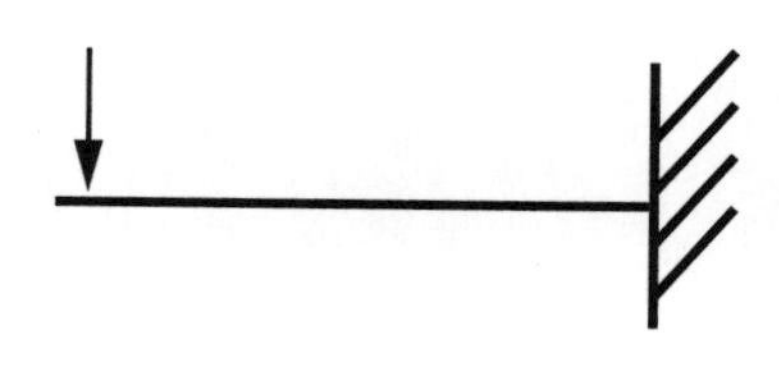

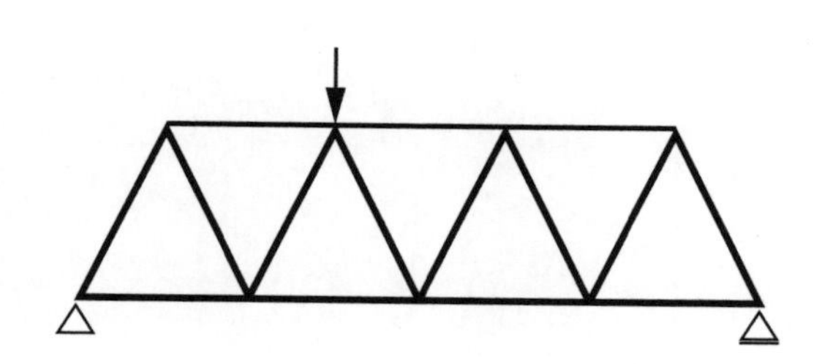

理工図書

第１章　構造力学と構造設計

第２章　力のつり合いと支点反力

第３章　断面力の求め方

第 4 章　トラス構造の解法

第 5 章　応力度の計算

第 6 章　はりのたわみの計算

第７章　影響線

第８章　エネルギー法

第9章　不静定構造物の計算

第10章　柱と座屈

第11章　鉄筋コンクリート

第12章　鋼構造

第1章　構造力学と構造設計

本書は大学課程の専門基礎授業に適した，講義用テキストとしてまとめている。また，本書は就職後も設計など業務で参考になるように，鉄筋コンクリートや鋼構造の設計における基礎的事項などの情報を掲載しており，社会人になっても利用できるものとしている。備考欄には専門用語の説明，英訳，単位の説明，実務における計算方法の適用などの基本情報を掲載している。

1.1　はじめに

建設構造物が備えるべき要件に，古くから「用・強・美」という概念がある。これは，**建築**①や**インフラ構造物**②が要求されている機能を満たし，長期間の使用に耐える強度と耐久性を持ち，かつ美しいと感じなければならないという思想である。インフラ構造物の歴史的遺産としていまなお残っている石橋（**図 1.1**）などは，長い年月を経たいまでもその機能（用）を果たし，耐久性などの安全性（強）が確保されている。しかもその美しさはその地域の風景とマッチングしている。

図 1.1　スターリ・モスト

近年，高層ビルなどの建築（**図 1.2**）や橋梁（**図 1.3**）などのインフラ構造物に用いられている材料は，コンクリートや鋼材が主流である。都市や市民の暮らしに役立つ安定した空間を確保するため

図 1.2　スパイラルタワーズ

① Architecture は建設物を造る行為（過程，技術）を意味し，Building は建設物を意味する。

② Infrastructure
インフラ構造物は主に社会生活に必要な公共構造物を意味する。

に，これらの材料を用いた構造物に外力が加わったときの**応力**③および**変形**④を計算して，その安全性を確認する必要がある。本書はそのための基礎知識を得て，これらの設計，施工および維持管理業務に役立つようにまとめられたものである。

図 1.3 レインボーブリッジ

1.2 構造力学とは

構造力学⑤は建築物，橋梁などのインフラ構造物が，供用時の荷重を受けたときに生じる応力や変形などを計算するための理論体系である。主に建築物，橋梁，船舶，航空機などの構造物に外力が加わったときに各部材に生じる内力と変形を分析するために構造力学が用いられる。建築工学や土木工学の建設分野では根幹を成す学問分野であり，専門基礎の授業として位置付けられている。単一部材での分析を基礎とする**材料力学**⑥とは区別されているが，重なり合う要素が多くあり，本書では材料力学分野もある程度カバーできるようにしている。

建設分野で構造力学を学ぶ目的は以下の通りである。

(1) 構造力学は，建物や橋などの構造物の設計や構造解析に必要な基礎知識を得る。

(2) 構造力学を学ぶことで，構造部材の応力や変形，構造物全体の耐荷性能などを知る。

(3) 効率的な設計，施工管理，点検，診断および DX⑦などの業務を行うための知識を得る。

構造力学は建設分野において非常に重要な役割を担っている建築物，橋梁，鉄塔，ダム，トンネルなどの構造物の設計と解析に欠かせない知識である。構造物はさまざまな荷重や外力にさらされ，それに対して安全かつ効率的に応答させる必要がある。構造力学を理解することで，構造の安定性や応力度，**ひずみ**⑧の分布を予測し，設計や解析に基づいた最適な構造物を実現することができる。市民の安全を守るために非常に重要であり。外力に対する**耐荷性能**⑨，**耐震性能**⑩などの安全性を確保することができる。

本書は，構造力学の基礎知識の学習を行うことを目的として発刊したも

③ Stress
応力は部材に生じる内力（応力度）を意味する。建築分野では部材に生じる力（断面力）のことを単に応力という場合がある。

④ Deformation
外力が加わった際に生じるたわみなどの応答をいう。

⑤ Structural Mechanics

⑥ Materials Mechanics
材料力学は，材料の変形，破壊特性を知るための学問を意味する。

⑦ Digital Transformation
デジタル技術を活用し，人々の生活や業務を効率よい状態へ変革する技術である。建設分野では，リモート建設，BIM,CIM，VR，3D プリンタ建設，モジュール化，AI 診断，スマートシティなどの技術導入をいう場合が多い。

⑧ Strain
単位長さあたりの変形量を意味する。構造力学上重要な指標である。

⑨ Load-bearing Performance
耐荷性能は，対象としている建設部材が終局状態に至る強度特性を

のである。構造物と構造力学との関係をわかりやすく説明し，実際の構造物への力学的な挙動を推定するために重要な学問である。本書を通じて修得した構造力学の理論を，実際の構造物や試験体に適用して，実験や計測を行って荷重の受け方や応力分布などを観察することができれば，より興味が深まって一流の技術者に成長するであろう。

意味する。

⑩ Earthquake Resistance
地震力に対する耐荷性能を意味する。

1.3　建設構造設計

表 1.1 に示す通り，建設工事における発注者の役割は，プロジェクトの計画と条件を決定し，完成させて供用できるまでの全体管理を行うことにある。発注者は建設物の使用目的に応じた品質基準，工事予算，工期，安全基準，および環境基準などを設定して，建設完了までの計画と契約条件を加味して工事発注を行うこととなる。

表 1.1　建設工事の分担

発注者	設計者	建設者
国土交通省，地方自治体 道路会社，鉄道会社 建築主など	コンサルタント，設計事務所 （意匠設計者，構造設計者，設備設計者）	建設会社 専門工事会社

コンサルタントや設計事務所は，建設工事に必要な技術的な助言と専門知識を提供し，企画段階では意匠設計や基本設計を行い，建設着手直前には具体的な構造設計を行う。この際に構造計算書，図面などを成果品として提示して，発注者の承諾を得る。建築構造物では構造設計者と設備設計者が異なる場合もある。インフラ構造物ではコンサルタントがこれらの業務を行っている。

工事を受注した建設会社は，実際の建設作業を担当する。施工図や仕様にしたがって工事を進め，安全や環境に配慮しつつ，工期内に完成させることを目指して**施工管理**⑪する。

⑪ Construction Management
建設分野の施工管理とは安全 Safety，品質 Quality，工程 Delivery，原価 Cost の 4 項目の管理を行うことである。5 つめの管理項目として環境 Environment を含める場合がある。

建設構造設計において，国土交通省告示，道路橋示方書，鉄道構造物等設計標準，建築基準法などの基準や制度にしたがい，実施詳細設計を行う。この際に，構造力学の理論に基づいた構造計算，構造解析を実施して設計計算書を作成する。その設計した部材断面を図面化して，製作，施工できるようにすることが構造設計者の重要な役目となる。

1.4　本書の構成

本書では各章を**表 1.2** に示すように構成し，構造設計を行う際に必要な情報を学ぶことができる。

表 1.2　本書の構成

第１章　構造力学と構造設計	概論，構造力学，建設構造設計，本書の構成
第２章　力のつり合いと支点反力	力のつり合い，構造モデルと荷重，支点反力
第３章　断面力の求め方	断面力とは，断面力の符号，断面力の計算法，静定ラーメン
第４章　トラス構造の解法	トラス構造の種類，節点法による解法，切断法による解法
第５章　応力度の計算	構造材料の力学的性質，断面諸元，部材の応力度
第６章　はりのたわみの計算	たわみとたわみ角，微分方程式を用いる方法，モールの解法（弾性荷重法）
第７章　影響線	影響線の必要性，影響線図，影響線の利用方法
第８章　エネルギー法	仕事とひずみエネルギー，相反定理，仮想仕事の原理と単位荷重法，カスティリアノの定理，余力法，最小仕事の原理
第９章　不静定構造物の計算	不静定次数，たわみ角法
第 10 章　柱と座屈	柱と座屈，短い柱，長い柱，板の座屈
第 11 章　鉄筋コンクリート	鉄筋コンクリート構造，応力度の計算，はりの終局強度
第 12 章　鋼構造	鋼構造，鋼部材の圧縮強度，鋼桁および合成桁の断面に生じる応力分布，崩壊荷重

第2章　力のつり合いと支点反力

構造物，その代表例である橋梁（きょうりょう）には，自重，車や列車などの移動荷重，さらに，温度変化や地震力など種々の荷重が作用する。設計を行うに際し，まず，これらの荷重に対して，構造物をしっかりと支える必要がある。

本章では，力のつり合い条件式に基づいて，下から支える力，つまり，支点反力の求め方を説明する。

2.1　力のつり合い

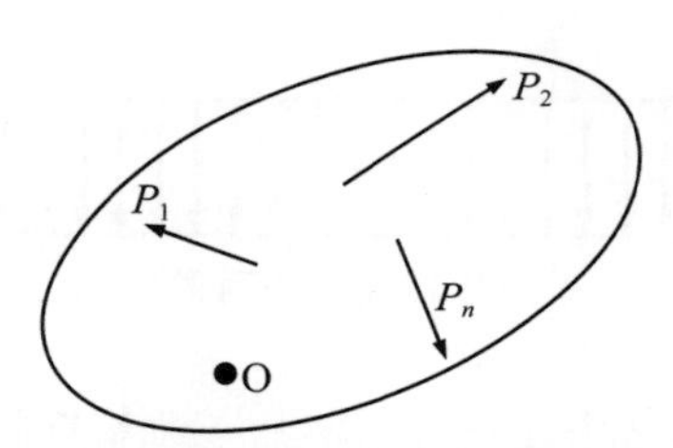

図 2.1　1点に作用しない多くの力のつり合い

図 2.1 に示す1点に作用しない多くの力[①]が作用する力のつり合い条件式は，以下のように与えられる。

水平（horizontal）方向に作用するすべての力がつり合っている。

$$\sum H_i = 0 \tag{2.1}$$

鉛直（vertical）方向に作用するすべての力がつり合っている。

$$\sum V_i = 0 \tag{2.2}$$

回転させようとするすべての力，つまり，モーメント（moment）がつり合っている。

$$\sum M_i = 0 \tag{2.3}$$

すなわち，『**すべての力の水平分力の代数和，鉛直分力の代数和ならびに任意点に関するモーメントの代数和がそれぞれ0になる**』ということである。

① 物体の運動状態に変化（速度の変化）を生じさせる原因となるものを力（Force）という。構造力学では，力の大きさ，方向に加えて作用点についても考える必要がある（**力の三要素**）。

力の単位は，国際単位系（SI 単位系）が用いられ，1kg の質量に $1\mathrm{m/s^2}$ の加速度を生じさせる力を 1N（ニュートン）と定義している。

$$1\mathrm{N} = 1\mathrm{kg} \times 1\mathrm{m/s^2}$$

モーメントは，力 P と回転中心から作用線までの距離 a の積で表される

$$M = Pa$$

2.2　構造モデルと荷重

・**集中荷重**[②]

集中荷重とは，**図 2.2** に示すように，全重量が１点に集中して作用すると仮定できる荷重をいう。

・**分布荷重**[③]

分布荷重とは，**図 2.3** に示すように分布力に相当する荷重で，その大きさは，単位長さあたりの力で表される。

② Concentrated Load

③ Distributed Load

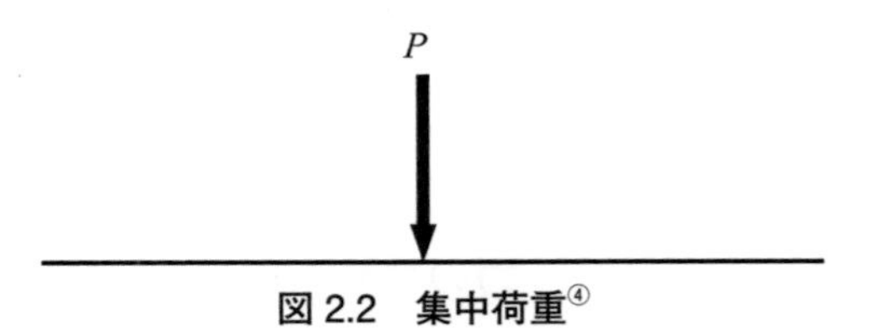

図 2.2　集中荷重[④]

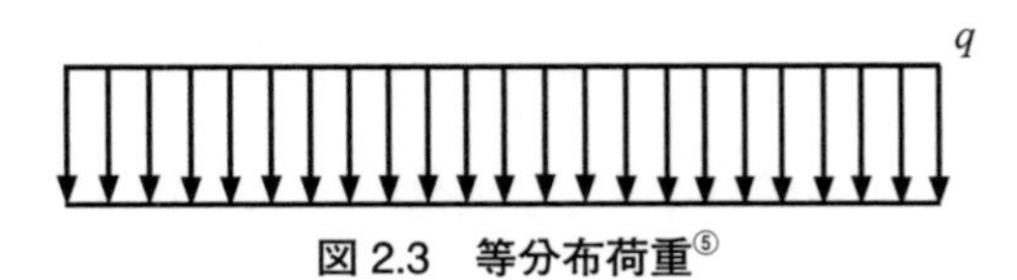

図 2.3　等分布荷重[⑤]

④ 一般的に用いられる単位の例は，kN，N などである（1 kN＝1000 N）。

⑤ 一般的に用いられる単位の例は，kN/m，N/cm などである。
また，等変分布（三角形）荷重もある。

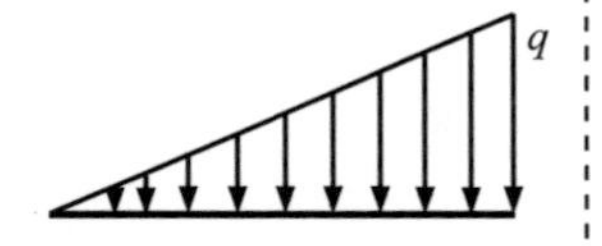

今後，力のつり合い計算を行うに際し，分布荷重を集中荷重に置き換える必要がある。そこで，まず，**「Varignon（バリノン）の定理」**を説明する。同定理は，「物体に多くの平行な力が作用する場合，ある点に関するそれぞれの力によるモーメントの総和は，それらの合力のある点に関するモーメントに等しい」ということができる。つまり，**図 2.4** に示すような多くの平行な力 $P_1, \cdots P_i, \cdots P_n$ の合力 R の作用線は，これらの力に平行で，その大きさは，式（2.4）で表される。

$$R = \sum_{i=1}^{n} P_i \tag{2.4}$$

また，P_i の任意の１点 O からの長さ e，合力 R のそれを e とすれば，式（2.5）が得られ，合力 R の作用線位置が定まる。

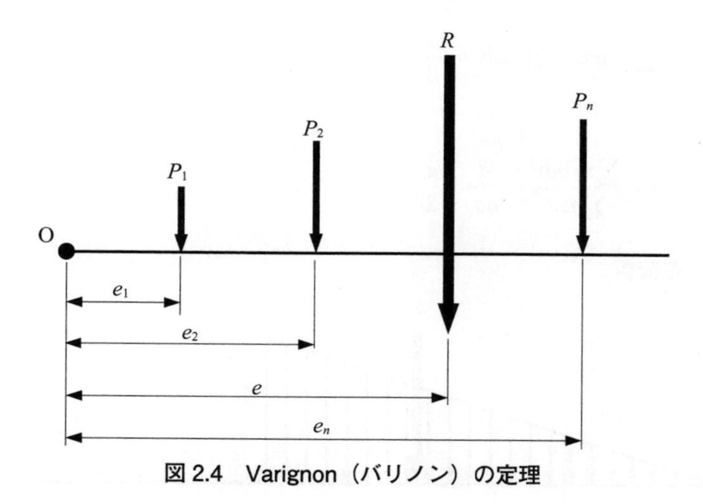

図 2.4　Varignon（バリノン）の定理

$$e = \frac{\sum_{i=1}^{n} P_i e_i}{\sum_{i=1}^{n} P_i} \tag{2.5}$$

上記の定理を用いて，等分布荷重および等変分布荷重の合力とその作用位置を求める。

等分布荷重

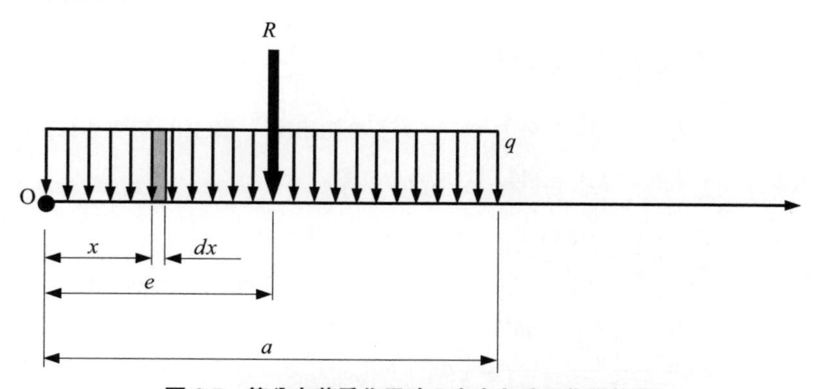

図 2.5　等分布荷重作用時の合力とその作用位置

図 2.5 に示すように，点 O より x 離れた位置での微小区間を dx とすれば，この区間に作用する集中荷重は qdx で表される。これを 1 つの分力と仮定すると，合力 R は式（2.6）のように求められる。

$$R = \sum qdx = q\int_0^a dx = qa \tag{2.6}$$

そして，点 O に関する分力モーメントの総和は式（2.7）で表され，両式より作用位置 e は式（2.8）で求められる。

$$\sum x \cdot qdx = q\int_0^a xdx = \frac{qa^2}{2} \tag{2.7}$$

$$e = \frac{\sum x \cdot qdx}{\sum qdx} = \frac{\frac{qa^2}{2}}{qa} = \frac{a}{2} \tag{2.8}$$

等変分布荷重

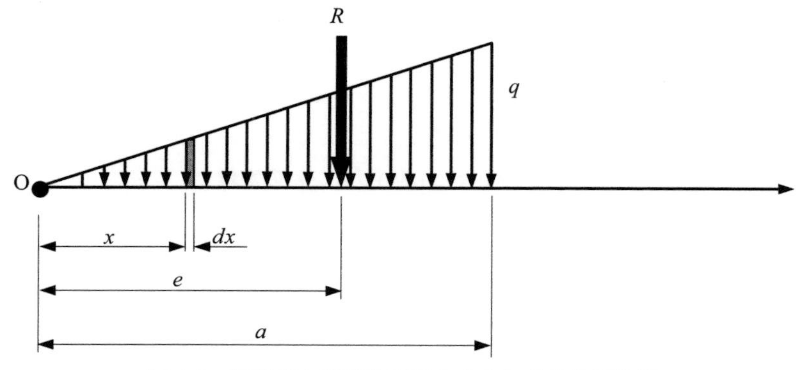

図 2.6　等変分布荷重作用時の合力とその作用位置

図 2.6 に示すように，点 O より x 離れた位置での微小区間を dx とすれば，この区間に作用する集中荷重は $q\frac{x}{a}dx$ で表される⑥。これを1つの分力と仮定すると，合力 R は式（2.9）のように求められる。

$$R = \sum q\frac{x}{a}dx = \frac{q}{a}\int_0^a xdx = \frac{qa}{2} \tag{2.9}$$

そして，点 O に関する分力モーメントの総和は式（2.10）で表され，両式より作用位置 e は式（2.11）で求められる。

$$\sum x \cdot q\frac{x}{a}dx = \frac{q}{a}\int_0^a x^2dx = \frac{qa^2}{3} \tag{2.10}$$

$$e = \frac{\sum x \cdot q\frac{x}{a}dx}{\sum q\frac{x}{a}dx} = \frac{\frac{qa^2}{3}}{\frac{qa}{2}} = \frac{2}{3}a \tag{2.11}$$

以上より，等分布荷重および等変分布荷重の合力の大きさは，力の分布図の面積に等しく，その作用位置は，図形の幾何学的な重心を通ることがわかる。

他にも，集中モーメント（モーメント荷重）という荷重がある⑦。

⑥　点 O から x 離れた位置における分布荷重の大きさは，以下の関係より，誘導することができる。

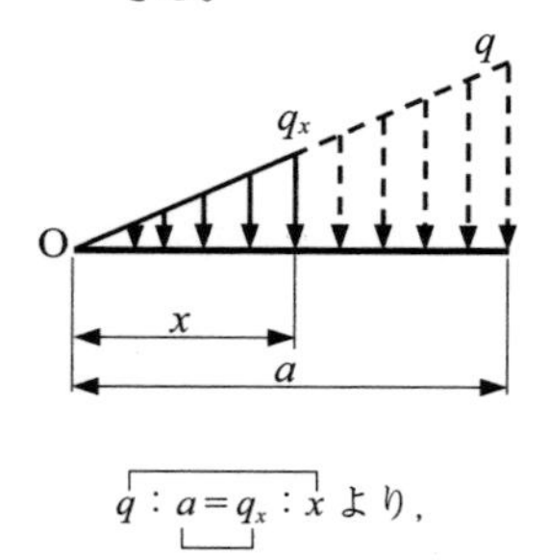

$q : a = q_x : x$ より，

$$q_x = q\frac{x}{a}$$

⑦　集中モーメント（モーメント荷重）

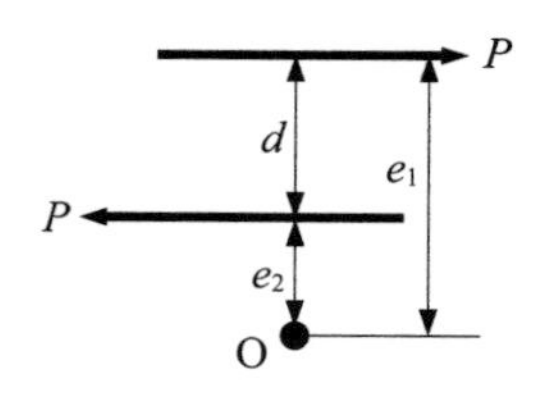

その中で，大きさ P が等しく，向きが反対の平行な2つの力を偶力（Couple of Force）という。さらに，$M = Pe_1 - Pe_2 = Pd$ となり，このモーメントを偶力モーメント（Moment of Couple）という。

2.3　支点反力

2.3.1　支点の種類

(1) ローラー（移動）支点，ヒンジ（回転）支点（図 2.7）

ローラー（移動）支点は，鉛直な方向の移動を拘束するが，水平方向の移動と回転は拘束せず，反力数は鉛直方向１つのみである。一方，ヒンジ（回転）支点は，鉛直および水平方向の移動を拘束するが，回転は拘束せず，反力は鉛直および水平方向の２つとなる。

図 2.7　ローラー（移動）支点，ヒンジ（回転）支点

(2) 固定支点（固定端）（図 2.8）

固定支点（固定端ともいわれる）は，鉛直，水平方向ならびに回転のすべてを拘束し，反力数は，鉛直，水平反力ならびに固定モーメントの３つとなる。

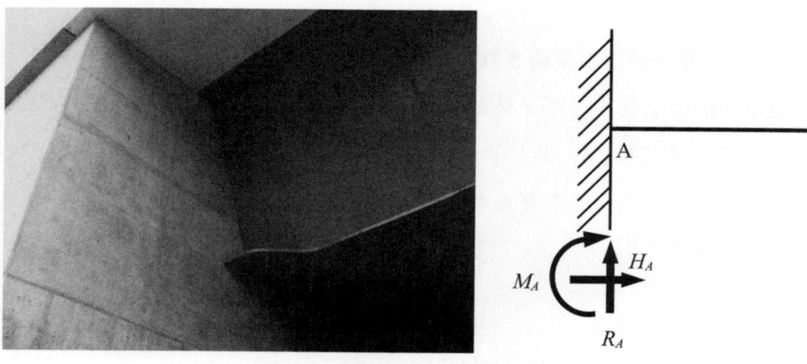

図 2.8　固定支点（固定端）

2.3.2　外力（力とモーメント）の符号の約束

(1)　水平方向の外力は，右向きに作用するとき**正**，左向きに作用するとき**負**とする。

(2)　鉛直方向の外力は，上向きに作用するとき**正**，下向きに作用するとき**負**とする。

(3)　外力によるモーメントは，時計回りに作用するとき**正**，反時計回りに作用するとき**負**とする。

2.3.3　支点反力の求め方

Step-1：

支点の種類に応じて，正しい数の反力を⊕方向に仮定する。

Step-2：

斜め方向の荷重→鉛直および水平分力を求める。

Step-3：

分布荷重→合力の大きさと作用位置を定める。

Step-4：

力のつり合い条件式（$\sum H=0$，$\sum V=0$，$\sum M=0$）を用いて，反力の大きさと方向を決定する。

Step-5：

検算を行う。

例題 2.1　集中荷重が載荷された単純はりの支点反力

図 2.9 に示す通り，ヒンジ支点とローラー支点によって両端を支持されたはりを単純はりと呼ぶ。

いま，点 AB の支間中央（点 C）に集中荷重 P が作用した単純はりの支点反力を求める。

問題 2.1

以下の単純はりに作用する支点反力の値を求めなさい。

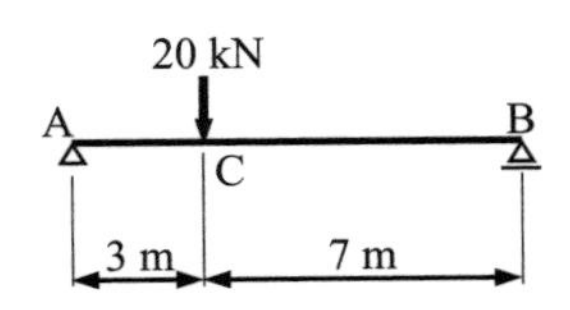

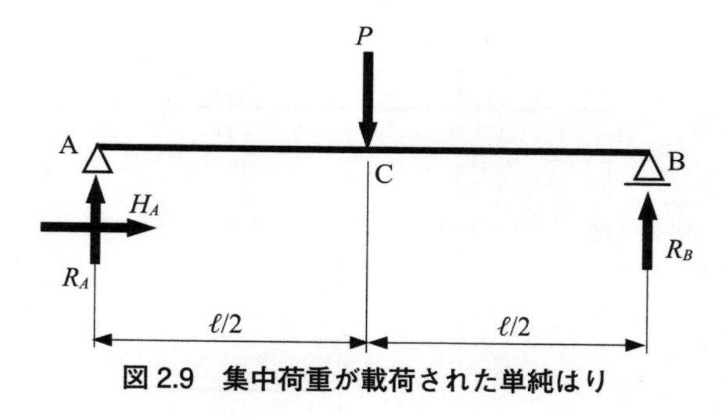

図 2.9　集中荷重が載荷された単純はり

まず，単純はりに作用する支点反力（R_A, R_B ならびに H_A）は，同図に示すように正の向きに仮定する。

次に，つり合い条件式は，以下のように書ける。

$$\sum H = 0 \ : H_A = 0$$

$$\sum V = 0 \ : \underbrace{R_A + R_B}_{\text{上向き}} \underbrace{- P}_{\text{下向き}} = 0 \text{ より，} R_A + R_B = P \qquad \text{(a)}$$

$$\underbrace{\sum M_{at\,A}}_{\text{点Aまわりのモーメント}} = 0 \ : \ \underbrace{P \times \frac{\ell}{2}}_{\text{時計回り}} \underbrace{- R_B \times \ell}_{\text{反時計回り}} = 0 \text{ より，} \quad R_B = \frac{P}{2}$$

式（a）より，$R_B = P - R_B = P - \dfrac{P}{2} = \dfrac{P}{2}$

＜検算＞

$$\sum M_{at\,B} = 0 : R_A \times \ell - P \times \frac{\ell}{2} = 0 \text{ より，} \ R_A = \frac{P}{2}$$

これらの反力の符号は，すべて正である。したがって，反力の向きは，**図 2.9** の仮定通りと判定される。

例題 2.2　斜め方向の集中荷重が載荷された単純はりの支点反力

まず，単純はりに作用する支点反力（R_A, R_B ならびに H_A）は，**図 2.10** に示すように正の向きに仮定する。

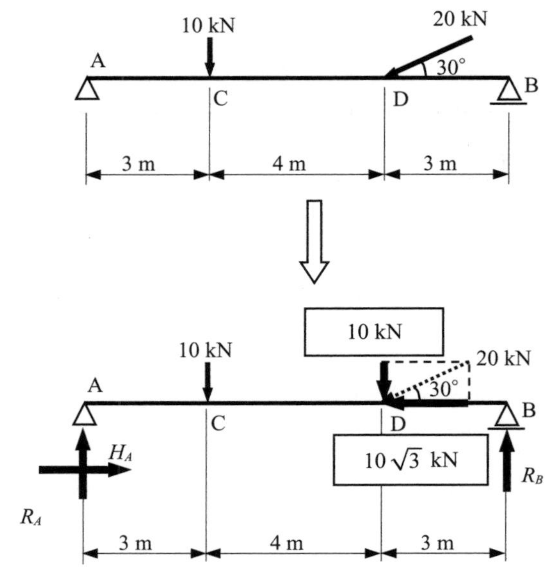

図 2.10　鉛直と斜め方向の集中荷重が載荷された単純はり

次に，点Dに作用している集中荷重を，水平および鉛直力に分解する[⑧]。そして，つり合い条件式は，以下のように書ける。

⑧　斜め方向の集中荷重の分解

水平分力

$$H_i = P\cos\theta$$

鉛直分力

$$V_i = P\sin\theta$$

$$\sum H = 0\ :\ \underbrace{H_A}_{\text{右向き}} \underbrace{-10\sqrt{3}}_{\text{左向き}} = 0\ \text{より},\ \ H_A = 10\sqrt{3}\ \text{kN}$$

$$\sum V = 0\ :\ \underbrace{R_A + R_B}_{\text{上向き}} \underbrace{-10-10}_{\text{下向き}} = 0\ \text{より},\ \ R_A + R_B = 20\ \text{kN} \qquad \text{(b)}$$

$$\underbrace{\sum M_{at\ A}}_{\text{点Aまわりのモーメント}} = 0\ :\ \underbrace{10\times3}_{\text{時計回り}} + \underbrace{10\times7}_{\text{時計回り}} \underbrace{-R_B\times10}_{\text{反時計回り}} = 0\ \text{より},$$

$$R_B = \frac{10\times3+10\times7}{10} = 10\ \text{kN}$$

式（b）より，$R_A = 20 - R_B = 20 - 10 = 10\ \text{kN}$

<検算>

$$\sum M_{at\ B} = 0:\ R_A\times10 - 10\times7 - 10\times3 = 0\ \text{より},\ \ R_A = 10\ \text{kN}$$

これらの反力の符号は，すべて正である。したがって，反力の向きは，**図 2.10** の仮定通りと判定される。

例題 2.3　等分布荷重が載荷された単純はりの支点反力

まず，単純はりに作用する支点反力（R_A, R_B ならびに H_A）は，**図 2.11** に示すように正の向きに仮定する。

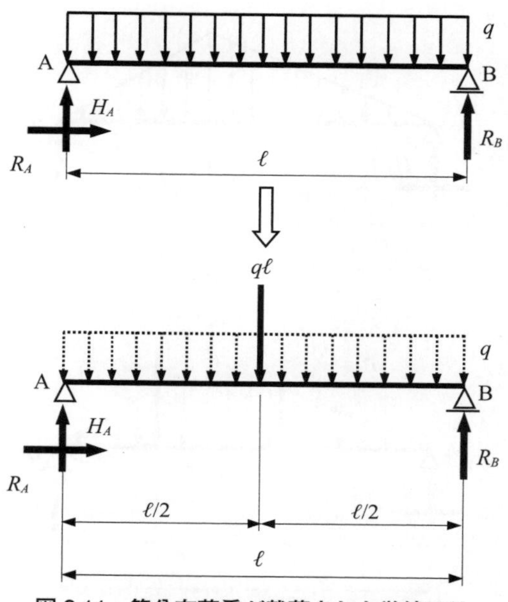

図 2.11　等分布荷重が載荷された単純はり

次に，等分布荷重の合力は ql であり，作用線の位置は，**図 2.11** に示す通りである。

そして，つり合い条件式は，以下のように書ける。

$$\sum H=0 \ : H_A=0$$

$$\sum V=0 \ : \ R_A+R_B-q\ell=0 \text{ より，} \ R_A+R_B=q\ell \qquad \text{(c)}$$

$$\sum M_{at\,A}=0 \ : \ q\ell\times\frac{\ell}{2}-R_B\times\ell=0 \text{ より，} \ R_B=\frac{q\ell}{2}$$

式（c）より，$R_A=q\ell-R_B=q\ell-\frac{q\ell}{2}=\frac{q\ell}{2}$

<検算>

$$\sum M_{at\,B}=0: \ R_A\times\ell-q\ell\times\frac{\ell}{2}=0 \text{ より，} \ R_A=\frac{q\ell}{2}$$

これらの反力の符号は，すべて正である。したがって，反力の向きは，**図 2.11** の仮定通りと判定される。

問題 2.2

以下の単純はりに作用する支点反力の値を求めなさい。

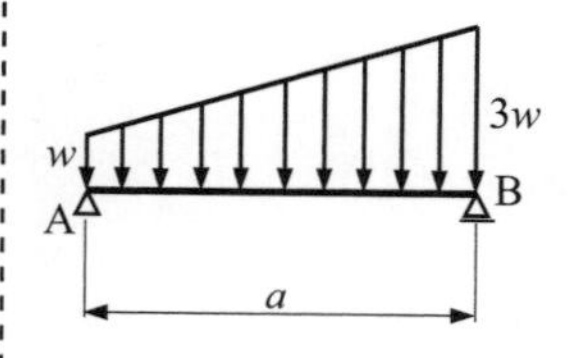

問題 2.3

以下の単純はりに作用する支点反力の値を求めなさい。

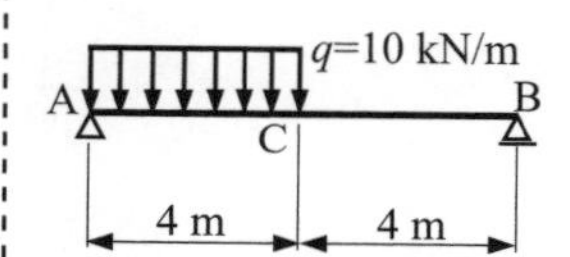

例題 2.4　等変（三角形）分布荷重が載荷された単純はりの支点反力

まず，単純はりに作用する支点反力（R_A, R_B ならびに H_A）は，**図 2.12** に示すように正の向きに仮定する。

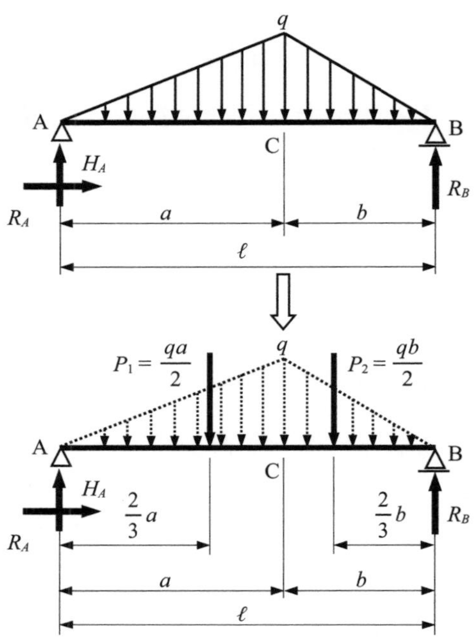

図 2.12　等変（三角形）分布荷重が載荷された単純はり

次に，AC 間および CB 間の等変（三角形）分布荷重の合力は，それぞれ，$P_1 = qa/2$，$P_2 = qb/2$ であり，作用線の位置は，図に示す通りである。

そして，つり合い条件式は，以下のように書ける。

$$\sum H = 0 \ : H_A = 0$$

$$\sum V = 0 \ : R_A + R_B - P_1 - P_2 = 0 \text{ より，} \quad R_A + R_B = \frac{qa}{2} + \frac{qb}{2} \tag{d}$$

$$\sum M_{at\,A} = 0 \ : \ \frac{qa}{2} \times \frac{2}{3}a + \frac{qb}{2} \times \left(\ell - \frac{2}{3}b\right) - R_B \times \ell = 0 \text{ より，}$$

$$R_B = \frac{q}{6}(2a + b)$$

式（d）より，$R_A = \dfrac{qa}{2} + \dfrac{qb}{2} - R_B = \dfrac{q}{6}(a + 2b)$

<検算>

$$\sum M_{at\,B}=0:\ R_A\times\ell-\frac{qa}{2}\times\left(\ell-\frac{2}{3}a\right)-\frac{qb}{2}\times\frac{2}{3}b=0\ \text{より},$$

$$R_A=\frac{q}{6}\left(a+2b\right)$$

これらの反力の符号は，すべて正である。したがって，反力の向きは，**図 2.12** の仮定通りと判定される。

例題 2.5　斜め方向の集中荷重と集中モーメントを受ける片持ちはり

図 2.13 に示す通り，一端を固定支点にし，一端を自由端とした，つまり，反力が生じないはりを片持ちはりと呼ぶ。

まず，片持ちはりに作用する支点反力（R_A, H_A ならびに M_A）は，同図に示すように正の向きに仮定する。

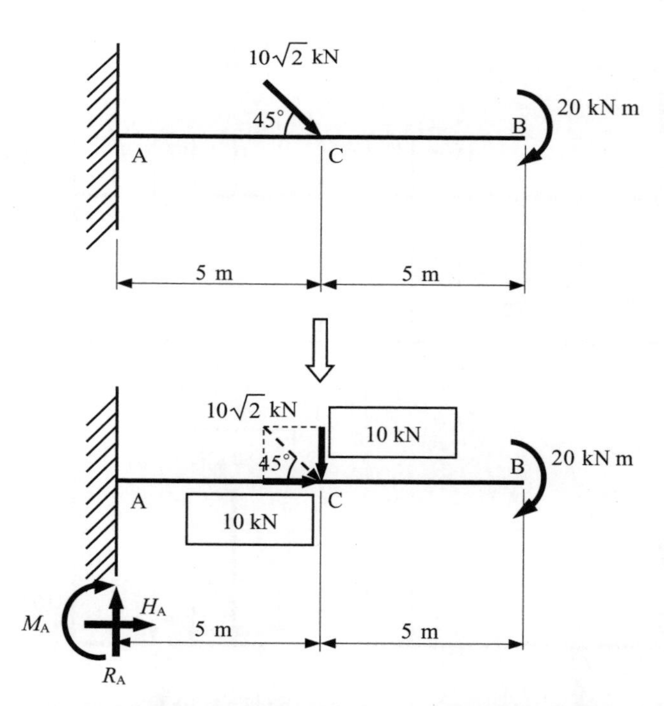

図 2.13　斜め方向の集中荷重と集中モーメントを受ける片持ちはり

次に，点Cに作用している集中荷重を，水平および鉛直力に分解する。そして，つり合い条件式は，以下のように書ける。

$$\sum H=0\ :H_A+10=0\ \text{より，}\ H_A=-10\,\text{kN}$$

問題 2.4

以下の片持ちはりに作用する支点反力の値を求めなさい。

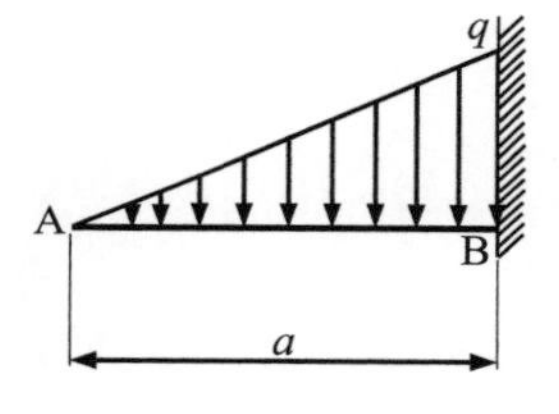

$$\sum V = 0 \ : R_A - 10 = 0 \text{ より，} R_A = 10\,\text{kN}$$

$$\sum M_{at\,A} = 0 \ : M_A + 10 \times \underbrace{5 + 20}_{\text{時計回り}} = 0 \text{ より，} M_A = -70\,\text{kN}\cdot\text{m}$$

＜検算＞

$$\sum M_{at\,B} = 0 : M_A + R_A \times 10 - 10 \times 5 + 20 = 0 \text{ となる。}$$

固定モーメント M_A は負であるから，仮定と逆向き（反時計回り）と判定される。

例題 2.6　集中荷重と等分布荷重を受ける張り出しはり

図 2.14 に示す通り，単純はりの一端または両端を外側に張り出したはりを張り出しはりと呼ぶ。

まず，張り出しはりに作用する支点反力（R_A, H_A ならびに R_B）は，同図に示すように正の向きに仮定する。

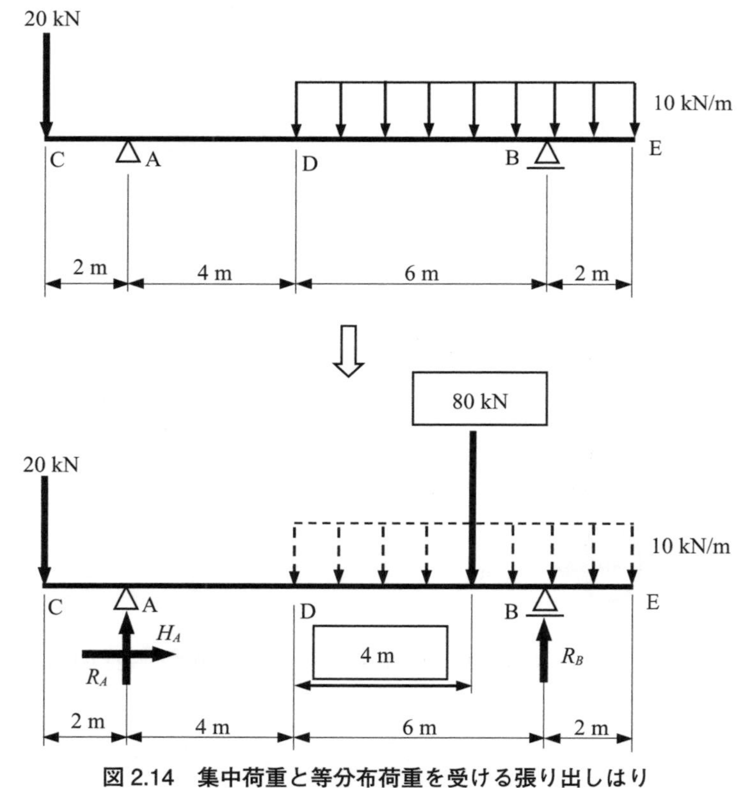

図 2.14　集中荷重と等分布荷重を受ける張り出しはり

そして，つり合い条件式は，以下のように書ける。

$\sum H=0 \;:\; H_A=0$

$\sum V=0 \;:\; R_A+R_B-20-80=0$ より，$R_A+R_B=100$ kN　(e)

$\sum M_{at\,A}=0 \;:\; -20\times2+80\times8-R_B\times10=0$ より，

$$R_B=\frac{-20\times2+80\times8}{10}=60 \text{ kN}$$

式（e）より，$R_A=100-R_B=100-60=40$ kN

＜検算＞

$\sum M_{at\,B}=0: -12\times20+R_A\times10-80\times2=0$ より，$R_A=40$ kN

これらの反力の符号は，すべて正である。したがって，反力の向きは，**図 2.14** の仮定通りと判定される。

例題 2.7　集中荷重と等分布荷重を受けるゲルバーはり

ゲルバーはりとは，連続はりの中間点に新たにヒンジを設けたはりのことをいう。**図 2.15** の場合，張り出しはり ABG の上に単純はり GC が載っていると考え（**図 2.16**），単純はり，そして，張り出しはりの順で支点反力を求めていく。

まず，張り出しはり，単純はりに作用する支点反力（R_A, H_A, R_B, R_C ならびに R_G, H_G）は，**図 2.16** に示すように正の向きに仮定する。

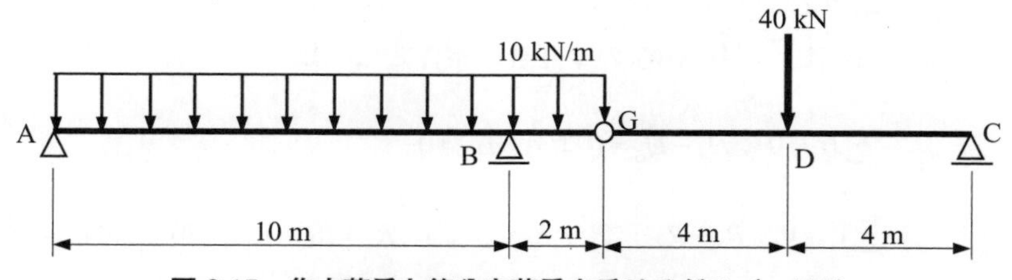

図 2.15　集中荷重と等分布荷重を受けるゲルバーはり

問題 2.5

以下のゲルバーを有するはりに作用する支点反力の値を求めなさい。

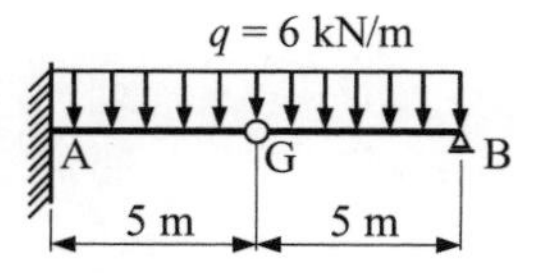

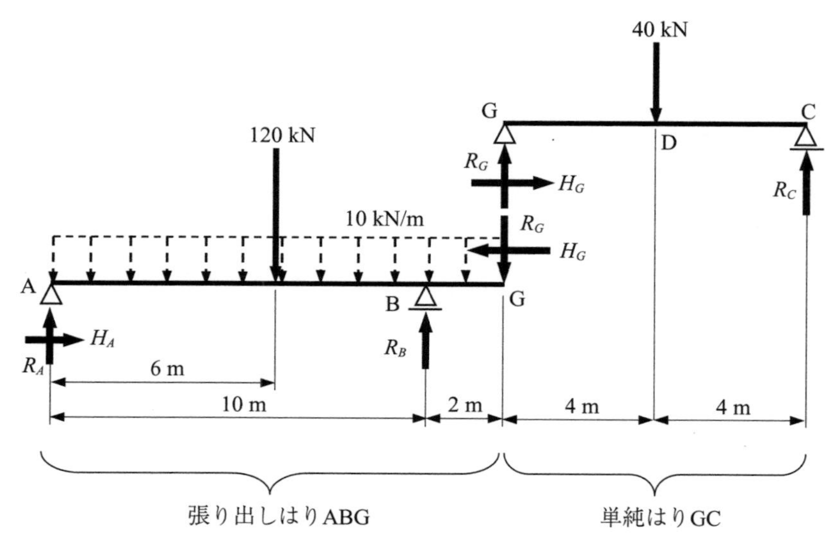

図 2.16　張り出しはりと単純はりに分割されたゲルバーはり

単純はり GC のつり合い条件式は，以下のように書ける。

$$\sum H = 0 \ : H_G = 0$$

$$\sum V = 0 \ : R_G + R_C - 40 = 0 \text{ より，} R_G + R_C = 40 \text{ kN} \qquad \text{(f)}$$

$$\sum M_{at\,G} = 0 \ : 40 \times 4 - R_C \times 8 = 0 \text{ より，} R_C = \frac{40 \times 4}{8} = 20 \text{ kN}$$

式（f）より，$R_G = 40 - R_C = 40 - 20 = 20$ kN

<検算>

$$\sum M_{at\,C} = 0 : R_G \times 8 - 40 \times 4 = 0 \text{ より，} R_G = 20 \text{ kN}$$

次に，張り出しはり ABG のつり合い条件式は，以下のように書ける。

$$\sum H = 0 \ : H_A - H_G = 0 \text{ より，} H_A = 0$$

$$\sum V = 0 \ : R_A + R_B - 120 - R_G = 0 \text{ より，} R_A + R_B = 120 + 20 = 140 \text{ kN} \qquad \text{(g)}$$

$$\sum M_{at\,A} = 0 \ : 120 \times 6 - R_B \times 10 + R_G \times 12 = 0 \text{ より，}$$

$$R_B = \frac{120 \times 6 + 20 \times 12}{10} = 96 \text{ kN}$$

式（g）より，$R_A = 140 - R_B = 140 - 96 = 44$ kN

<検算>

$$\sum M_{at\,B}=0:\ R_A\times10-120\times4+R_G\times2=0\ \text{より},$$

$$R_A=\frac{120\times4-20\times2}{10}=44\ \text{kN}$$

これらの反力の符号は，すべて正である。したがって，反力の向きは，**図 2.16** の仮定通りと判定される。

別解

ヒンジでは，モーメントは伝達されず，この点まわりで考えた**右**もしくは**左**のモーメントは常にゼロとなる（**図 2.17**）。

$$\sum M_{at\,G}^{右}=0\quad もしくは\quad \sum M_{at\,G}^{左}=0$$

この考え方で，同様に，反力計算を行っていく。

$$\sum H=0\ :H_\mathrm{A}=0\ \text{kN}$$

$$\sum V=0\ :R_A+R_B+R_C-120-40=0\ \text{より},\ R_A+R_B+R_C=160\ \text{kN}\quad \text{(h)}$$

$$\sum M_{at\,A}=0\ :120\times6-R_B\times10+40\times16-R_C\times20=0\ \text{より},$$

$$R_B\times10+R_C\times20=1360\ \text{kN·m}\quad \text{(i)}$$

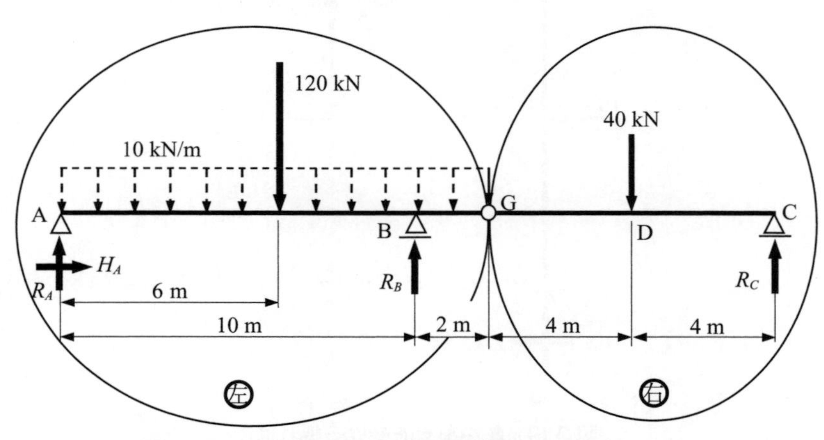

図 2.17　ヒンジ G 点で左右に分割されたゲルバーはり

$$\sum M_{at\,G}^{右}=0\ :40\times4-R_C\times8=0\ \text{より},\quad R_C=\frac{40\times4}{8}=20\ \text{kN}$$

式（i）より，$R_B=\dfrac{1360-20\times20}{10}=96\ \text{kN}$

式（h）より，$R_A=160-R_B-R_C=160-96-20=44\ \text{kN}$

＜検算＞

$$\sum M_{at\,G}^{左}=0\ :R_A\times12-120\times6+R_B\times2=44\times12-120\times6+96\times2=0$$

上記と同じ解を得ることができる。

例題 2.8　集中荷重を受ける折れはり（静定ラーメン）（図 2.18）

図 2.18　折れはり構造の一例

問題 2.6

以下の折れはりに作用する支点反力の値を求めなさい。

5 kN　C　D　8 m　A　B　10 m

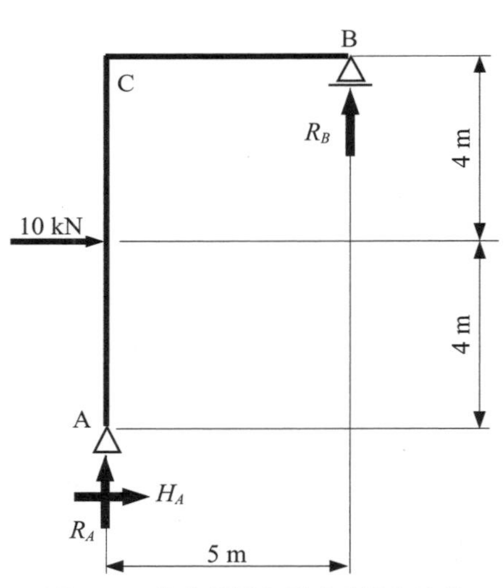

図 2.19　集中荷重を受ける折れはり

まず，折れはりに作用する支点反力（R_A, H_A ならびに R_B）は，**図 2.19** に示すように正の向きに仮定する。

そして，つり合い条件式は，以下のように書ける。

$$\sum H=0\ :H_A+10=0\ より，\ H_A=-10\,\mathrm{kN}$$

$$\sum V=0\ :R_A+R_B=0 \tag{j}$$

$$\sum M_{at\,A} = 0 \ :\ 10\times4 - R_B\times5 = 0\ より，\quad R_B = \frac{10\times4}{5} = 8\ \text{kN}$$

式 (j) より，$R_A = -R_B = -8$ kN

＜検算＞

$$\sum M_{at\,B} = 0:\ -10\times4 + R_A\times5 - H_A\times8 = -40-40+80 = 0$$

水平反力 H_A および鉛直応力 R_A は負であるから仮定と逆向き，R_B の向きは仮定通りと判定される。

例題 2.9　複数荷重を受けるゲルバーを有する折れはり

まず，折れはりに作用する支点反力（H_A, R_A, M_A ならびに R_B）は，**図 2.20** に示すように正の向きに仮定する。

そして，つり合い条件式は，以下のように書ける。

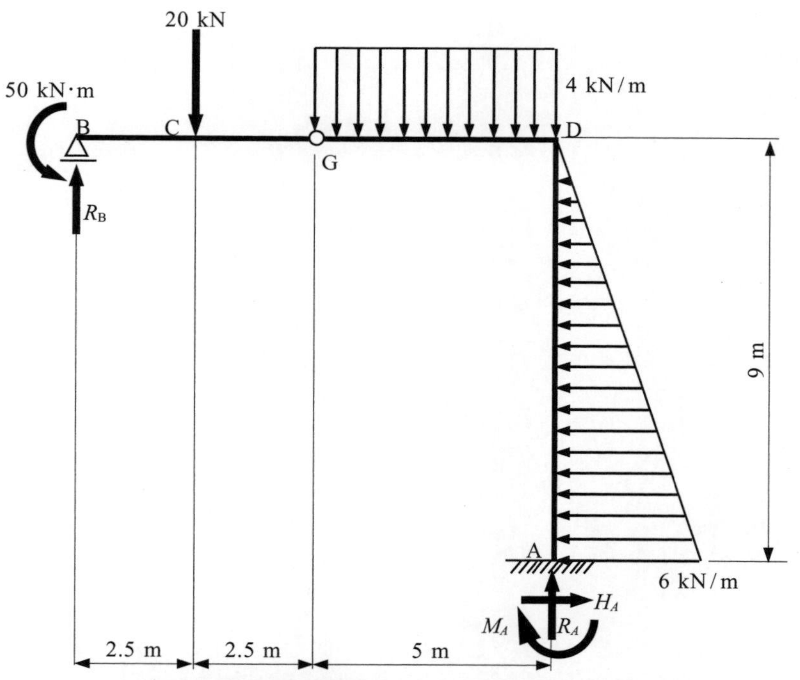

図 2.20　複数荷重を受けるゲルバーを有する折れはり

$$\sum H = 0 \ :\ H_A - 27 = 0\ より，\ H_A = 27\ \text{kN}$$

$$\sum V = 0 \ :\ R_A + R_B - 20 - 20 = 0\ より，\ R_A + R_B = 40\ \text{kN} \qquad \text{(K)}$$

$$\sum M_{at\,A} = 0 \ :\ M_A + R_B\times10 - 50 - 20\times7.5 - 20\times2.5 - 27\times3 = 0\ より，$$

$$M_A + R_B\times10 = 331\ \text{kN·m} \qquad (\ell)$$

問題 2.7

以下のゲルバーを有する折れはりに作用する支点反力の値を求めなさい。

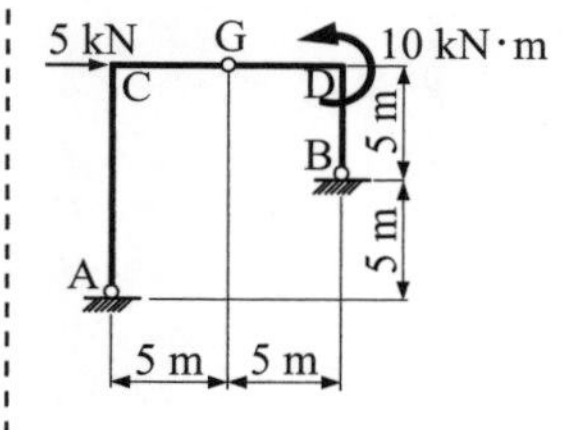

$$\sum M_{at\,G}^{右} = 0\ :\ R_B \times 5 - 50 - 20 \times 2.5 = 0$$ より，

$$R_B = \frac{50 + 20 \times 2.5}{5} = 20\ \text{kN}$$

式（k）より，$R_A = 40 - R_B = 40 - 20 = 20\ \text{kN}$

式（ℓ）より，$M_A = 331 - R_B \times 10 = 331 - 20 \times 10 = 131\ \text{kN·m}$

<検算>

$$\sum M_{at\,G}^{右} = 0\ :\ 20 \times 2.5 + 27 \times 6 + M_A - H_A \times 9 - R_A \times 5 = 0$$

これらの反力の符号は，すべて正である。したがって，反力の向きは，**図 2.20** の仮定通りと判定される。

第3章 断面力の求め方

第2章では，構造物に集中荷重や等分布荷重などの**外力**が作用した際に生じる支点反力の求め方について学習した。しかし，外力によって反力が生じるだけでなく，構造物は変形し，残念ながら目で見ることはできないが，断面内にも力（= **断面力**[①]〈内力〉と言う）が生じる。この断面力は，構造物の設計において非常に大切であり[②]，本章では，その求め方について説明する。

① Sectional Force

② 例えば，

$$\sigma = \frac{N}{A} \leq \sigma_a$$

σ（シグマ）は，単位面積あたりに作用する力，A は断面積を示す。鋼やコンクリートなどの建設材料には，設計上の制限値 σ_a が設けられている。制限値以内になるように断面積を決めるのが設計である。**第3章**では，分子の断面力に相当する N の値を求める方法を勉強する。

3.1 断面力とは

いま，**図3.1** に示すはりを考え，点Aから x 離れたところではりを切断すれば，その面から，断面力が現れる（断面力＝切断面において，左右の物体が及ぼし合っている力という）。

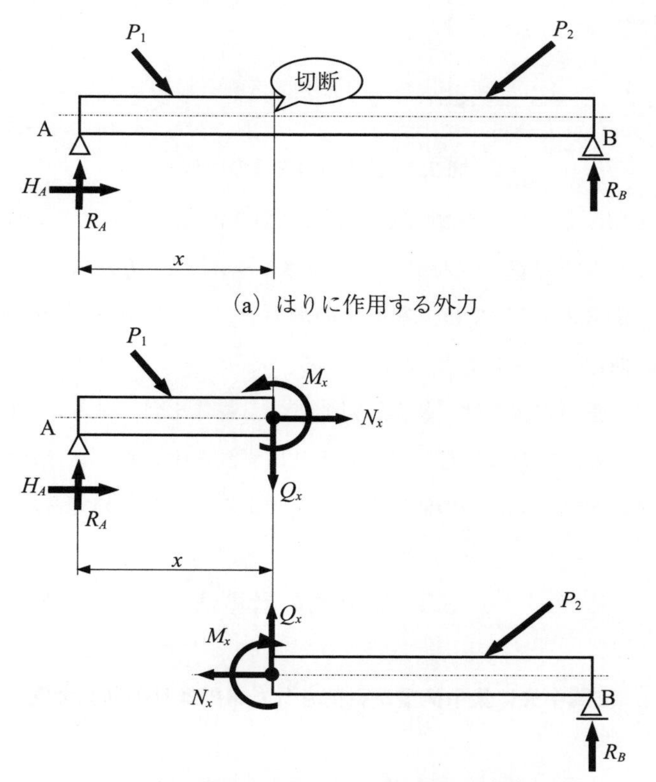

図3.1 はりに作用する外力と点Aから x 離れた位置に作用する断面力

この断面力には，軸方向に押し引きする**軸方向力**③：N，部材軸に対して鉛直方向にずれる変形に抵抗する**せん断力**④：Q ならびに物体が回転したりする変形に抵抗する**曲げモーメント**⑤：M の3種類がある。

③ Normal Force
④ Shearing Force
⑤ Bending Moment

図 3.1（b）に示すように，はり全体から取り出した物体を自由物体⑥，このつり合い状態を表している図を**自由物体図**⑦という。

⑥ Free Body
⑦ Free Body Diagram

はり AB が静止状態を持続するためには，それぞれの自由物体について**つり合い条件式**⑧を満足する必要がある。これは，**外力**と**断面力（内力）**がつり合うことを意味する。

⑧
$\sum H = 0$
$\sum V = 0$
$\sum M = 0$
外力は既知であるから，つり合い条件式より，3つの未知の断面力（N, Q ならびに M）が求められる。

3.2 断面力の符号

いま，点 A から x 離れた位置ではりを切断した際の断面力を**図 3.2 (a)**，点 B から x' 離れた位置ではりを切断した際の断面力を**図 3.2（b）**に，それぞれ示す。

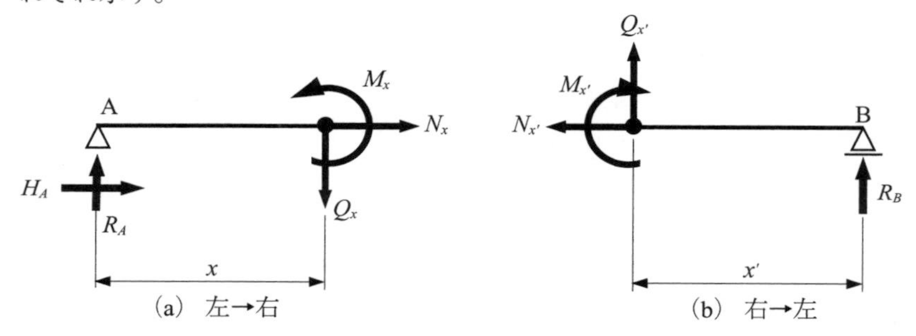

図 3.2 断面力の符号の約束

はりを切断した際，右側の断面では（**図 3.2（a）**），右向きの軸力 N_x，下向きのせん断力 Q_x，反時計回りの曲げモーメント M_x が正，一方，左側の断面（**図 3.2（b）**）では，左向きの軸力 $N_{x'}$，上向きのせん断力 $Q_{x'}$，時計回りの曲げモーメント $M_{x'}$ が正である。

ここで，**正**の定義とは，軸力に対しては，物体を引っ張るように作用する引張力，せん断力に対しては，右下りにずれを生じさせようとする，曲げモーメントは，下に凸の曲げを生じさせようとするものである。

3.3 断面力の計算法

例題 3.1 支間中央に集中荷重が載荷された単純はりの断面力図

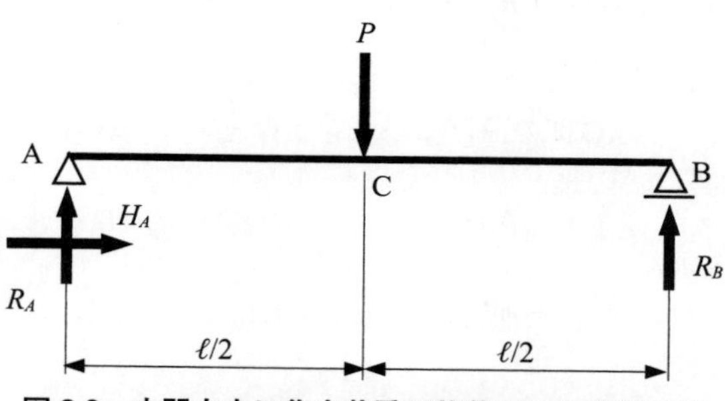

図 3.3　支間中央に集中荷重が載荷された単純はり

反力計算

図 3.3 に示す単純はりの支点反力の大きさは，**例題 2.1** より，以下の通りになる。

$$H_A = 0, \quad R_A = \frac{P}{2}, \quad R_B = \frac{P}{2}$$

断面力図

1)　$0 \leq x \leq \ell/2$（A → C）

点 AC 間において，点 A から x 離れた箇所における自由物体図を**図 3.4** に描く[⑨]。その箇所に正の断面力 N_x, Q_x, M_x を作用させ，つり合い条件によって，以下の結果が得られる。

⑨　荷重の作用位置に着目して区間分けを行う点 C に作用する集中荷重 P は含まない（∵点 AC 間で切断しているため）。

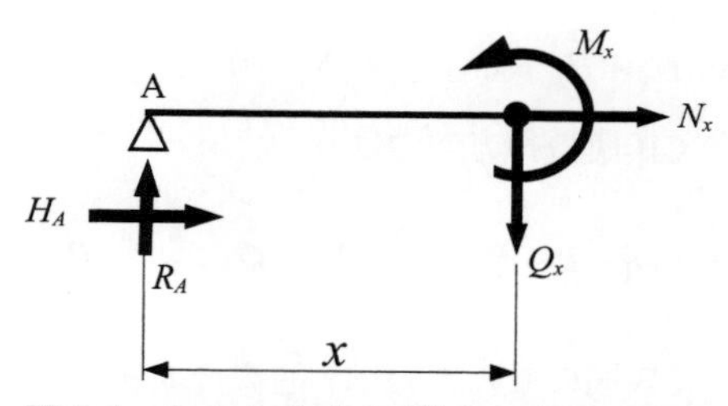

図 3.4　点 A から点 C 間で，点 A から x 離れたところの自由物体図

$\sum H = 0$：$N_x + H_A = 0$ より，$N_x = 0$

AC 間の軸方向力は 0

$\sum V = 0$：$-Q_x + R_A = 0$ より，$Q_x = R_A = \dfrac{P}{2}$

AC 間のせん断力は $\dfrac{P}{2}$ の一定値

$$\sum M = 0: -M_x + R_A x = 0 \text{ より，} \quad M_x = R_A x = \frac{P}{2}x$$

AC 間の曲げモーメントは $\frac{P}{2}x$ の一次式

点 A の曲げモーメントの値は $M_A = 0$

点 C の曲げモーメントの値は $M_C = \frac{P}{2} \cdot \frac{\ell}{2} = \frac{P\ell}{4}$

2)　$\ell/2 \leq x \leq \ell$（C → B）

同じく，点 CB 間において，点 A から x 離れた箇所における自由物体図を**図 3.5** に描く。その箇所に正の断面力 N_x, Q_x, M_x を作用させ，つり合い条件によって，以下の結果が得られる。

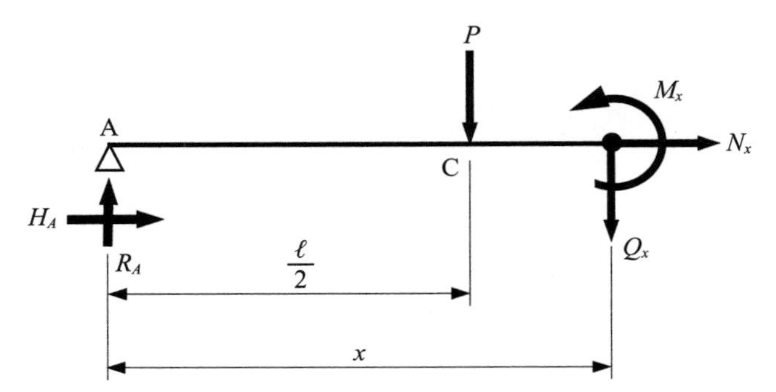

図 3.5　点 C から点 B 間で，点 A から x 離れたところの自由物体図

$$\sum H = 0: N_x + H_A = 0 \text{ より，} \quad N_x = 0$$

CB 間の軸方向力は 0

$$\sum V = 0: -Q_x - P + R_A = 0 \text{ より，} \quad Q_x = -P + R_A = -P + \frac{P}{2} = -\frac{P}{2}$$

CB 間のせん断力は $-\frac{P}{2}$ の一定値

$$\sum M = 0: -M_x - P\left(x - \frac{\ell}{2}\right) + R_A x = 0 \text{ より，}$$

$$M_x = -P\left(x - \frac{\ell}{2}\right) + R_A x = \frac{P\ell}{2} - \frac{P}{2}x$$

CB 間の曲げモーメントは $\frac{P\ell}{2} - \frac{P}{2}x$ の一定値

点 C の曲げモーメントの値は $M_C = \frac{P\ell}{2} - \frac{P}{2} \cdot \frac{\ell}{2} = \frac{P\ell}{4}$

問題 3.1

以下の単純はりの断面力図を描きなさい。

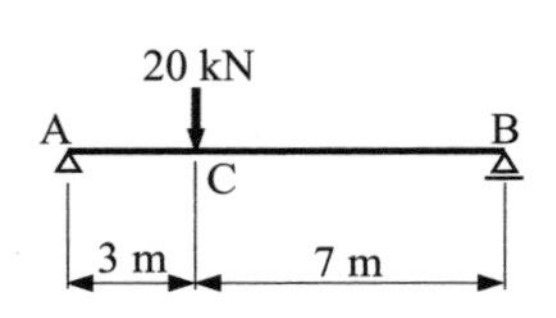

点Bの曲げモーメントの値は $M_B = \dfrac{P\ell}{2} - \dfrac{P}{2} \cdot \ell = 0$

以上の結果に基づき，はりの軸線に平行に0を表す基線を引き，断面力の変化の状況を表す断面力図（軸力図，せん断力図，曲げモーメント図）を作図する（**図 3.6**）。

はりの断面力図を描く際，基線の下側に正の値，上側に負の値を示すのが一般的である。

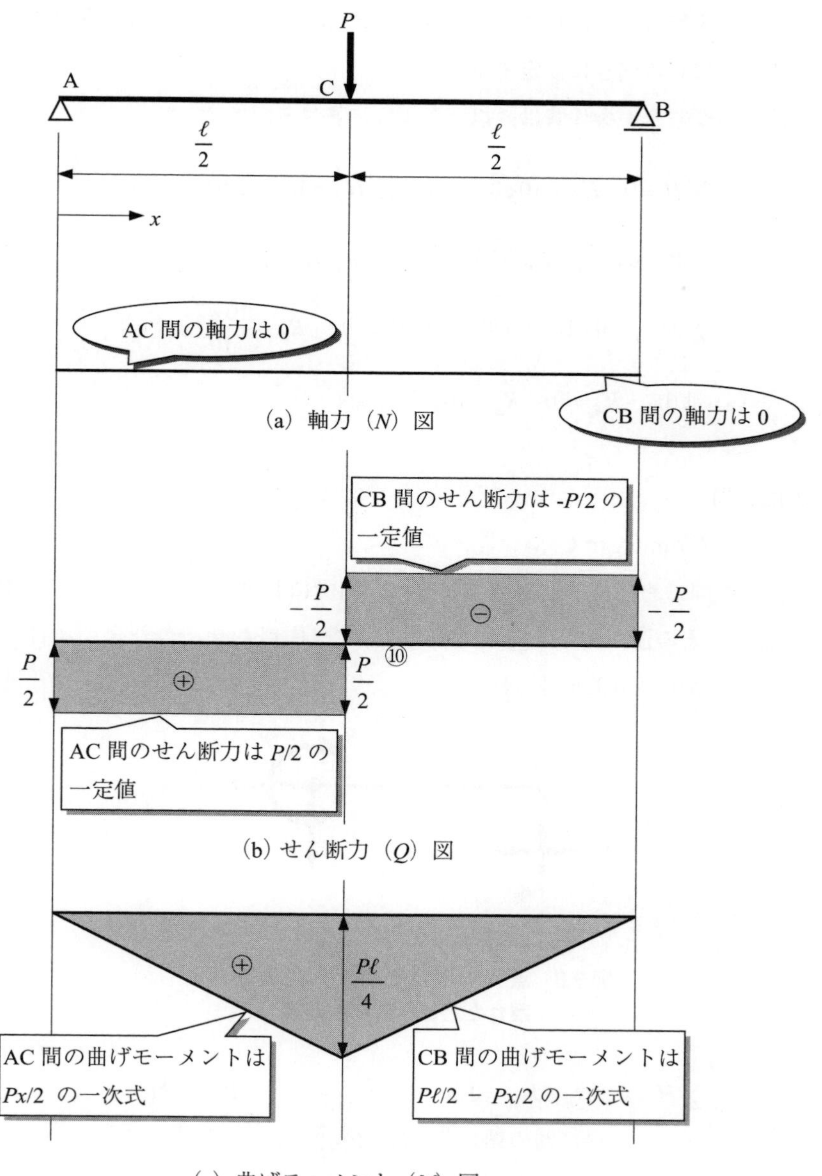

図 3.6　支間中央に集中荷重が載荷された単純はりの断面力図

⑩　2点間のせん断力の値の差は，その区間の荷重に等しい。

例題 3.2　斜め方向の集中荷重が作用する単純はりの断面力図

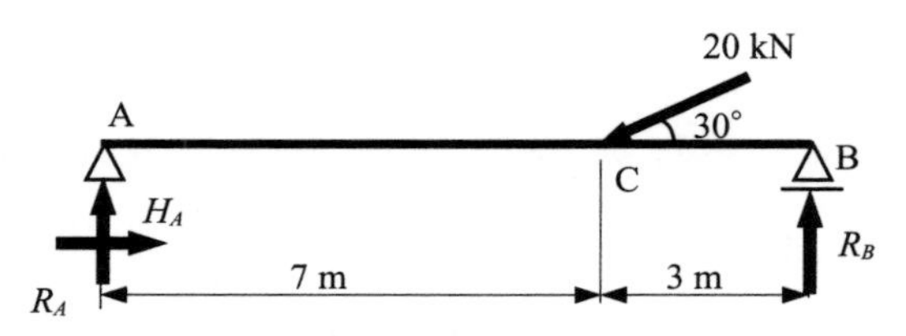

図 3.7　斜め方向の集中荷重が載荷された単純はり

反力計算

まず，単純はりに作用する支点反力（R_A, R_B ならびに H_A）は，**図 3.7** に示すように正の向きに仮定する。

次に，つり合い条件式は，以下のように書ける。

$$\sum H = 0:\ H_A - 10\sqrt{3} = 0 \text{ より},\quad H_A = 10\sqrt{3}\ \text{kN}$$

$$\sum V = 0:\ R_A + R_B - 10 = 0 \text{ より},\ R_A + R_B = 10\ \text{kN} \qquad \text{(a)}$$

$$\sum M_{at\ A} = 0:\ 10 \times 7 - R_B \times 10 = 0 \text{ より},\quad R_B = \frac{10 \times 7}{10} = 7\ \text{kN}$$

式（a）より，$R_A = 10 - R_B = 10 - 7 = 3\ \text{kN}$

断面力図

1)　$0 \leq x \leq 7$ m (A → C)

点 AC 間において，点 A から x 離れた箇所における自由物体図を**図 3.8** に描く。その箇所に正の断面力 N_x, Q_x, M_x を作用させ，つり合い条件によって，以下の結果が得られる。

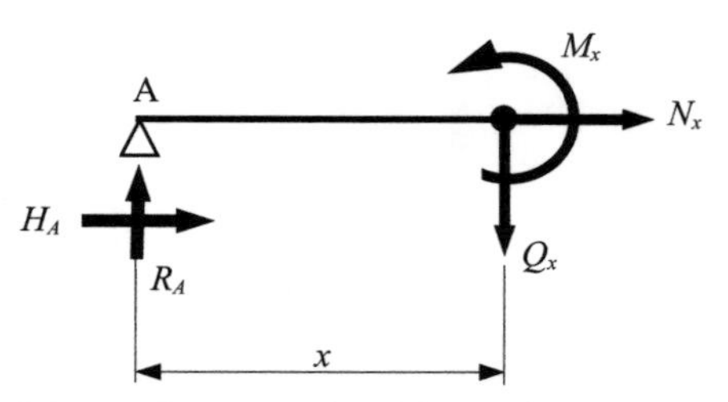

図 3.8　点 A から点 C 間で，点 A から x 離れたところの自由体図

$$\sum H = 0:\ N_x + H_A = 0 \text{ より},\quad N_x = -H_A = -10\sqrt{3}\ \text{kN}$$

AC 間の軸方向力は $-10\sqrt{3}$ kN の一定値

$$\sum V = 0:\ -Q_x + R_A = 0 \text{ より},\quad Q_x = R_A = 3\ \text{kN}$$

AC 間のせん断力は 3kN の一定値

$\sum M=0$：$-M_x+R_Ax=0$ より，$M_x=R_Ax=3x$ kN·m

AC 間の曲げモーメントは $3x$ kN·m の一次式

点 A の曲げモーメントの値は $M_A=0$

点 C の曲げモーメントの値は $M_C=3\times7=21$ kN·m[11]

2)　$7\leq x\leq10$ m (C → B)

同じく，点 CB 間において，点 A から x 離れた箇所における自由物体図を**図 3.9** に描く。その箇所に正の断面力 N_x, Q_x, M_x を作用させ，つり合い条件によって，以下の結果が得られる。

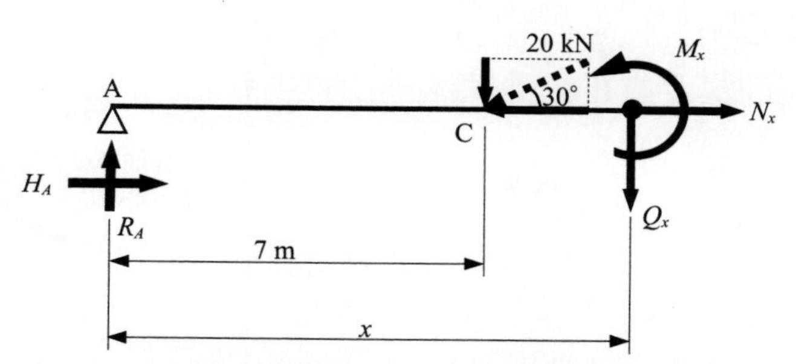

図 3.9　点 C から点 B 間で，点 A から x 離れたところの自由体図

$\sum H=0$：$N_x+H_A-10\sqrt{3}=0$ より，$N_x=0$

CB 間の軸方向力は 0 kN

$\sum V=0$：$-Q_x-10+R_A=0$ より，$Q_x=-10+R_A=-10+3=-7$ kN

CB 間のせん断力は -7 kN の一定値

$\sum M=0$：$-M_x-10(x-7)+R_Ax=0$ より，

$$M_x=-10(x-7)+R_Ax=-10x+70+3x=70-7x \text{ kN·m}$$

CB 間の曲げモーメントは $70-7x$ kN·m の一次式

点 C の曲げモーメントの値は $M_C=70-7\times7=21$ kN·m

点 B の曲げモーメントの値は $M_B=70-7\times10=0$

以上の結果に基づき，断面力図（軸力図，せん断力図，曲げモーメント図）を作図すると**図 3.10** の通りになる。

⑪　曲げモーメントの単位は，力×距離であるため，kN·m などになる。

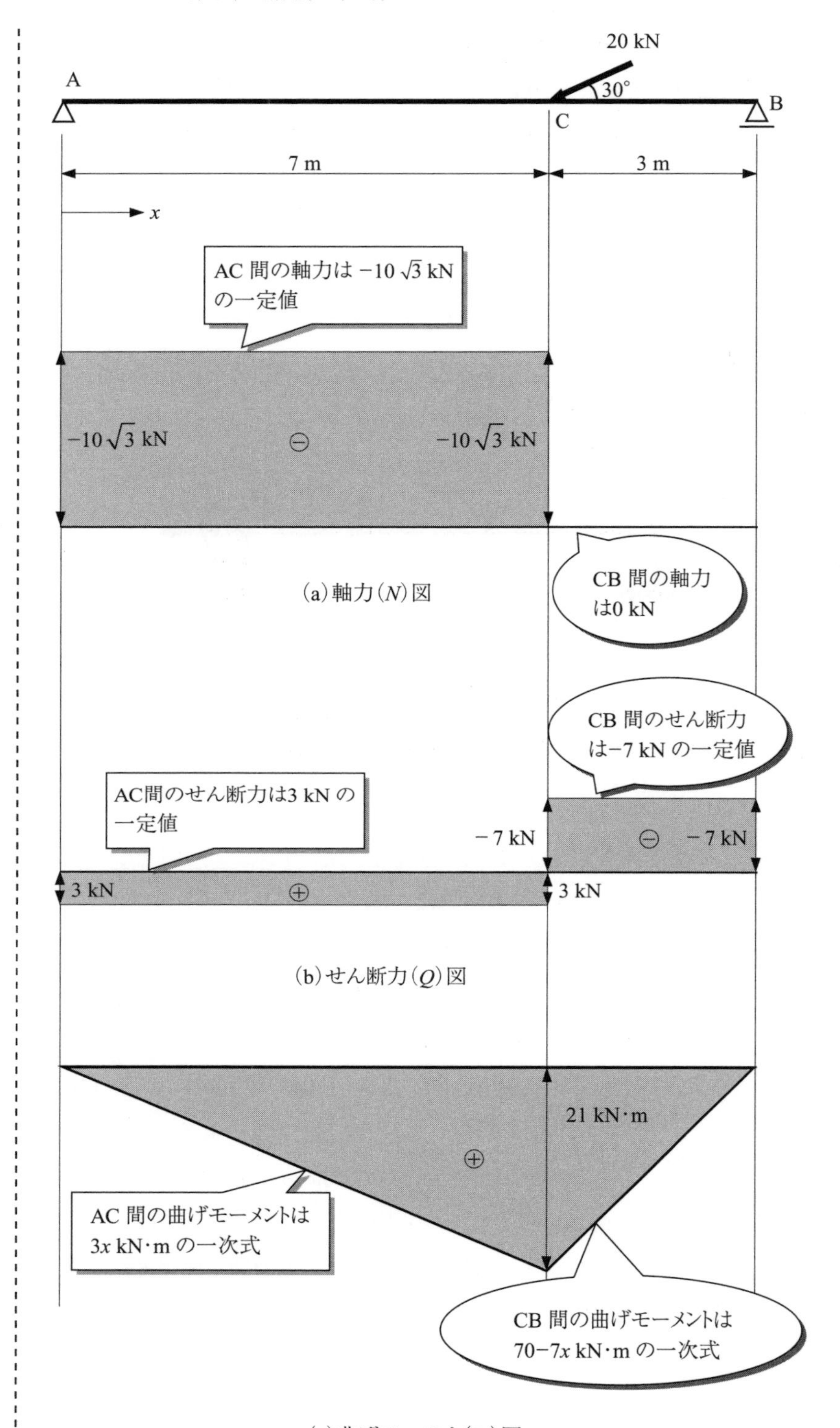

図 3.10 斜め方向の集中荷重が載荷された単純はりの断面力図

例題 3.3　等分布荷重が載荷された単純はりの断面力図

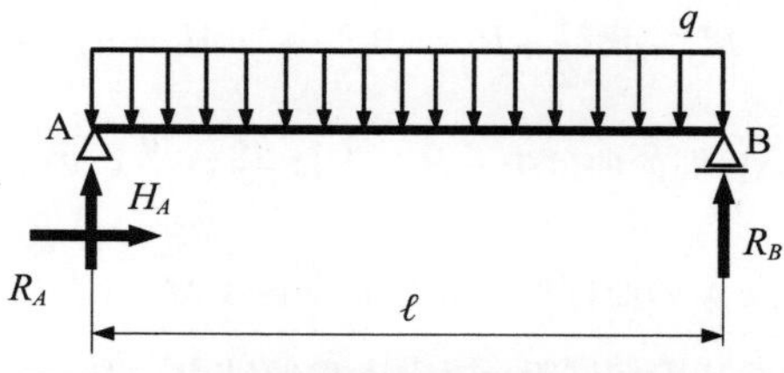

図 3.11　等分布荷重が載荷された単純はり

反力計算

図 3.11 に示す単純はりの支点反力の大きさは，**例題 2.3** より，以下の通りになる。

$$H_A = 0,\quad R_A = \frac{q\ell}{2},\quad R_B = \frac{q\ell}{2}$$

断面力計算

・$0 \leq x \leq \ell$ (A → C)

点 AB 間において，点 A から x 離れた箇所における自由物体図を**図 3.12** に描く⑫。その箇所に正の断面力 N_x, Q_x, M_x を作用させ，つり合い条件によって，以下の結果が得られる。

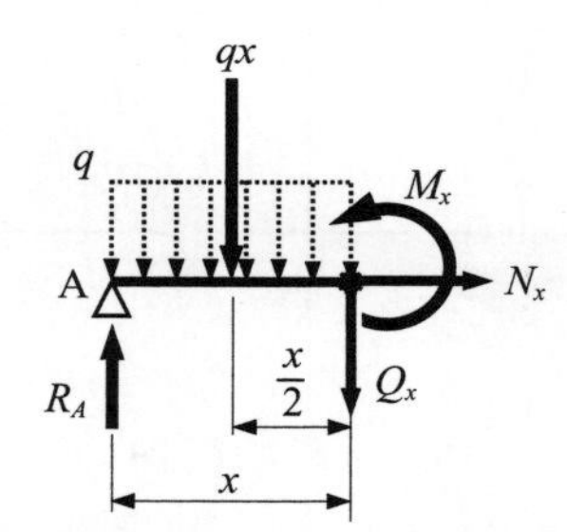

図 3.12　点 A から x 離れたところの自由体図

$$\sum H = 0:\ N_x + H_A = 0 \text{ より，}\ N_x = 0$$

AB 間の軸方向力は 0

$$\sum V = 0:\ -Q_x - qx + R_A = 0 \text{ より，}\ Q_x = R_A - qx = \frac{q\ell}{2} - qx$$

AB 間のせん断力は $\frac{q\ell}{2} - qx$ の一次式

点 A のせん断力の値は $Q_A = \frac{q\ell}{2}$

問題 3.2

集中荷重（$P = 50$ kN）と等分布荷重（$q = 10$ kN/m）が作用した張り出しはりがある。点 A から 2m 離れた点 C の曲げモーメント M_c の値が 0（ゼロ）となる a の長さを求めなさい。

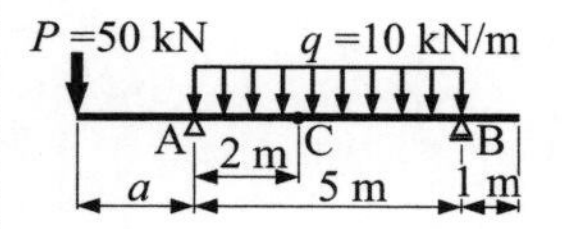

⑫　分布荷重が載荷されたはりの断面力を求める場合，支点反力を求めるため，つまり，分布荷重を集中荷重に換算した以下のモデルで考えてはいけない。

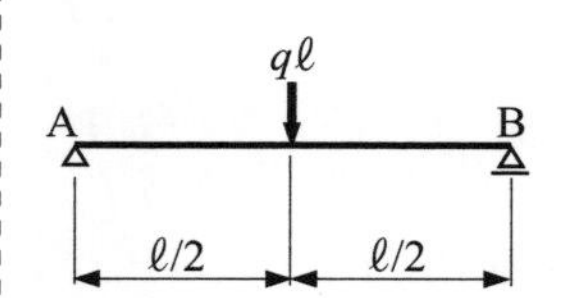

点Bのせん断力の値は $Q_B=\dfrac{q\ell}{2}-q\ell=-\dfrac{q\ell}{2}$

$\sum M=0$：$-M_x-qx\cdot\dfrac{x}{2}+R_Ax=0$ より，$M_x=R_Ax-\dfrac{q}{2}x^2=\dfrac{q\ell}{2}x-\dfrac{q}{2}x^2$

AB間の曲げモーメントは $\dfrac{q\ell}{2}x-\dfrac{q}{2}x^2$ の二次式

点Aの曲げモーメントの値は $M_A=0$

点Bの曲げモーメントの値は $M_B=0$

点Aから $\ell/2$ 離れた箇所の曲げモーメントの値

$$M_{x=\ell/2}=\frac{q\ell}{2}\times\frac{\ell}{2}-\frac{q}{2}\times\left(\frac{\ell}{2}\right)^2=\frac{q\ell^2}{8}$$

以上の結果に基づき，断面力図（軸力図，せん断力図，曲げモーメント図）を作図すると**図 3.13** の通りになる。

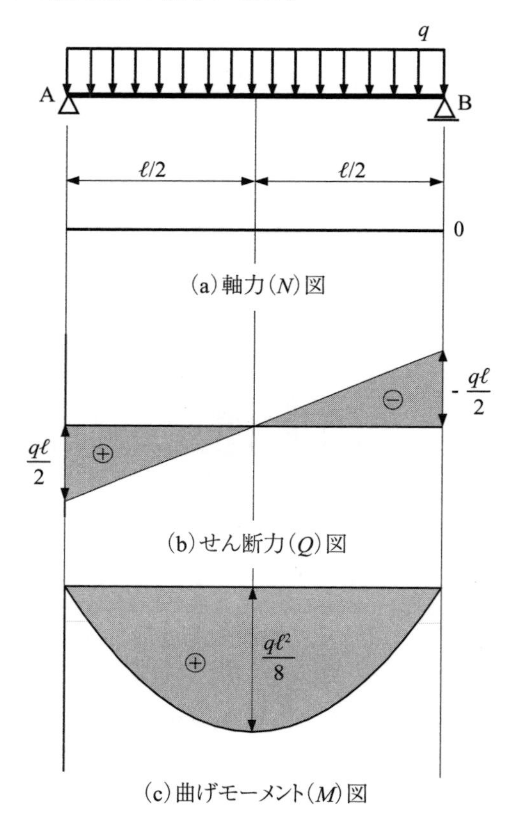

図 3.13　等分布荷重が載荷された単純はりの断面力図

ここで，構造設計において，各断面力の中でも，曲げモーメントの最大値が重要になってくる。しかし，この曲げモーメントは，**例題 3.3** のように，常に，支間の中央で最大とならず，以下の関係から最大となる箇所を求める必要がある。

図3.14 に分布荷重が作用するはりの全体系と微小区間のつり合いを示す。

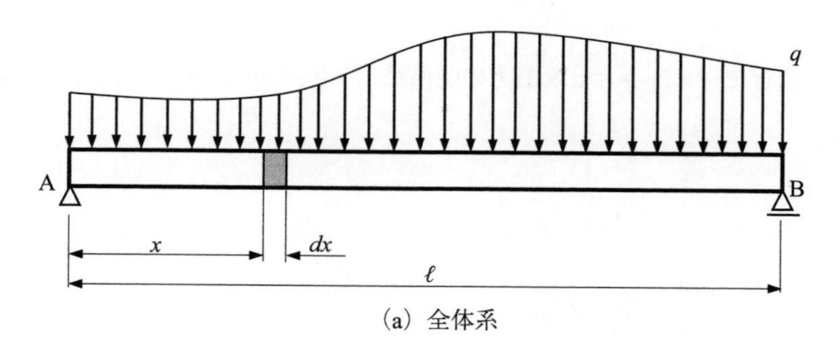

（a）全体系

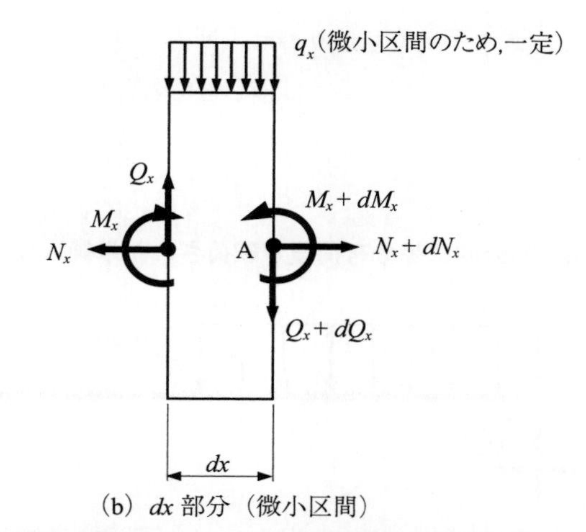

（b）dx 部分（微小区間）

図 3.14　分布荷重が作用するはりの全体系と微小区間のつり合い

図 3.14（b）の点 A でモーメントのつり合いを考える。

$$\sum M=0:\ -\left(M_x+dM_x\right)-q_x\frac{(dx)^2}{2}+Q_x\cdot dx+M_x=0$$

上式において，$(dx)^2$ は，高次の微少量であるから，他の項と比較して無視することができる。以上より，以下の関係式を得ることができる。

$$\frac{dM_x}{dx}=Q_x \tag{3.1}$$

つまり，曲げモーメント M_x を関数 x で微分すると，その点のせん断力 Q_x が得られる。

また，**図 3.14（b）** において，鉛直方向の力のつり合いを考える。

$\sum V=0:\ -\left(Q_x+dQ_x\right)-q_x dx+Q_x=0$ より，

$$\frac{dQ_x}{dx}=-q_x \tag{3.2}$$

が得られ，つまり，せん断力 Q_x を関数 x で微分すると，その点の荷重 q_x の逆符号となる。

また，式（3.1）より，曲げモーメントの極値を求めることができる。

⑬ 巻末の**付録1**にはりの公式を示す。各種載荷状態に対する支点反力，断面力」，およびたわみを記載している。

・**曲げモーメントとせん断力の関係式**（各種詳細は**付録1**[13]を参照）

$$\frac{dM_x}{dx} = Q_x$$

曲げモーメント M_x が極値（最大値，最小値）となる条件は，

$$\frac{dM_x}{dx} = Q_x = 0$$

となる。したがって，はりのせん断力が0（ゼロ）となる箇所では，曲げモーメントは極大または極小となる[14]。

⑭ 集中荷重による曲げモーメントの極値は，荷重の作用点，かつ，せん断力の符号が逆になる断面で生じる。

問題 3.3

単純はりに等変分布（三角形）荷重が作用した際，最大の曲げモーメントが発生する箇所とその値を求めなさい。

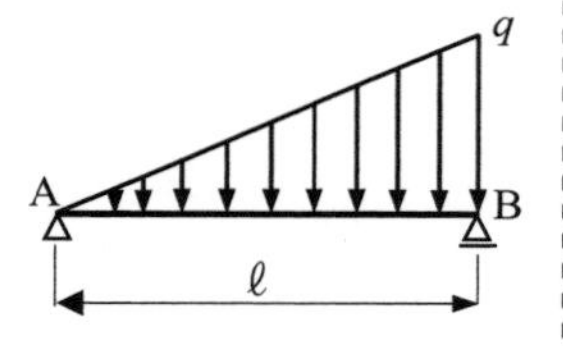

例題 3.4 部分的に等分布荷重が載荷された単純はりの断面力図

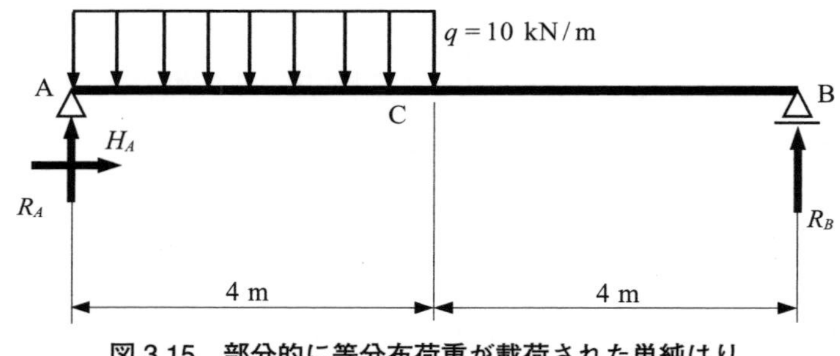

図 3.15 部分的に等分布荷重が載荷された単純はり

反力計算

図 3.15 に示す単純はりの支点反力の大きさは，**問題 2.3** より，以下の通りになる。

$$H_A = 0,\quad R_A = 30\ \mathrm{kN},\quad R_B = 10\ \mathrm{kN}$$

断面力計算

1） $0 \leq x \leq 4$ m（A → C）

点AC間において，点Aから x 離れた箇所における自由物体図を**図 3.16** に描く。その箇所に正の断面力 N_x, Q_x, M_x を作用させ，つり合い条件によって，以下の結果が得られる。

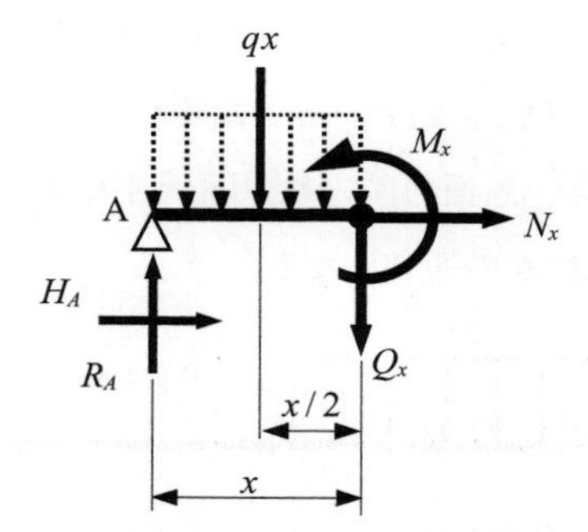

図 3.16 点 A から点 C 間で，点 A から x 離れたところの自由体図

$$\sum H=0:\ N_x+H_A=0 \text{ より，}\ N_x=0\,\text{kN}$$

$$\sum V=0:\ -Q_x-qx+R_A=0 \text{ より，} Q_x=R_A-qx=30-10x\ \text{kN} \quad \text{(b)}$$ [15]

$$\sum M=0:\ -M_x-\frac{q}{2}x^2+R_Ax=0 \text{ より，}\ M_x=30x-5x^2\ \text{kN·m} \quad \text{(c)}$$

⑮

$$\frac{dM_x}{dx}=30-10x=Q_x$$

$$\frac{dQ_x}{dx}=-10=-q$$

上式より，曲げモーメントおよびせん断力の誘導式が正しいことを確認することができる。

2)　$4\leq x\leq 8$ m (C → B)

同じく，点 CB 間において，点 A から x 離れた箇所における自由物体図を**図 3.17** に描く。その箇所に正の断面力 N_x, Q_x, M_x を作用させ，つり合い条件によって，以下の結果が得られる。

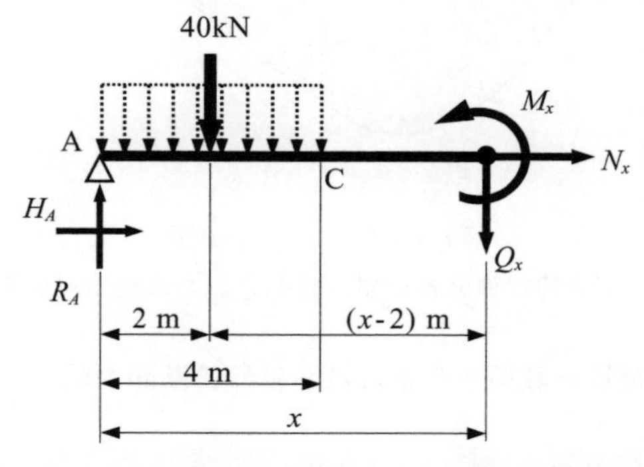

図 3.17 点 C から点 B 間で，点 A から x 離れたところの自由体図

$$\sum H=0:\ N_x+H_A=0 \text{ より，}\ N_x=0\,\text{kN}$$

$$\sum V=0:\ -Q_x-40+R_A=0 \text{ より，}\ Q_x=-10\,\text{kN}$$

$$\sum M=0:\ -M_x-40\times(x-2)+R_A\times x=0 \text{ より，}$$

$$M_x=80-10x\ \text{kN·m}$$

式（b）および式（c）より，点Aから3mのところに最大曲げモーメントが生じ，その値は，$M_{max}=45$ kN·m となる。

以上の結果に基づき，断面力図（軸力図，せん断力図，曲げモーメント図）を作図すると**図 3.18** の通りになる。

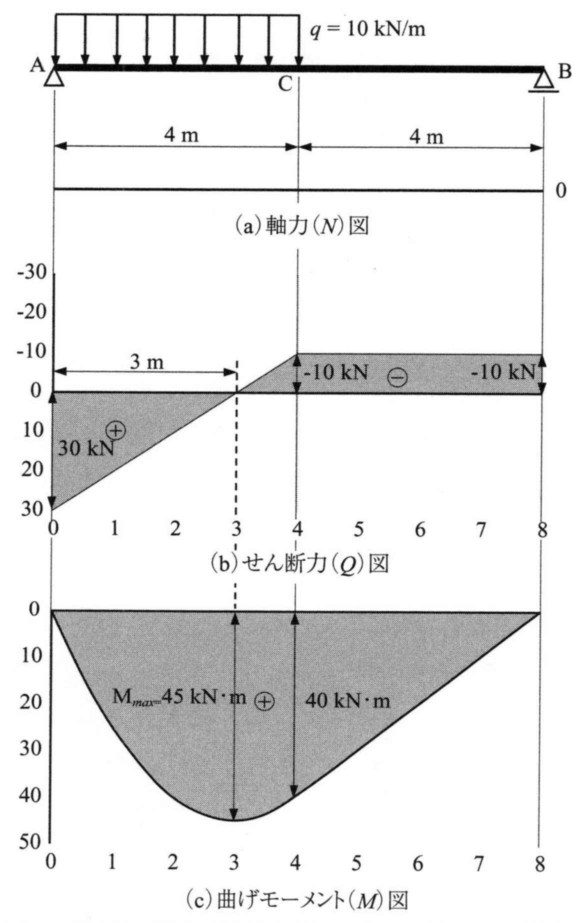

図 3.18　部分的に等分布荷重が載荷された単純はりの断面力図

例題 3.5　集中荷重が載荷された片持ちはりの断面力図

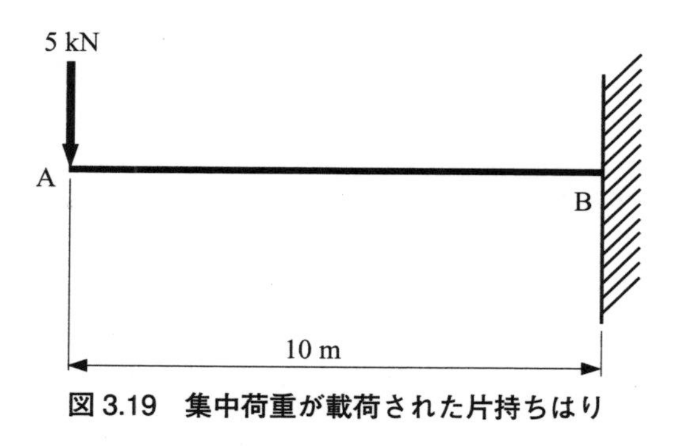

図 3.19　集中荷重が載荷された片持ちはり

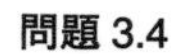

問題 3.4

斜め方向の集中荷重と集中モーメントを受ける片持ちはりの断面力図を描きなさい。

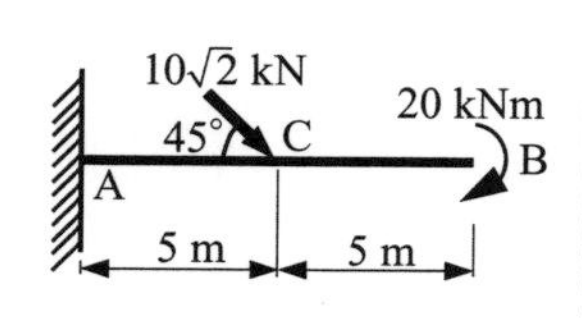

反力計算

断面力計算を行う際，必ずしも支点反力の大きさを求める必要はない。この例題（**図 3.19**）はその一例で，断面力計算から始める。

断面力計算

$0 \leq x \leq 10$ m（A → B）

点 AB 間において，点 A から x 離れた箇所における自由物体図を**図 3.20** に描く。その箇所に正の断面力 N_x, Q_x, M_x を作用させ，つり合い条件によって，以下の結果が得られる。

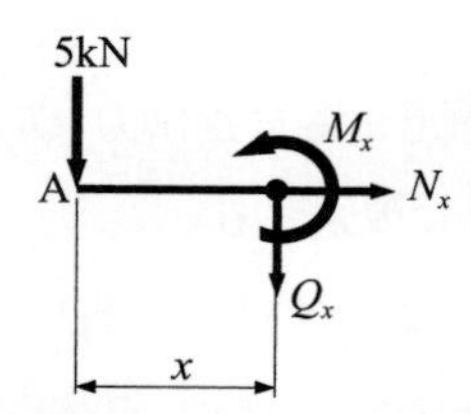

図 3.20　点 A から点 B 間で，点 A から x 離れたところの自由体図

$$\sum H = 0 :\ N_x + H_A = 0 \text{ より，} \quad N_x = 0 \text{ kN}$$

$$\sum V = 0 :\ -Q_x - 5 = 0 \text{ より，} \quad Q_x = -5 \text{ kN}$$

$$\sum M = 0 \quad -M_x - 5x = 0 \text{ より，} \quad M_x = -5x \text{ kN·m}$$

以上の結果に基づき，断面力図（軸力図，せん断力図，曲げモーメント図）を作図すると**図 3.21** の通りになる。

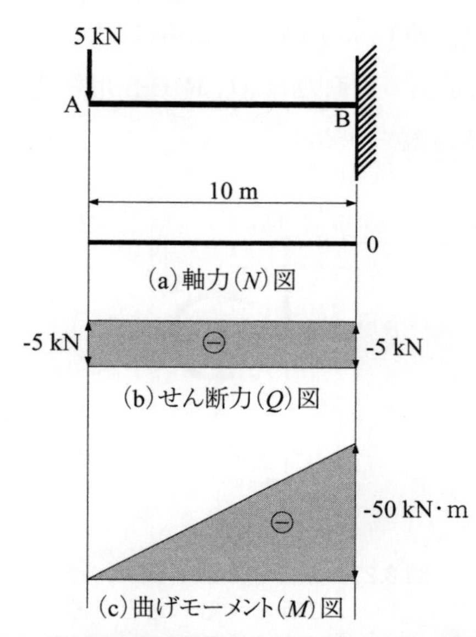

図 3.21　集中荷重が載荷された片持ちはりの断面力図

例題 3.6　部分的に等分布荷重が作用する張り出しはりの断面力図

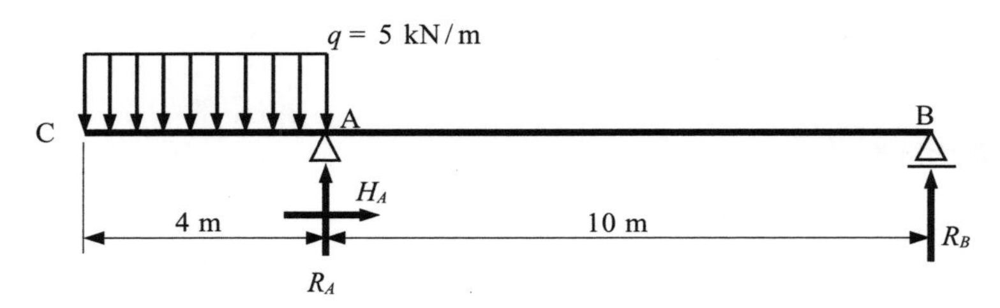

図 3.22　部分的に等分布荷重が作用する張り出しはり

反力計算

まず，張り出しはりに作用する支点反力（R_A, R_B ならびに H_A）は，**図 3.22** に示すように正の向きに仮定する。

次に，つり合い条件式は，以下のように書ける。

$$\sum H = 0 : H_A = 0$$

$$\sum V = 0 : R_A + R_B - 20 = 0 \text{ より，} R_A + R_B = 20 \text{ kN} \quad \text{(d)}$$

$$\sum M_{at\ A} = 0 : -20 \times 2 - R_B \times 10 = 0 \text{ より，} R_B = \frac{-20 \times 2}{10} = -4 \text{ kN}$$

式（d）より，$R_A = 20 - R_B = 20 - (-4) = 24$ kN

断面力計算

1）　$0 \leq x \leq 4$m（C → A）

点 CA 間において，点 C から x 離れた箇所における自由物体図を**図 3.23** に描く。その箇所に正の断面力 N_x, Q_x, M_x を作用させ，つり合い条件によって，以下の結果が得られる。

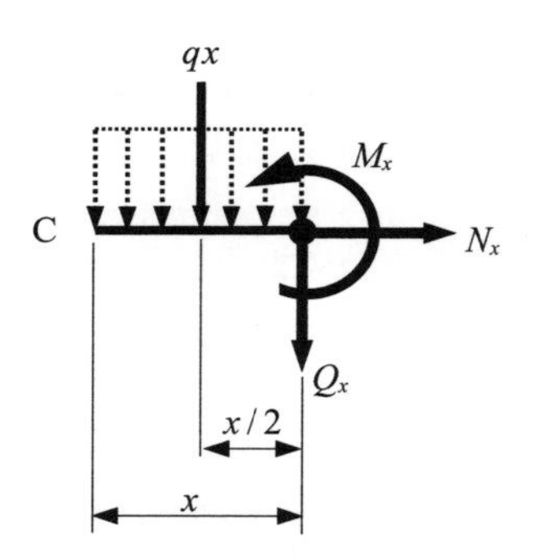

図 3.23　点 C から点 A 間で，点 C から x 離れたところの自由体図

$\sum H=0$: $N_x+H_A=0$ より， $N_x=0\,\text{kN}$

$\sum V=0$: $-Q_x-qx=0$ より， $Q_x=-5x\,\text{kN}$

$\sum M=0$: $-M_x-\dfrac{q}{2}x^2=0$ より， $M_x=-\dfrac{5}{2}x^2\ \text{kN}\cdot\text{m}$

2) $4\leq x\leq 14\text{m}$ (A → B)

点AB間において，点Cからx離れた箇所における自由物体図を**図3.24**に描く。その箇所に正の断面力N_x, Q_x, M_xを作用させ，つり合い条件によって，以下の結果が得られる。

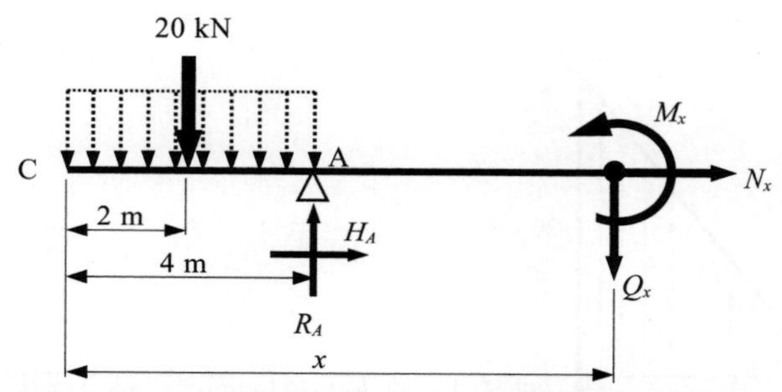

図3.24 点Cから点A間で，点Cからx離れたところの自由体図

$\sum H=0$: $N_x+H_A=0$ より， $N_x=0\,\text{kN}$

$\sum V=0$: $-Q_x-20+R_A=0$ より， $Q_x=4\,\text{kN}$

$\sum M=0$: $-M_x-20\times(x-2)+R_A\times(x-4)=0$ より，

$$M_x=4x-56\ \text{kN}\cdot\text{m}$$

問題3.5

単純はりに2つの集中モーメントが作用する場合の断面力図を描きなさい。

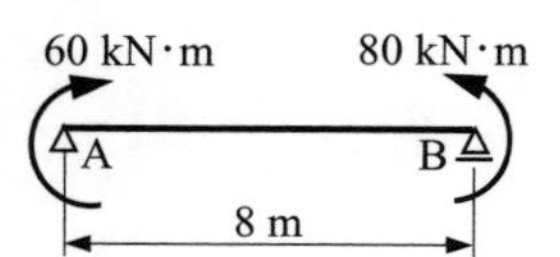

以上の結果に基づき，断面力図（軸力図，せん断力図，曲げモーメント図）を作図すると**図 3.25** の通りになる。

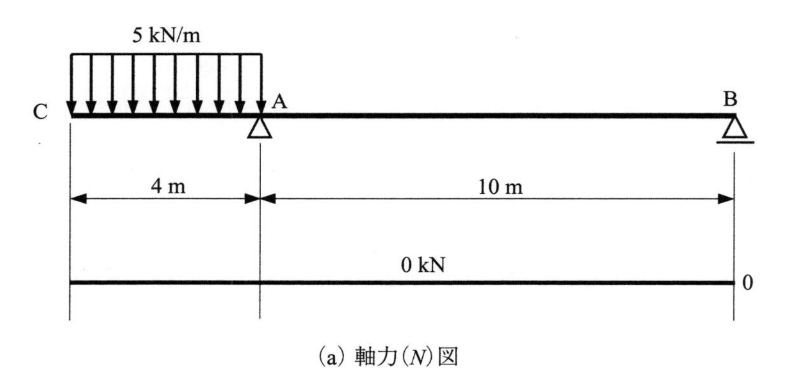

(a) 軸力(N)図

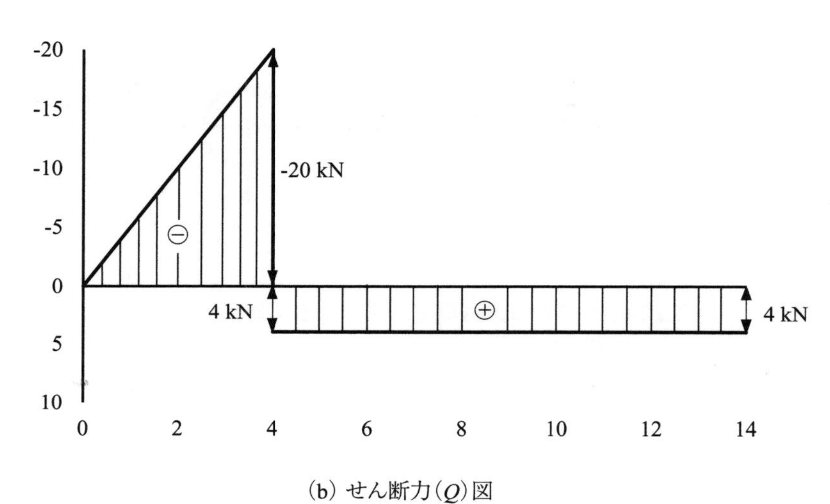

(b) せん断力(Q)図

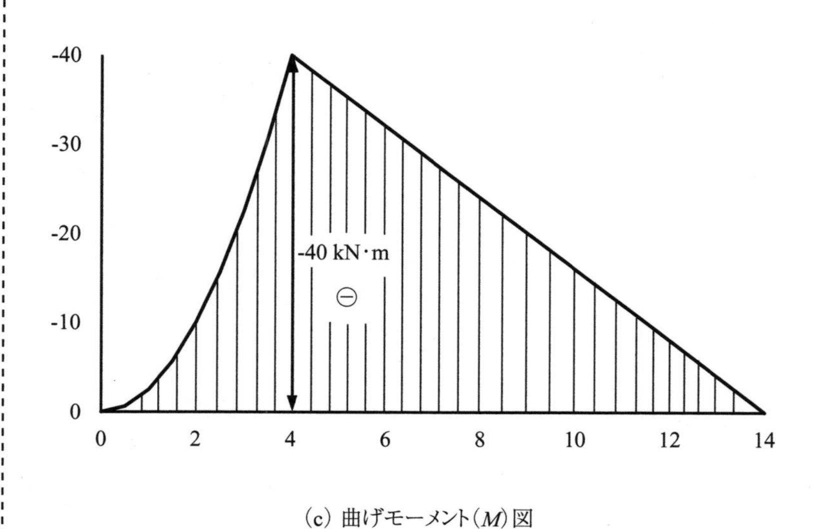

(c) 曲げモーメント(M)図

図 3.25　部分的に等分布荷重が作用する張り出しはりの断面力図

例題 3.6　等分布荷重が作用するゲルバーはりの断面力図

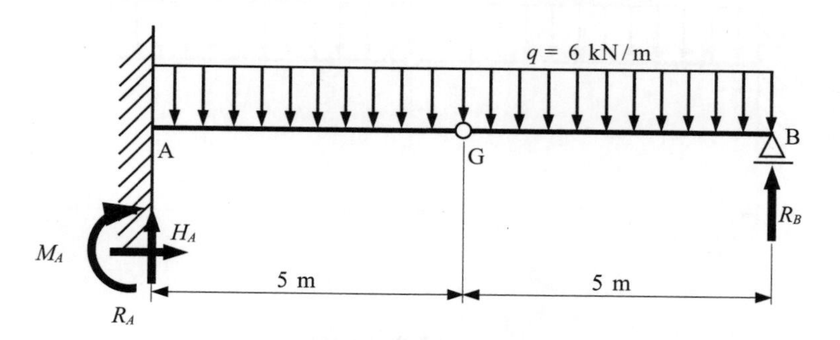

図 3.26　等分布荷重が作用するゲルバーはり

問題 3.6

集中荷重が作用するゲルバーはりの断面力図を描きなさい。

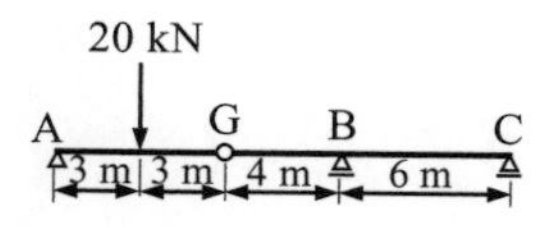

反力計算

図 3.26 に示すゲルバーはりの支点反力の大きさは，**問題 2.5** より，以下の通りになる。

$H_A=0$，$R_A=45$ kN，$R_B=15$ kN，$M_A=-150$ kN·m

断面力計算

$0 \leq x \leq 10$m（A → B）

点 AC 間において，点 A から x 離れた箇所における自由物体図を**図 3.27** に描く。その箇所に正の断面力 N_x, Q_x, M_x を作用させ，つり合い条件によって，以下の結果が得られる。

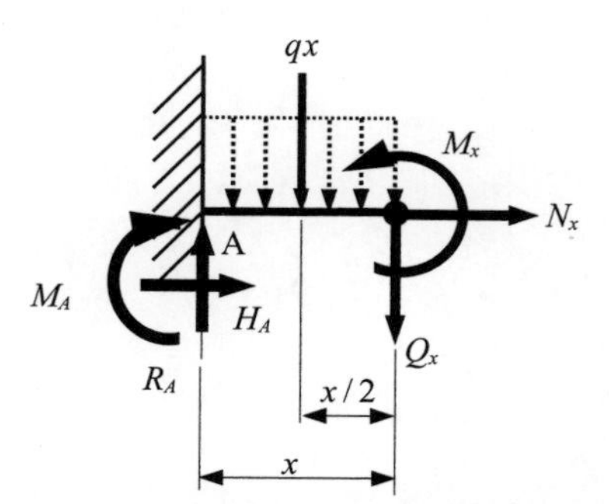

図 3.27　点 A から点 B 間で，点 A から x 離れたところの自由体図

$\sum H=0$：$N_x+H_A=0$ より，$N_x=0$ kN

$\sum V=0$：$-Q_x-qx+R_A=0$ より，$Q_x=R_A-qx=45-6x$ kN

$\sum M=0$：$-M_x-\dfrac{q}{2}x^2+R_Ax+M_A=0$ より，

$$M_x=-3x^2+45x-150\ \text{kN·m}$$

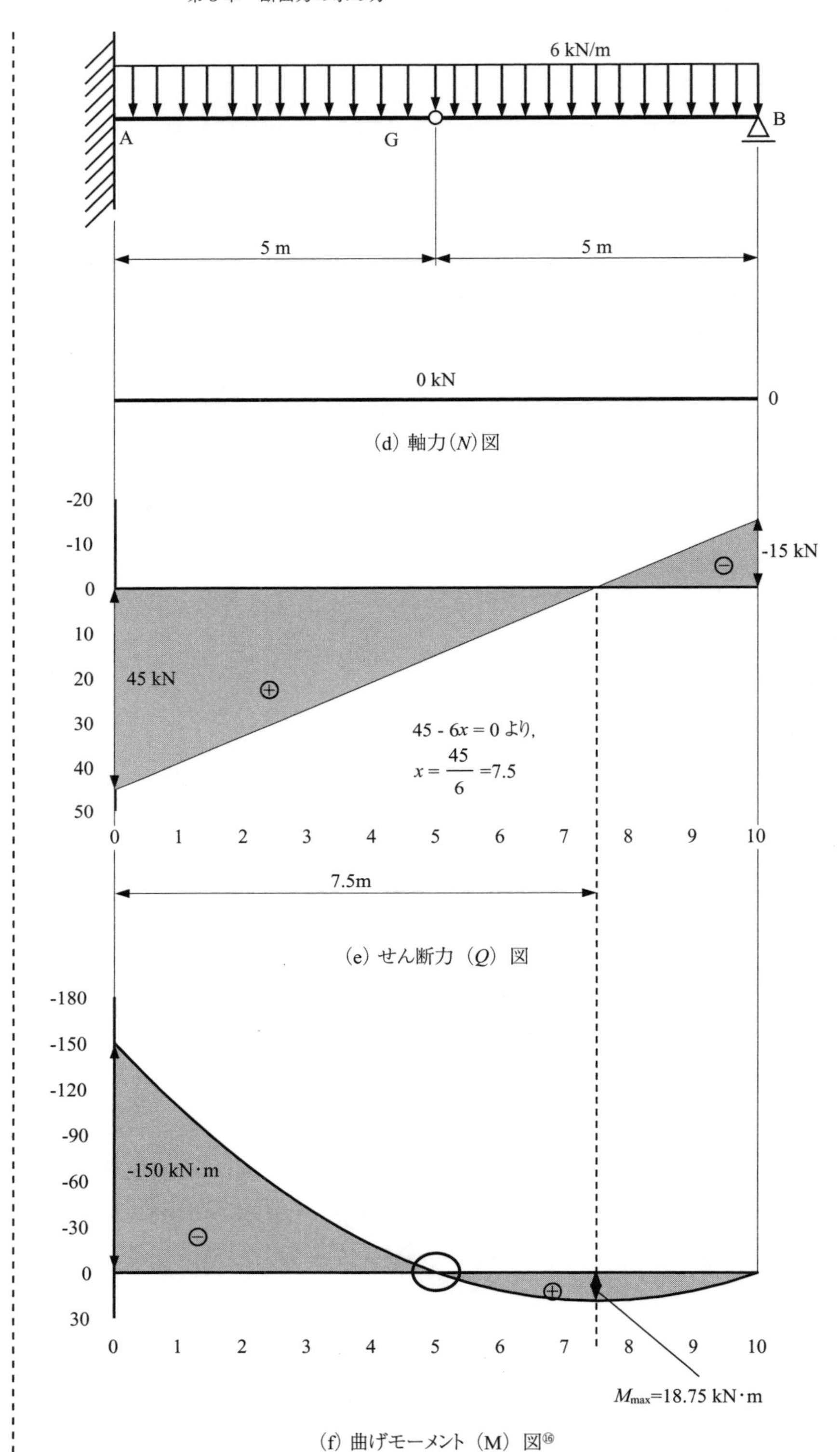

図 3.28 等分布荷重が作用するゲルバーはりの断面力図

⑯ 中間ヒンジにおいて，モーメントが0（ゼロ）であることを確認する。

例題 3.7　集中荷重が作用する折れはりの断面力図

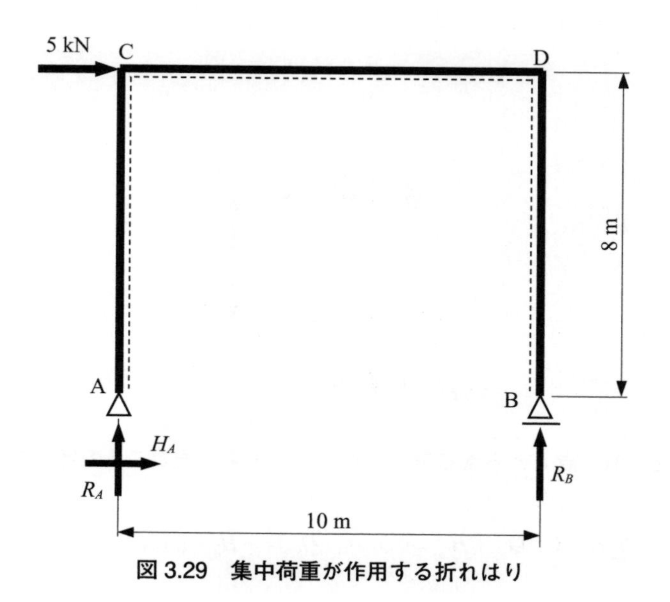

図 3.29　集中荷重が作用する折れはり

反力計算

図 3.29 に示す折れはりの支点反力の大きさは，**問題 2.6** より，以下の通りになる。

$$H_A = -5\ \mathrm{kN},\ \ R_A = -4\ \mathrm{kN},\ \ R_B = 4\ \mathrm{kN}$$

断面力計算

折れはりにおける断面力の符号の定義の一例を**図 3.30** に示す⑰。

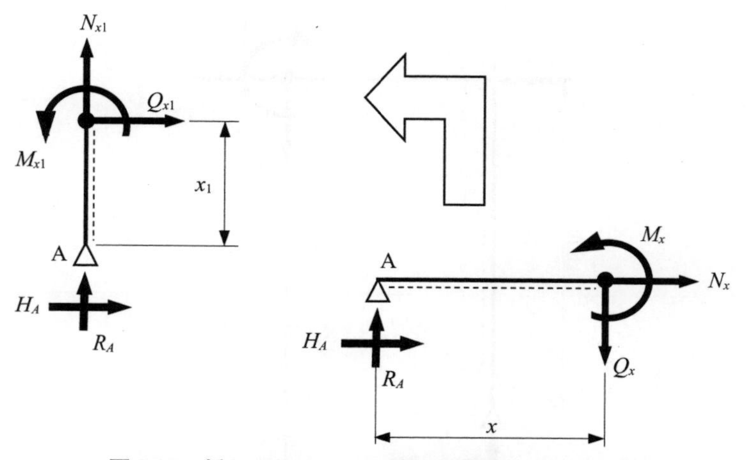

図 3.30　折れはりにおける断面力符号（正）の一例

1)　$0 \leq x_1 \leq 8$ m (A → C)

点 AC 間において，点 A から x_1 離れた箇所における自由物体図を**図 3.31**

⑰　破線を記した側を正値，外側を負値として描くようにする。

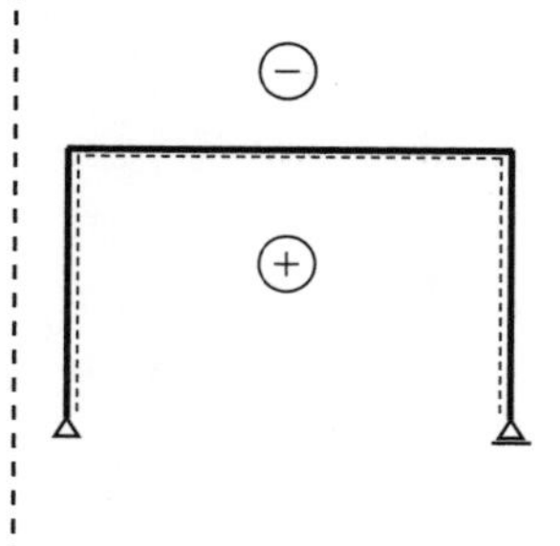

に描く。その箇所に正の断面力 N_{x1}, Q_{x1}, M_{x1} を作用させ，つり合い条件によって，以下の結果が得られる。

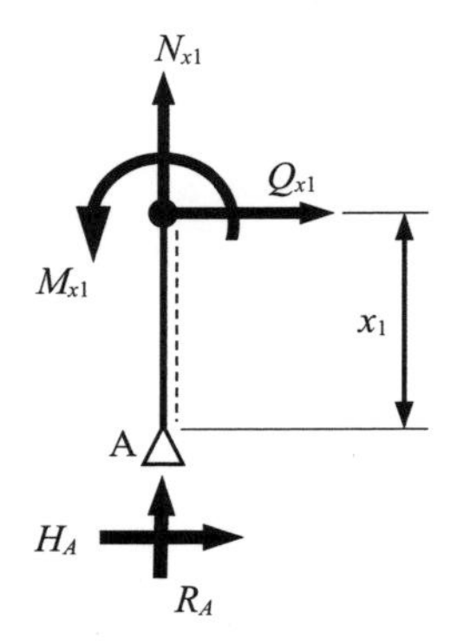

図 3.31　点 A から点 C 間で，点 A から x_1 離れたところの自由体図

$$\sum H=0:\ Q_{x1}+H_A=0\ より，\ Q_{x1}=-H_A=5\ \mathrm{kN}$$

$$\sum V=0:\ N_{x1}+R_A=0\ より，\ N_{x1}=-R_A=4\ \mathrm{kN}$$

$$\sum M=0:\ -M_{x1}-H_A\times x_1=0\ より，\ M_{x1}=-H_A\times x_1=5x_1\ \mathrm{kNm}$$

2)　$0\leq x_2\leq 10$ m（C → D）

点 CD 間において，点 C から x_2 離れた箇所における自由物体図を**図 3.32** に描く。その箇所に正の断面力 N_{x2}, Q_{x2}, M_{x2} を作用させ，つり合い条件によって，以下の結果が得られる。

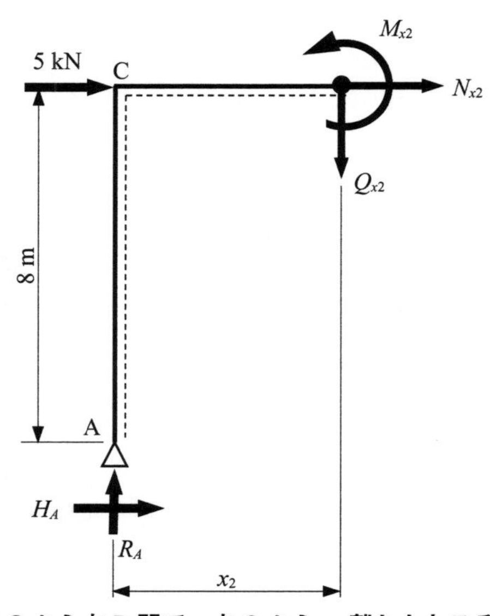

図 3.32　点 C から点 D 間で，点 C から x_2 離れたところの自由体図

$\sum H=0$：$N_{x2}+H_A+5=0$ より，$N_{x2}=-H_A-5=0$

$\sum V=0$：$-Q_{x2}+R_A=0$ より，$Q_{x2}=R_A=-4\ \mathrm{kN}$

$\sum M=0$：$-M_{x2}+R_Ax_2-H_A\times 8=0$ より，$Q_{x2}=-4x_2+40\ \mathrm{kN\cdot m}$

3)　$0\leq x_3\leq 8$ m (D → B)

点DB間において，点Dからx_3離れた箇所における自由物体図を**図3.33**に描く。その箇所に正の断面力N_{x3}, Q_{x3}, M_{x3}を作用させ，つり合い条件によって，以下の結果が得られる。

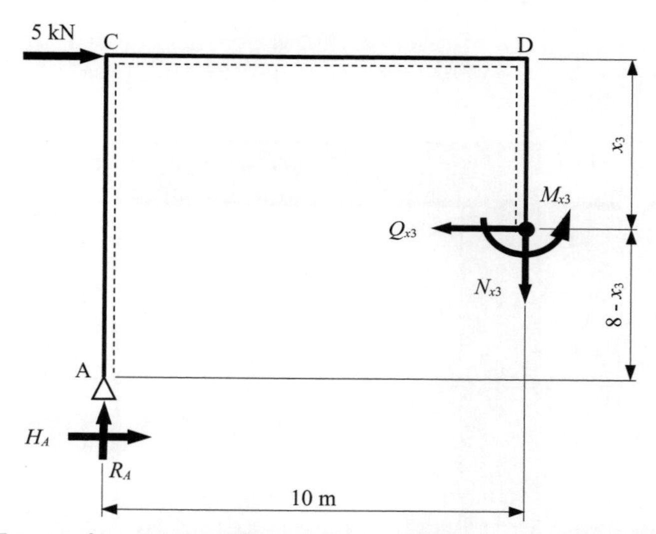

図3.33　点Dから点B間で，点Dからx_3離れたところの自由体図

$\sum H=0$：$-Q_{x3}+H_A+5=0$ より，$Q_{x3}=H_A+5=0\ \mathrm{kN}$

$\sum V=0$：$-N_{x3}+R_A=0$ より，$N_{x3}=R_A=-4\ \mathrm{kN}$

$\sum M=0$：$-M_{x3}+5x_3+R_A\times 10-H_A\times(8-x_3)=0$ より，

$M_{x3}=0\ \mathrm{kN\cdot m}$

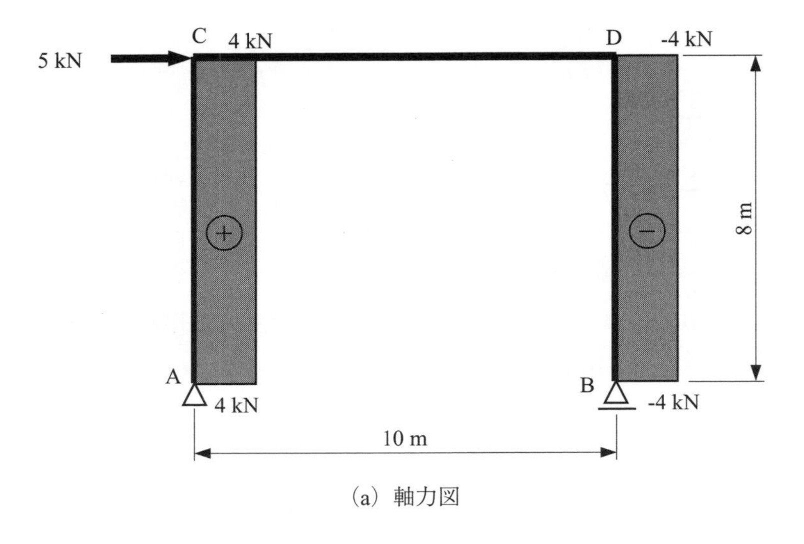

(a) 軸力図

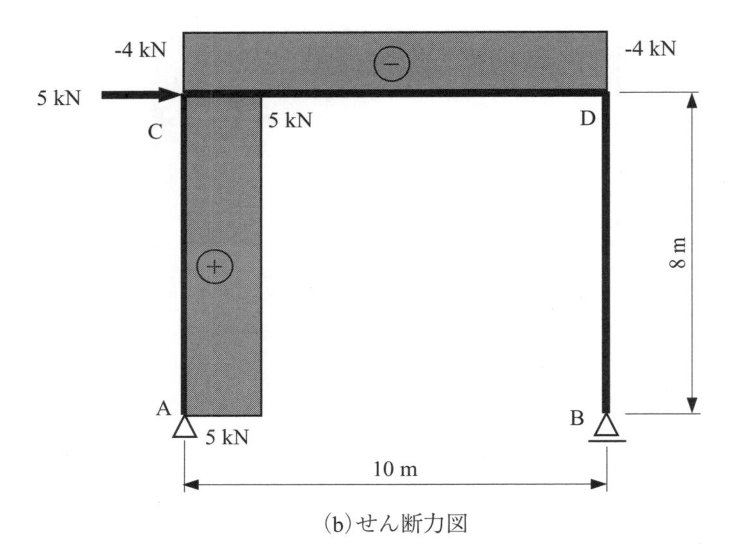

(b) せん断力図

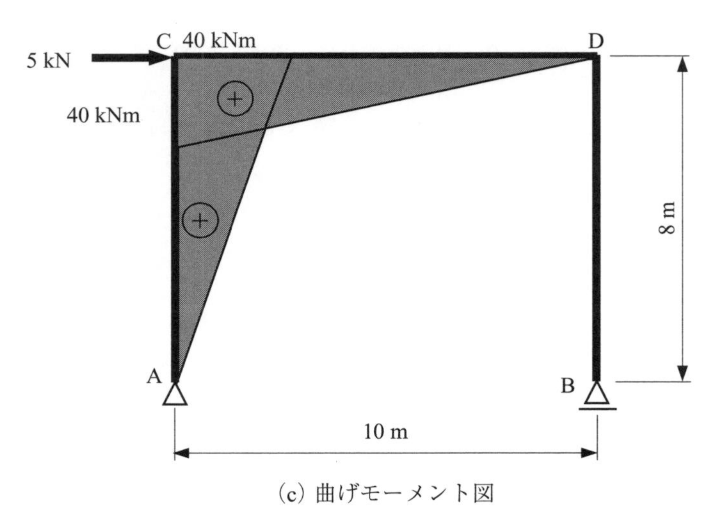

(c) 曲げモーメント図

図 3.34　集中荷重が作用する折れはりの断面力図

第4章　トラス構造の解法

1次元の部材を組み合わせて出来上がる構造物で，すべての部材の端部を**ピン結合**①としたものをトラス（Truss）構造と呼んでいる。トラス構造は一般的に三角形を基本とした構造形状が用いられ，土木構造物では，橋梁，鉄塔などに用いられている。なお，部材の端部を剛結合としたものは，ラーメンと呼ばれており，区別されている。

① ピン結合：部材の回転を許容する結合方法で，力学的には，軸力，せん断力は伝達するが，曲げモーメントは伝達しないものとしている。ゲルバーはりでも同じ結合の考え方が使用される。

4.1　トラス構造の種類

トラス構造は，近年でも橋梁で多く用いられる構造形式である。**図 4.1** は，新幹線の橋梁で用いられたトラス橋の事例である。トラス構造は軽量で桁の**剛性**②を効率的に確保できることが可能であるため，比較的長いスパンの橋梁で用いられることが多い。

② 剛性：構造物の曲がりにくさ，変形しにくさなどを示す性質で，長いスパンの橋では剛性を大きくとる必要が生じる。

図 4.1　新幹線のトラス橋の例

トラス構造の部材端部はピン結合で接続される節点（格点）と呼ばれるが，一般的には**図 4.2** のように表現され，剛結合とは差が分かるようになっている。トラス構造の構造力学上の表現としては，ピン結合を用いた**図 4.3（a）**が正式な表現となるが，場合によってはピン結合を省略した**図 4.3（b）**もしばしば簡便的なトラス構造の表現として用いられている。

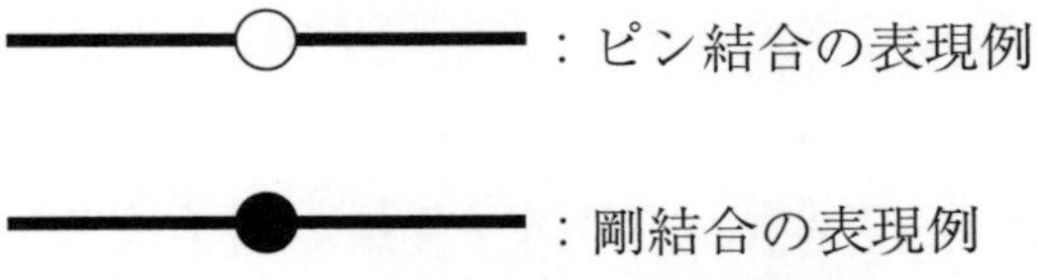

：ピン結合の表現例

：剛結合の表現例

図 4.2　ピン結合と剛結合の表現例

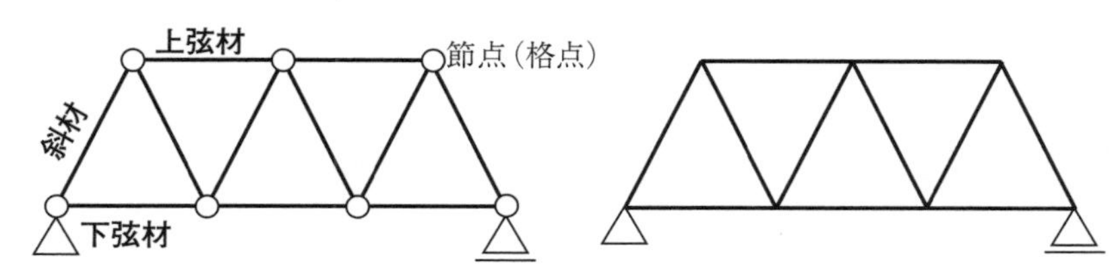

(a) トラス構造の表現例③　　(b) 簡易的なトラス構造表現例

図 4.3　構造力学上のトラス構造④の表現

トラスの構造形式は**ワーレントラス**，**プラットトラス**，**ハウトラス**⑤など三角形の組み方による違いがある。また，上下弦材の形状の違いにより，**平行弦トラス**と**曲弦トラス**⑥がある。

このように，トラス構造にはさまざまな種類が存在するが，ここでは，節点（格点）の構造による差異に着目する。古い**プラットトラス**橋では，**図 4.4** に示すような，回転を許容するピン結合を厳格に節点に再現した構造が見られる。このような構造を一般的にはピントラス橋と呼ばれている。

(a) ピントラス橋の全景

(b) ピン構造の拡大

図 4.4　ピントラス橋の例⑦

近年の一般的なトラス橋では，厳密なピン結合は用いられていない。これは**図 4.4**（b）のようなピン結合を製作することが比較的煩雑であることや，維持管理上，本箇所が問題になることが多いためである。したがって，近年のトラス橋では，理論上のピン結合は再現せずに，**図 4.5** のよう

③　上弦材・下弦材・斜材：トラスの部材の一般的な名称を示している。

④　トラス橋は三角形の形状が基本である理由は，四角形では形状を保持できないことから理解できる。

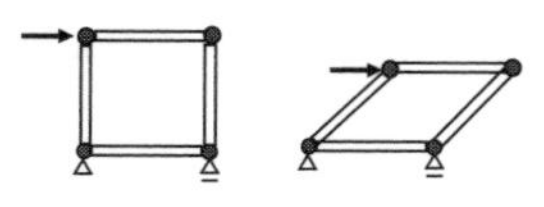

四角形だとつぶれる

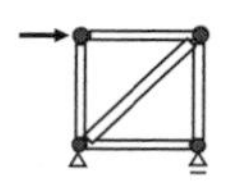

三角形ならつぶれない

⑤　トラスの構造形式

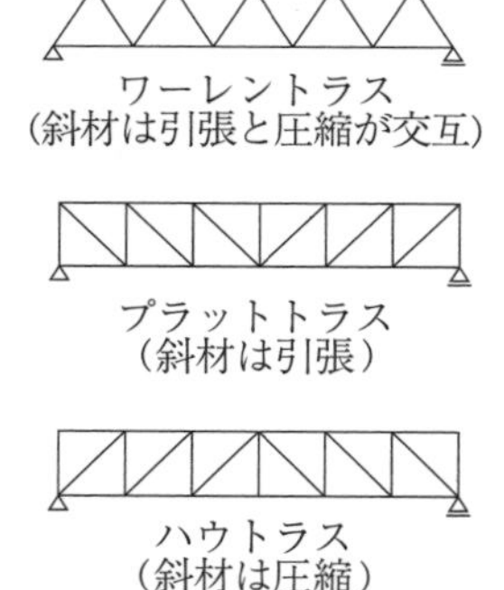

ワーレントラス
(斜材は引張と圧縮が交互)

プラットトラス
(斜材は引張)

ハウトラス
(斜材は圧縮)

⑥　上下弦材の形状

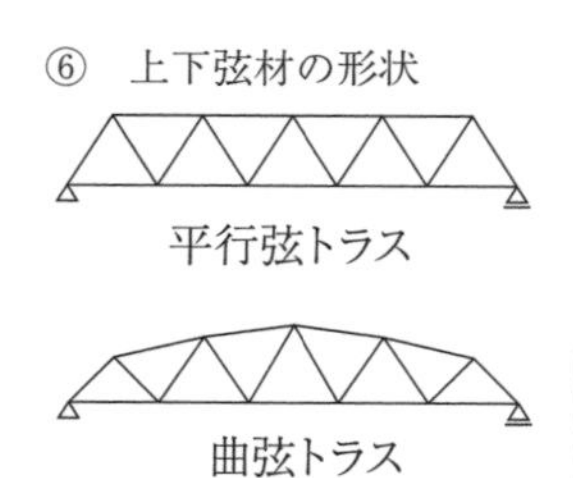

平行弦トラス

曲弦トラス

⑦　**図 4.4** に示すトラス橋は，九州の JR 肥薩線の球磨川第一橋梁である。1908 年に完成し「トランケート式」と

に剛結としたものが多い。しかし，これらは**ラーメン構造**として扱うことは稀であり，通常のトラス構造として設計されている。

(a) トラス橋の全景

(b) 近年のトラス橋の節点の例（その 1）

(c) 近年のトラス橋の節点の例（その 2）

図 4.5 近年建設されたトラス橋の例[8]

トラス構造を活用した橋は，節点だけでなく全体的な構造形式としても多くの種類があるが，ここでは比較的珍しいものについて紹介する。

図 4.6 は，**ポニートラス橋**[9]と呼ばれている構造形式であるが，**図 4.1** とは異なり背の低いトラス構造で成り立っており，下弦材側に路面を設けた構造形式である。この構造形式は，**第 3 章**で紹介したプレートガーダーの主桁をトラス構造化したものとも捉えることができる。

呼ばれるピン接合方式の橋であったが，残念ながら 2020 年の熊本豪雨で流失した。ピントラスは，この例の他にも国内ではいくつか現存している。

⑧ 近年は溶接によりトラス橋の節点（格点）が製作される事例が多いが，維持管理上，排水機構が重要となる。写真の事例では滞水が生じないよう排水に考慮した構造となっていることに注目されたい。

⑨ ポニートラス：主桁高が低く抑えられ，上横構や橋門構がないトラス構造である。**図 4.6** の写真の事例は，東武鉄道の隅田川橋梁であるが，中路カンチレバーワーレントラス形式であり，車窓からの風景がよく見える構造である。

図 4.6 背の低いトラス：ポニートラス橋

図 4.7 日本に残るラチス桁

図 4.7 は**ラチス桁**[10]と呼ばれる構造である。版桁のウェブ部分がトラス構造になっていることが分かる。このように，プレートガーダーの主桁（はり）とトラス構造には関連性があることが分かるが，これを構造力学に当てはめると**図 4.8** のようにも考えられる。これより，鉛直下向きに荷重が作用する場合は，トラス構造の上弦材は主に圧縮力に対する部材，下弦材は主に引張力に対する部材であり[11]，斜材はせん断力に対する部材と考えることができる。

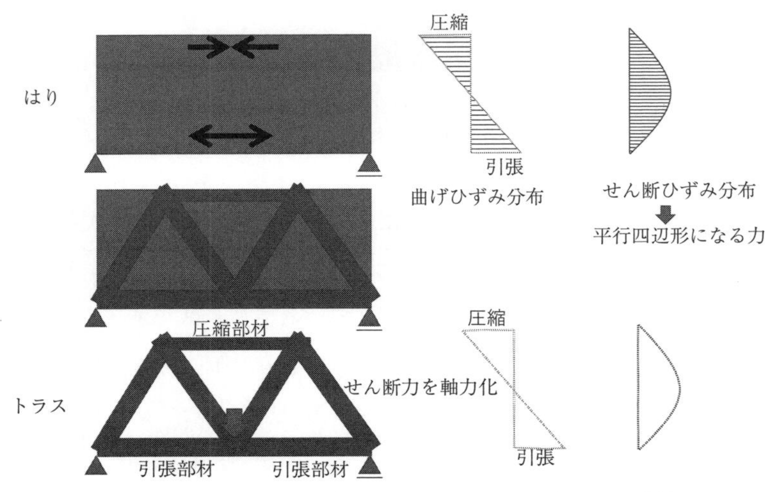

図 4.8 プレートガーダー（はり）とトラス構造の関連性

⑩ ラチス桁：ラチスとは格子のことであり，細かい鋼材を格子状に組み合わせて構成した橋梁となっている。大きな鋼板を使用せずに橋梁を構成することができるメリットがあるが，接合部の製作が煩雑となり近年は製作されていない構造形式である。写真の事例は，JR 山口線の徳佐川橋梁である。

⑪ トラスの構造解析や演習問題を解く際に検算として，圧縮値となっているか引張値となっているかを確認することにより，計算の妥当性を検証することができる。また，**図 4.4** の橋梁の事例では，上弦材は曲げ剛性の高い構造であるのに対し，下弦材は薄い鋼板のみであることが分かる。これは，上弦材は座屈に抵抗する必要があるのに対し，下弦材は引張力のみに抵抗すればよいことからこのような部材構成になっている。

トラス構造の種類は，部材の組み方によっても分類される。**図 4.1** や**図 4.3** のようなトラス構造は，**ワーレントラス形式**と呼ばれているが，その他にもさまざまな形式が存在し，珍しいものでは，**図 4.9** のような**ボルチモアトラス形式**⑫も少ないが現存している。

図 4.9　日本に残るボルチモアトラス

その他，**図 4.10** はアメリカ合衆国シカゴに架かる道路・鉄道併用橋であり，上路には鉄道，下路には道路が設置されている。

図 4.10　鉄道・道路併用橋⑬

図 4.11，**図 4.12** は，船舶の通過を可能とするためを目的とした，可動橋の事例である。これらを見ると，橋桁としてのトラス構造だけでなく，鉄塔としてのトラス構造も組み合わされていることが分かる。

⑫　写真の事例は JR 磐越西線の一ノ戸川（いちのとかわ）橋梁（福島県）である。ボルチモアトラス形式は，圧縮力が作用する斜材に対する補強として，載荷される弦材側に副部材を設置して，有効座屈長（**第 10 章**を参照）を短くした形式である。

⑬　写真の橋梁は，シカゴの LAKE STREET の橋梁であり，上路にはシカゴ高架鉄道（シカゴ・L）が通っている。

図 4.11 日本で保存されている可動橋⑭

⑭ 写真の橋梁は，廃線となった佐賀線の筑後川**昇開橋**（正式名称は（旧）筑後川橋梁）（佐賀県）である。船舶通航ときに橋桁を上昇させることができる橋である。現在，保存目的も兼ねて歩道として公開されている。

図 4.12 アメリカ合衆国シカゴに残る可動橋⑮

⑮ 写真の橋梁はキャナル・ストリート鉄道橋（別名**ペンシルバニア鉄道橋**）と呼ばれる鉄道橋である。

図 4.13 は，一般的には**トレッスル橋脚**と呼ばれている鋼製橋脚であるが，これを見ても橋脚にトラス構造が用いられていることが分かる。

図 4.13 日本に残るトレッスル橋脚⑯

⑯ 写真の橋梁は，熊本県の南阿蘇鉄道の立野橋梁である。トレッスル形式の橋梁としては，JR 山陰本線の余部橋梁が有名であったが，橋梁架け替えにより一部が保存されている状態となっている。

4.2 節点法による解法

構造力学で取り扱われるトラス構造は，微小変形理論に基づき，回転に対して摩擦がないピン結合を理想としており，また，荷重等の外力もすべて節点に作用するものと仮定している。これにより，トラスの各部材は，軸力のみが作用していると想定される。前項の通り最近は節点を剛結としているトラス構造が多いが，これによれば実際はトラスの部材にも曲げモーメント等軸力以外の力が作用していることになる。これらの軸力以外の曲げモーメント等による応力は2次応力と呼ばれるが，一般的にはこれら曲げモーメント等よりも軸力が卓越すると考え，トラス構造としては軸力のみを計算する事例が多い。

本項では一般的なトラス構造に生じている軸力を求める手法として，**節点法**を紹介する。**節点法**では，トラスの節点付近で部材を切断し，各方向力のつり合いを考えることで，部材の軸力を求める手法である。

例題 4.1

図 4.14 のトラス橋の軸力を求める事例を考える。まずは支点反力をはり理論と同様に求めた後，支点を含む節点Aでの力のつり合いを考える。鉛直方向の力のつり合いでは，支点反力 R_A と斜材 S_1 の鉛直方向成分のみしか存在しないため，両者の力のつり合いを考えることにより斜材 S_1 の軸力を求めることができる。次に，節点Aにおける水平方向の力のつり合いを考えた場合，斜材 S_1 の水平方向成分と下弦材 L_1 の軸力のみとなり，斜材 S_1 は既知となっているため，下弦材 L_1 の軸力も決定することができる（**図 4.15 (a)**）。これらを式にすると式 (4.1)，式 (4.2) のようになる。

・鉛直方向成分の力のつり合い

$$R_A + S_1 \sin\theta = 0 \qquad (4.1)$$

・水平方向成分の力のつり合い

$$L_1 + S_1 \cos\theta = 0 \qquad (4.2)$$

ここに，$R_A = P$，$S_1 v = \frac{2}{\sqrt{5}} S_1$，$S_1 h = \frac{1}{\sqrt{5}} S_1$ である。

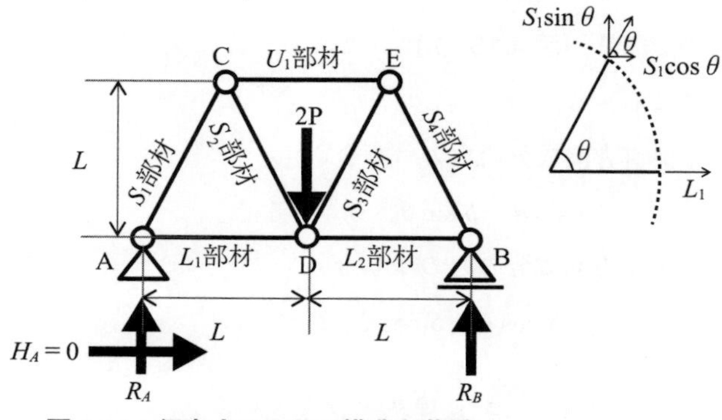

図 4.14　仮定するトラス構造と荷重

⑰ Supporting Point
部材切断ときには飛び出す方向に矢印を書くのがよい。構造力学では引張軸力が正の値，圧縮軸力が負の値が基本となる。なお，コンクリート材料を扱う場合は圧縮側を正値とすることもあるため，構造・材料などの分野ごとに確認は必要である。

問題 4.1

例題 4.1 の問題において，S_3 部材，S_4 部材，L_2 部材の軸力を節点法により求めなさい。

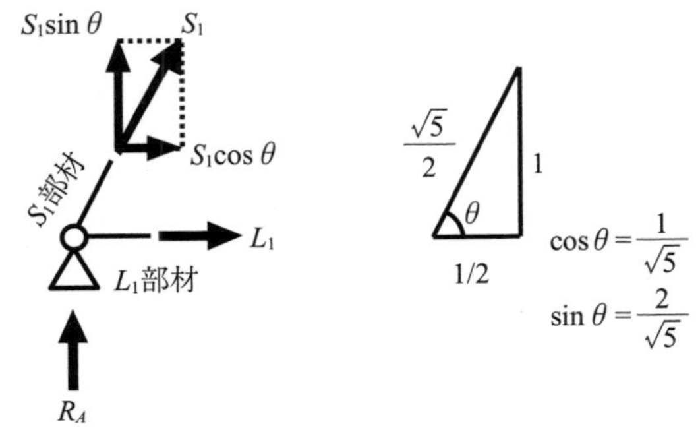

(a) 節点 A 付近で分割されるトラス構造

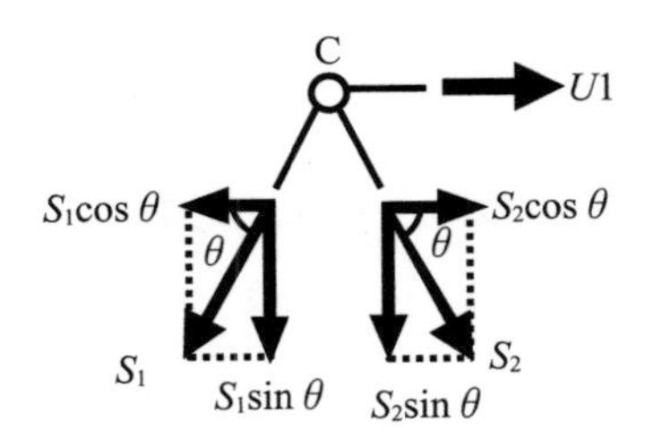

(b) 節点 C 付近で分割されるトラス構造

図 4.15　節点付近で分割されるトラス構造⑰

式（4.1），式（4.2）を解くことにより，S_1 部材，L_1 部材の軸力は，式（4.3），式（4.4）の通り求めることができる。

$$S_1 = \frac{\sqrt{5}}{2} S1v = -\frac{\sqrt{5}}{2} P \quad \text{（圧縮力）} \tag{4.3}$$

$$L_1 = -\frac{1}{\sqrt{5}} S1v = \frac{1}{2} P \quad \text{（引張力）} \tag{4.4}$$

続いて節点 C について考えると，既知となった斜材 S_1 の鉛直方向成分が斜材 S_2 の鉛直方向成分とつり合うこと，また，斜材 S_1 の水平方向成分が上弦材 U_1 の軸力とつり合うことから，それぞれ部材の軸力を求めることができる（**図 4.15（b）**）。これらを式にすると式（4.5），式（4.6）のようになる。

・鉛直方向成分の力のつり合い

$$-S_1 \sin\theta - S_2 \sin\theta = 0 \tag{4.5}$$

・水平方向成分の力のつり合い

$$U_1 + S_2 \cos\theta - S_1 \cos\theta = 0 \tag{4.6}$$

ここに，$S_2 v = \frac{2}{\sqrt{5}} S_2$，$S_2 h = \frac{1}{\sqrt{5}} S_2$ である。

式（4.5），式（4.6）を解くことにより，S_2 部材，U_1 部材の軸力は，式（4.7），式（4.8）の通り求めることができる。

$$S_2 = -\frac{\sqrt{5}}{2} S_1 v = \frac{\sqrt{5}}{2} P \quad \text{（引張力）} \tag{4.7}$$

$$U_1 = S_1 h - s_2 h = -P \quad \text{（圧縮力）} \tag{4.8}$$

さらに続いて節点 D については，既知となっている下弦材 L_1，斜材 S_2 を用いて，斜材 S_3，下弦材 L_2 の順で軸力を決定することができる。

節点法はトラス構造の解法としては基本的な解法であるが，必ず支点や外力を含む節点から求める必要があるなどの制約もあるため，次に示す**切断法**による解法が一般的によく用いられる。

4.3　切断法による解法

トラス構造の解法としての**切断法**（断面法ともいう）は，任意の切断面においてモーメントのつり合いや各方向力のつり合いを用いて解く方法である。

例題 4.2

図 4.14 の例を用いて説明する。切断法では，節点周辺ではなく，**図 4.16** のようにトラス構造 3 部材（上弦材 U_1，下弦材 L_1，斜材 S_2）を含む全体を切断する。切断した左側の構造において，各方向の力のつり合いや，モーメントのつり合いを考えることにより，3 部材の軸力を求めることができる。

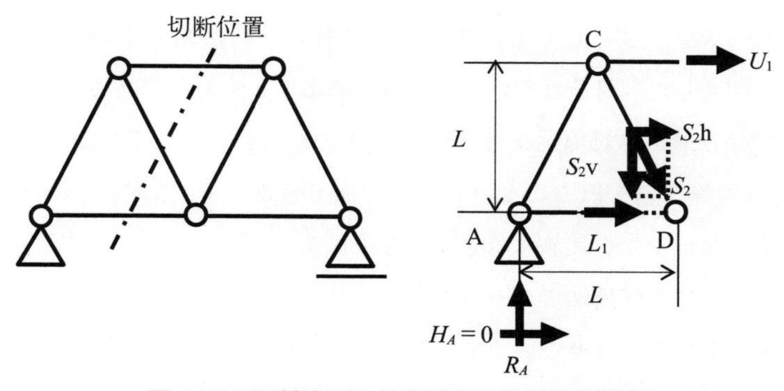

図 4.16　切断法により分割されるトラス構造

本例の場合は，鉛直方向の力のつり合いを考えると，支点反力の他には鉛直成分の力が生じているのは斜材 S_2 のみであることから，モーメントのつり合いを考えることなく，斜材 S_2 の軸力を決定できる。

また，下弦材 L_1 の軸力を求める際は，節点Cを中心としたモーメントのつり合いを考えることにより，斜材 S_1 や上弦材 U_1 の値を用いることなく求めることができる。さらに同様に，上弦材 U_1 の軸力を求める際は，節点Dを中心としたモーメントのつり合いを考えることにより，斜材 S_1 や下弦材 L_1 の値を用いることなく求めることができる。

これらを式にすると式（4.9）～式（4.11）のようになる。

・鉛直方向成分の力のつり合い

$$R_A - S_2 \sin\theta = 0 \tag{4.9}$$

・節点Cにおけるモーメントのつり合い

$$R_A \times \frac{L}{2} - L_1 \times L = 0 \tag{4.10}$$

・節点Dにおけるモーメントのつり合い

$$R_A \times L + U_1 \times L = 0 \tag{4.11}$$

これらの式を基に，各部材の軸力を求めると以下の式（4.12）～式（4.14）の通りとなる。

$$S_2 = \frac{\sqrt{5}}{2} S_2 v = \frac{\sqrt{5}}{2} R_A = \frac{\sqrt{5}}{2} P \qquad S_2 = \frac{R_A}{\sin\theta} = \frac{\sqrt{5}}{2} P \text{（引張力）} \tag{4.12}$$

$$L_1 = \frac{1}{2} R_A = \frac{1}{2} P \text{（引張力）} \tag{4.13}$$

$$U_1 = -R_A = -P \text{（圧縮力）} \tag{4.14}$$

上記事例では，上弦材 U_1，下弦材 L_1，斜材 S_2 を含む断面で切断したが，次のステップとして上弦材 U_1，下弦材 L_2，斜材 S_3 を含む断面で切断して，切断した部材それぞれの軸力を求めることも可能である。なお，本例題では，構造の対称性を考えれば，斜材 S_2 と斜材 S_3，下弦材 L_1 と下弦材 L_2 は同等な値を取ることは容易に想像できるため，実際の設計解析では，次のステップを実施する必要はない。

このように，**切断法**でモーメントのつり合いを考える場合は，軸力からモーメントを生じさせない点でのモーメント中心位置を工夫することにより，より簡易に軸力を求めていくことが可能になる。

また，この一連の解法を節点法で求めた**例題 4.1** と比較すると，S_2 部材，U_1 部材は，**切断法**の方が若干ではあるが，少ない計算量で求めることができることが分かる。

図 4.14 の事例では，節点法と切断法のどちらでも部材の軸力を求めるのに計算量には大きな差は生じなかった。しかし，**図 4.1** のように長スパンの大型橋になると，支点からの距離のある部材軸力を求めることを考えると，**節点法**よりも**切断法**の方が有利となる。

例題 4.3

図 4.17 に示すトラス構造の上弦材 U_1，斜材 S_1，下弦材 L_1 の軸力を求める。なお，本図ではピン結合の表記は省略しているが，トラス構造という表記より，ピン結合されているものと考える。

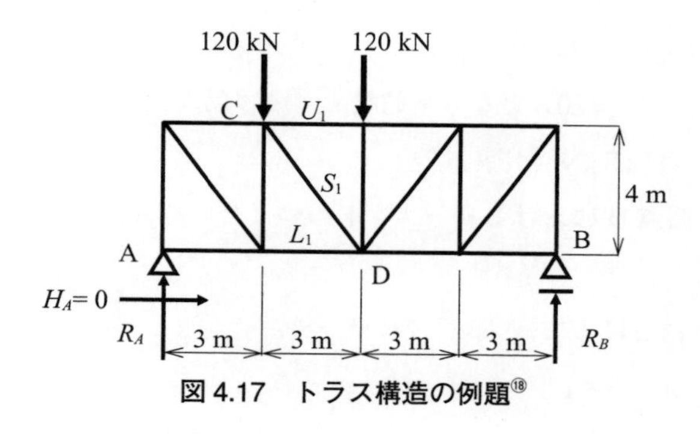

図 4.17　トラス構造の例題⑱

⑱　この例題のトラス橋は，プラットトラス形式と呼ばれる。

本例題の場合は，節点法による計算よりも切断法による解法の方が計算量を少なくすることができるため，切断法で解く。まず，支点反力は，単純はりの解法と同様に鉛直力のつり合いとモーメントのつり合いにより，式（4.15），式（4.16）のようになる。

$$R_A = 150\ \mathrm{kN} \tag{4.15}$$

$$R_B = 90\ \mathrm{kN} \tag{4.16}$$

次に，U_1-S_1-L_1 の各部材を通る位置で**図 4.18** のように切断し，左側の部材のみで鉛直力のつり合いより式（4.17）が示される。

・鉛直方向成分の力のつり合い

$$R_A - 120 - S_1 \sin\theta = 0 \tag{4.17}$$

これより，式（4.18）となり斜材 S の軸力が求まる。

$$S_1 = 37.5\ \mathrm{kN}\ （引張力） \tag{4.18}$$

問題 4.2

以下に示すトラス構造の，上弦材 $\mathrm{U_1}$，斜材 $\mathrm{S_1}$，下弦材 $\mathrm{L_1}$ の軸力を求めなさい。

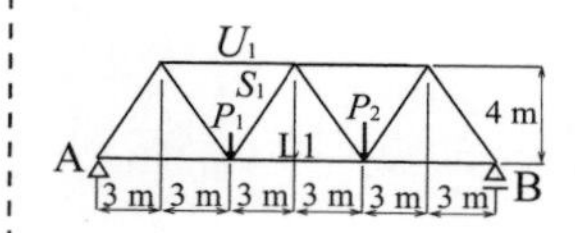

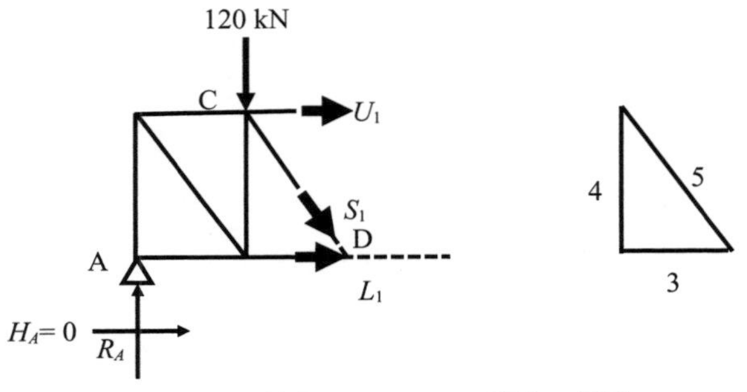

図 4.18　切断法によるトラス構造の解法

また，節点Cにおけるモーメントのつり合いを考えると，式（4.19）のようになる。

・節点Cにおけるモーメントのつり合い

$$3\times R_A-4\times L_1=0 \tag{4.19}$$

これより，式（4.20）となり下弦材 L_1 の軸力が求まる。

$$L_1=112.5\text{ kN（引張力）} \tag{4.20}$$

さらに，節点Dにおけるモーメントのつり合いを考えると，式（4.21）のようになる。

・節点Dにおけるモーメントのつり合い

$$6\times R_A-3\times 120+4\times U_1=0 \tag{4.21}$$

これより，式（4.22）となり上弦材 U_1 の軸力が求まる。

$$U_1=-135\text{ kN（圧縮力）} \tag{4.22}$$

第 5 章　応力度の計算

単位面積当たりの力を示したものを**応力度**①（応力）という。この応力度は，鋼材やコンクリートの材料強度としても用いられており，構造物の破壊の限界を示す強度表示にも使用されている。本章では，応力度を求める前段で必要となる断面諸元も含めた内容について取り扱う。

① 応力度は単位面積当たりの力を示しており，一般的な設計計算では N/mm^2 や MPa で示される。

5.1　構造材料の力学的性質

土木構造物で一般に使用される鋼材やコンクリートは，実用的には**等方等質な材料**②として扱われる。この条件の下で，各材料の応力度－ひずみ関係は，一般的に以下のようになることが知られている。

② 等方等質な材料：材料として等方性体，等質性体となっていることを示す。等方性体とは，方向によらず物理的性質が等しいことを示している。等質性体とは，どの部位においても物理的性質が等しいことを示している。鋼材は材料的に等方等質であるといえる。コンクリート材は厳密には等方等質ではないと考えられるケースもあるが，大型の土木構造物等では一般的に等方等質として扱われる。

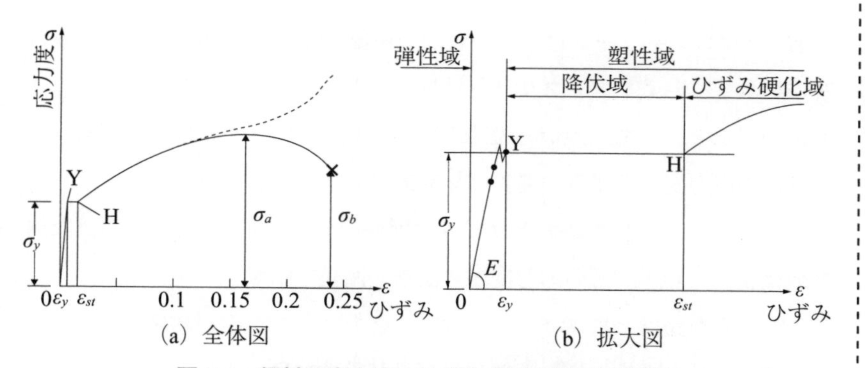

図 5.1　鋼材の応力度－ひずみ曲線の例（引張側）

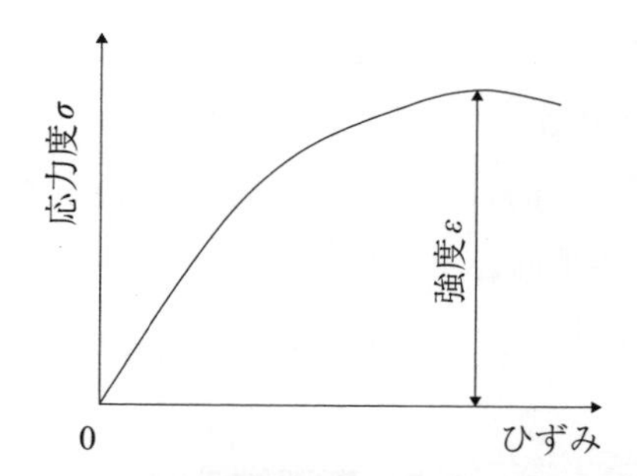

図 5.2　コンクリート材料の応力度－ひずみ曲線の例（圧縮側）
（コンクリート材料については慣例的に圧縮側を正としている）

図 5.1 は鋼材の引張に対する一般的な応力度とひずみの関係を示している。鋼材は材料としては引張でも圧縮でも同じ傾向を示すとされているが，鋼材は構造上，薄板や細長い構造として用いられることが多く圧縮側では**座屈**[③]を生じやすい構造となることが多いため，引張側を代表として示すことが多い。

③ 座屈が発生する荷重（座屈耐荷力）は，**第10章**に述べている。

鋼材の応力度とひずみの関係は，低い応力度では線形の関係を示している。これは，フックの法則が成り立つことを示し，弾性域といわれる。この弾性域の応力度とひずみ関係の傾き（勾配）は**ヤング係数** E で示され，構造用鋼材の一般的な**ヤング係数**は，2.0×10^5 N/mm^2 である。図中の σ_y は降伏点（降伏強度），σ_u は引張強度，σ_b は破断強度を示している。また，ε_y は降伏ひずみ，ε_{st} はひずみ硬化開始点のひずみを示している。

実務的な構造物の設計では，耐震設計等の特殊な状況を除き，この弾性域の範囲内で設計が行われている。また，弾性域以上の応力度では，フックの法則が成り立たない塑性域と呼ばれる領域となる。鋼材の場合，弾性域と塑性域の境界は比較的明確になることが多く，この点を降伏点（図 5.1 の Y）と呼んでいる。

図 5.2 はコンクリート材料の一般的な圧縮側における応力度とひずみの関係を示している。コンクリート材料は，圧縮強度と引張強度とでは大きく値が異なり，引張強度は圧縮強度の 1/10 程度となっており，圧縮側と引張側の応力度とひずみの関係は材料的にも大きく異なる。

コンクリート材料の**応力とひずみの関係**[④]は，鋼材とは異なり明確な弾性域は見当たらず，低い応力度から曲線の関係を示す。

④ コンクリート材料の仮定上のヤング係数は一定値を示さないが，一般的には 3.0×10^4 N/mm^2。

このような鋼材とコンクリート材料の応力度とひずみの関係の差異により，鋼構造物とコンクリート構造物の設計手法は異なることとなり，鋼構造物の設計では弾性域に基づく構造力学の理論式がほぼそのまま用いられることが多いが，コンクリート構造物の設計ではさまざまな仮定に基づく近似式が多く使用されることになる。

構造物の設計では，通常使用時に応力度を比較してこの限界の応力度（降伏点又は強度）を下回ることを確認し，安全であることを証明していることになる。設計ではこのことを応力度の照査と呼んでいる。

5.2 断面諸元

構造物は 3 次元的な広がりを持つものであるが，はり，トラスや柱などは，線材で再現し構造解析を行うことが多い。したがって，この線材の2次元の断面を1次元化するために用いられるのが本節で示す断面諸元である。このような断面諸元としては断面積もこの諸元に含まれるが，これ以外にも重要な断面諸元がある。

5.2.1　断面1次モーメント

図 5.3 のような座標軸上の yz 平面上において，軸から距離と微小面積 dA の掛け合わせの合計値，つまりは，式（5.1）のように定義される G_x を z 軸における**断面1次モーメント**と呼ぶ。

$$G_z = \int ydA \tag{5.1}$$

同様に，y 軸における断面1次モーメントは式（5.2）で示される。

$$G_y = \int zdA \tag{5.2}$$

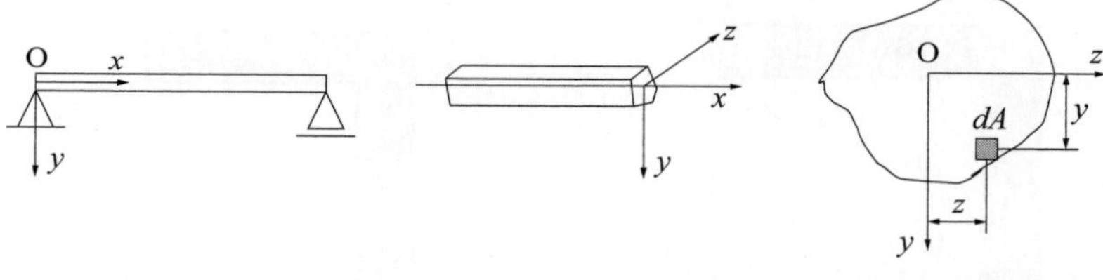

（a）はりの長さ方向に x軸をとる　（b）座標軸　（c）断面と面積要素dA

図 5.3　構造物の例と座標軸

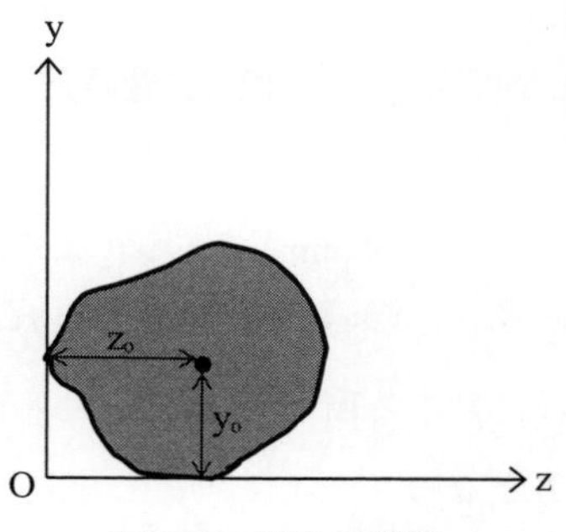

図 5.4　図心の位置

この断面1次モーメントの活用例として代表的なものは，図心の位置を求める場合である。これは，図心を通る軸に関する断面1次モーメントは0となることを利用している。これを具体的に表すと，**図 5.4** に示すような図心の座標（y_0，z_0）は以下の式（5.3），式（5.4）で表現できる。

$$y_0 = \frac{G_z}{A} \tag{5.3}$$

$$z_0 = \frac{G_y}{A} \tag{5.4}$$

ここに，A は想定した yz 平面上での断面積である。

図 5.3 のような構造物を1次元的線材として構造解析を行う場合は，この図心を通る線を軸線としてモデル化することになる。また，この材料が等方等質で体積に比例した重さを持つものである場合は，図心位置が**重心位置**⑤と一致する。

⑤　構造物の重心を算出することは，構造物の架設ときにおいてクレーンで吊る作業などでも活用されている。

問題 5.1

下図の図心位置を求めなさい。

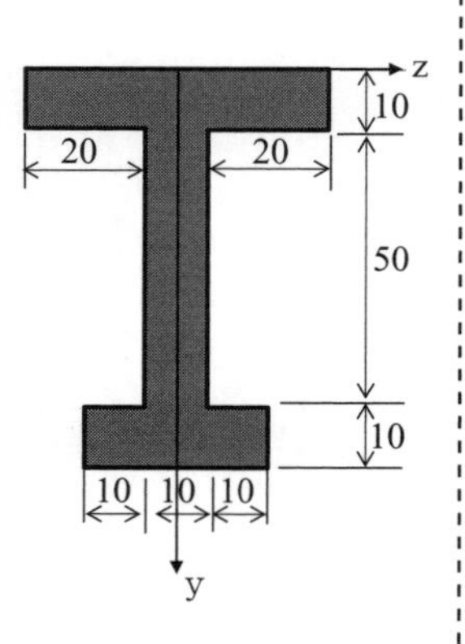

例題 5.1　図 5.5（a）に示す逆 L 型断面の図心の位置を求める。

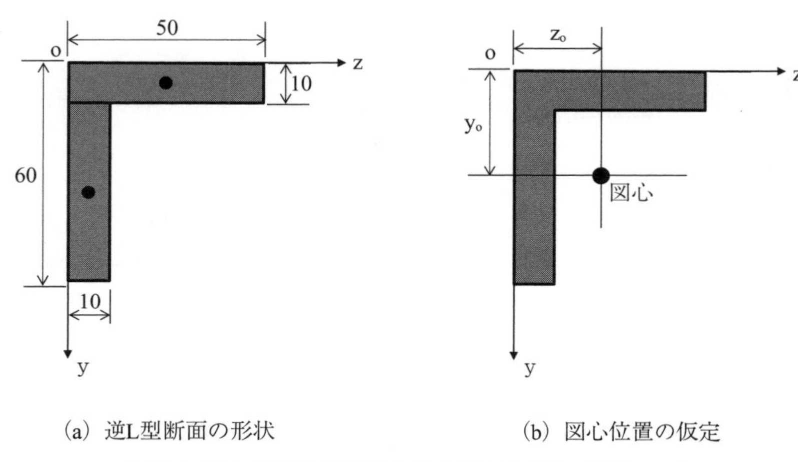

図 5.5　逆 L 型断面の形状と図心位置の仮定（単位 mm）

本断面の断面積 A は，$A = 1000\ \mathrm{mm}^2$ である。また，**図 5.5**（a）の通り L 型断面を長方形に分割すると，それぞれの長方形の重心の位置は容易に定まる。ここで，原点 O に対する断面1次モーメントを求めると以下の式 (5.5)，式 (5.6) の通りとなる。

$$G_z = \int y dA = 50 \times 10 \times \frac{10}{2} + 50 \times 10 \times \left(10 + \frac{(60-10)}{2}\right) = 20000\ \mathrm{mm}^3 \tag{5.5}$$

$$G_y = \int z dA = 50 \times 10 \times \frac{25}{2} + 50 \times 10 \times \frac{10}{2} = 15000\ \mathrm{mm}^3 \tag{5.6}$$

ここで，式 (5.3)，式 (5.4) より，**図 5.5（b）**に示す図心の位置は式 (5.7)，式 (5.8) で求められる。

$$y_0 = \frac{G_z}{A} = \frac{20000}{1000} = 20\ \text{mm} \tag{5.7}$$

$$z_0 = \frac{G_y}{A} = \frac{15000}{1000} = 15\ \text{mm} \tag{5.8}$$

5.2.2　断面 2 次モーメント

断面 2 次モーメント[⑥]は，はりの曲げ挙動における断面の曲がりにくさを示す指標として重要な値となり，はり形式の橋梁の設計では必ず算出される。

⑥　断面 2 次モーメントは長さの 4 乗の次元になる。

図 5.6 に示す断面において，断面の微小面積要素 dA と微小要素の z 軸から距離 y とすると，z 軸周りの**断面 2 次モーメント** I_z は以下の式（5.9）で定義される．この断面 2 次モーメントは，はりの曲げ挙動における断面の曲がりにくさを示す指標として重要な値となり，はり形式の構造設計では必ず算出される．

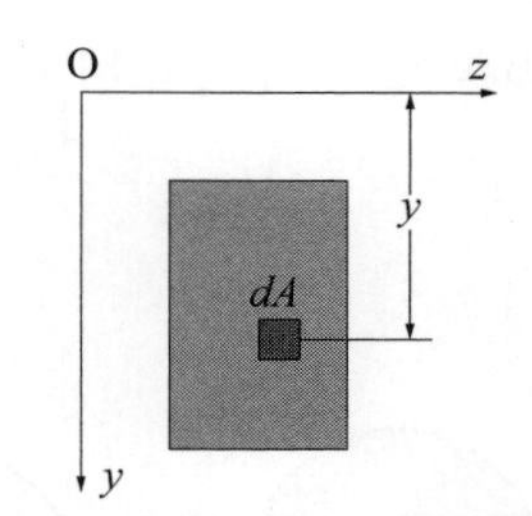

図 5.6　断面 2 次モーメント算定

$$I_z = \int y^2 dA \tag{5.9}$$

この定義式によりさまざまな形状の断面における断面 2 次モーメントを求めることが可能であるが，橋梁や建築物などでは**図 5.7** に示すような長方形（矩形）や円形断面の使用頻度が高く，式（5.10），式（5.11）を公式として用いられている。その他，三角形など他の断面形状における断面 2 次モーメントについては，**付録 2** に示している。

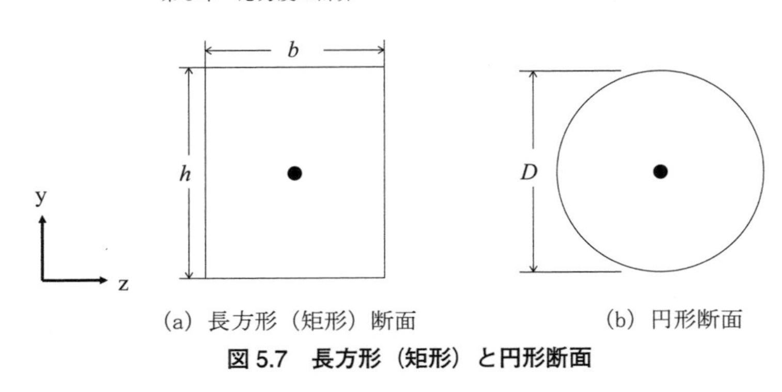

(a) 長方形（矩形）断面　　(b) 円形断面

図 5.7　長方形（矩形）と円形断面

$$長方形断面：I_z = \frac{bh^3}{12} \tag{5.10}$$

$$円形断面：I_z = \frac{\pi D^3}{64} \tag{5.11}$$

断面2次モーメントの応用的算出としては，図心の高さ位置がそろっている場合は，断面積の算出時と同様に足し引きが可能である。例えば，**図 5.8** のような円管，角形鋼管，I形鋼などは，円形や長方形（矩形）の断面2次モーメントの公式のみで応用的に算出することが可能となる（詳細は**付録2**⑦を参照)。ただし，この手法は，図心の高さ位置がそろっている場合のみ適用できる。

⑦ 巻末の**付録2**に示した公式において，円管断面，I形断面は，**図 5.7** の考え方と一致している。

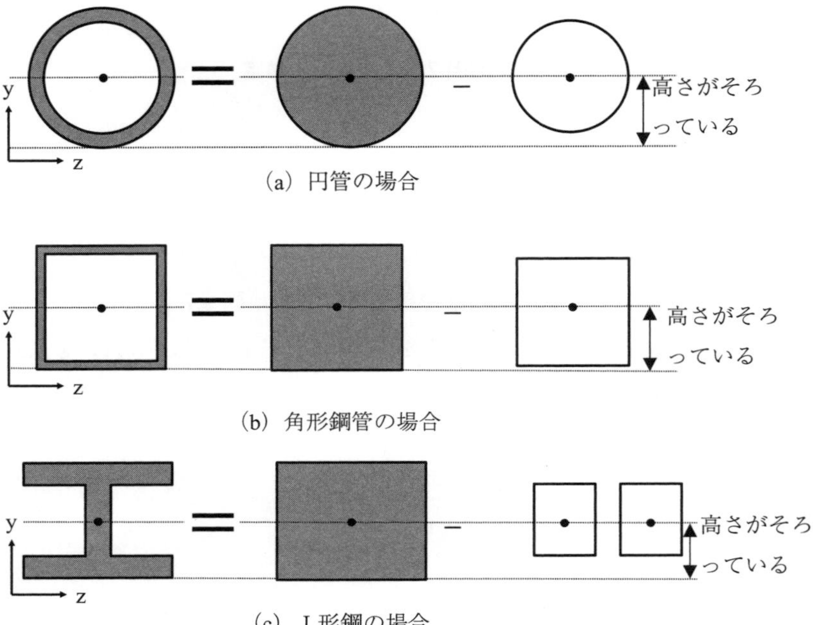

図 5.8　円管，角形鋼管，I形鋼とその断面2次モーメント⑧

⑧ 中立軸の高さがそろっている場合，式(5.2)の $y_o=0$ となるため，I_{z0} のみで断面2次モーメントが算出できる。結果として中立軸の高さがそろっている場合は**図 5.8** の手法が成立することが理解できる。

また，**図 5.9** のように，図心 y_0 だけ離れた位置にある長方形断面の断面２次モーメントは式（5.12）で示すことができる。

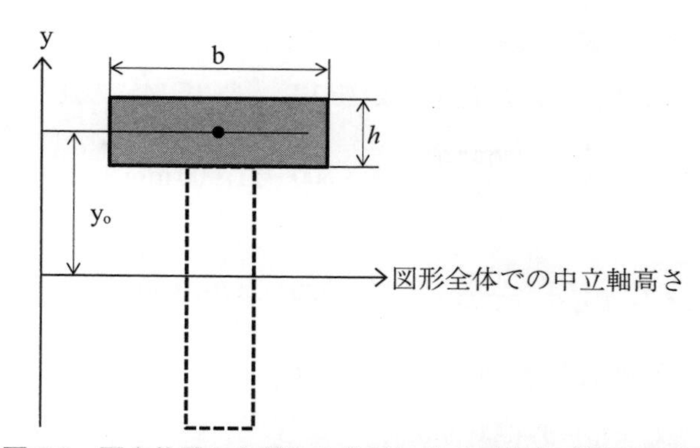

図 5.9　図心位置から離れた位置にある長方形（矩形）断面

$$I_z = I_{z0} + y_0^2 A \tag{5.12}$$

ここに，$I_{z0} = \dfrac{bh^3}{12}$，A は断面積

なお，図心の高さ位置がそろっていない場合でも，長方形（矩形）断面の組み合わせで断面が構成されている場合は，式（5.8）の公式を応用して断面２次モーメントを求めることができる（詳細は**付録 3**[⑨]を参照）。

⑨　**巻末の付録 3** には，表計算ソフトを用い，式（5.8）を応用した事例を示している。

例題 5.2

例題 5.1 と同様な**図 5.10 (a)** に示すＬ型断面の z 軸周りの断面２次モーメントを求める。

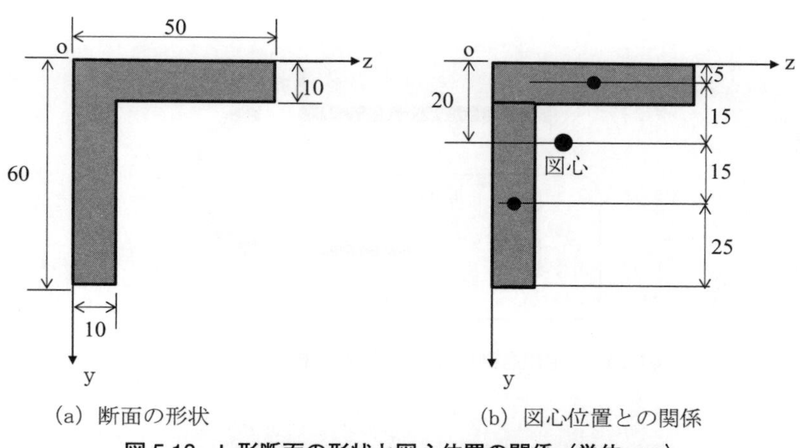

(a) 断面の形状　　(b) 図心位置との関係

図 5.10　L 形断面の形状と図心位置の関係（単位 mm）

問題 5.2

以下の図の z 軸周りの断面２次モーメントを求めなさい。

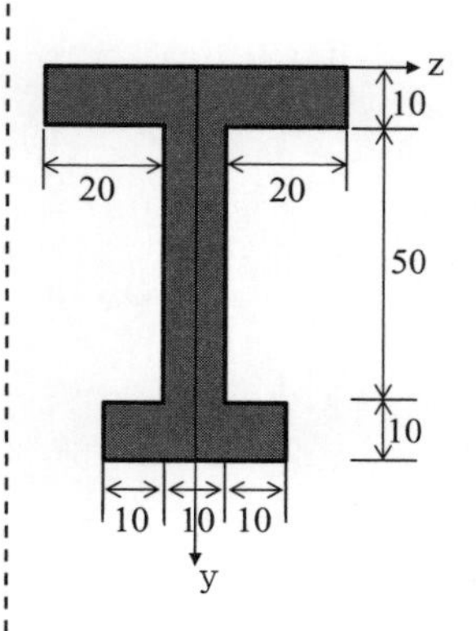

例題 5.1 より，図心の位置 $y_o = 20$ mm であることが分かっているので，分割した長方形断面のそれぞれの図心との位置関係は，**図 5.10（b）**に示す通りとなる。ここで分割した長方形で上方にあるものの断面 2 次モーメントを I_{z1}，下方にあるものを I_{z2} とすると，それぞれの図心からの位置を考慮した断面 2 次モーメントは，式（5.13），式（5.14）の通りとなる。

$$I_{z1} = I_{z0} + y_0^2 A = \frac{50 \times 10^3}{12} + 15^2 \times 500 = 117000 \text{ mm}^4 \quad (5.13)$$

$$I_{z2} = I_{z0} + y_0^2 A = \frac{10 \times 50^3}{12} + 15^2 \times 500 = 217000 \text{ mm}^4 \quad (5.14)$$

これより，L 形断面全体の断面 2 次モーメントは，式（5.15）となる。

$$I_{zo} = I_{z1} + I_{z2} = 334000 \text{ mm}^4 \quad (5.15)$$

なお，式（5.13）～式（5.15）の計算については，表計算ソフトを用いて表形式で表示させることが分かりやすいため，設計実務では使用されている参考例を**付録 3** に示している。

ここで，断面 2 次モーメントの特徴を整理する。長方形の断面 2 次モーメントの式には，h の 3 乗が含まれている。これはつまり，同じ断面積の場合でも，縦 h と横 b の比によっては，断面 2 次モーメントの値は大きく異なることになる。身近な例として細長い定規を考える。片手に定規を持ち，片持ちはりを再現したとき，**図 5.11** の通り定規の断面を縦（**図 5.11**（a））に持つか横（**図 5.11**（b））に持つかで曲げの抵抗力に大きな差があることに気づく。この場合，縦（**図 5.11**（a））の方が圧倒的に曲がりにくい。これは，断面 2 次モーメントの大きさが縦と横で異なっているためである。

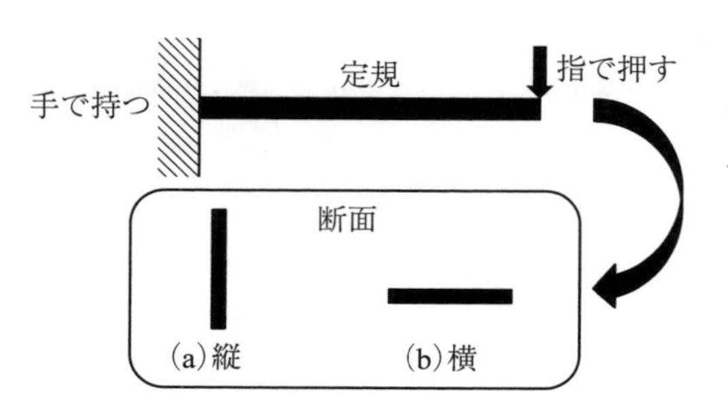

図 5.11　定規を例にした断面 2 次モーメントの変化

長方形（矩形）断面の組み合わせときに用いた式によれば，断面 2 次モーメントの値は，図心の位置から離れた位置に，より大きな断面積を有する方が，より大きな値となることが理解できる。I形鋼はこの特徴を利用した構造であり，橋梁でよくみられる**上路プレートガーダー**⑩（**図5.12**，**図5.13**）の構造は，I形の断面構成になっている。

⑩ 上路プレートガーダー：橋梁構造の中で最も建設されているシンプルな構造である。

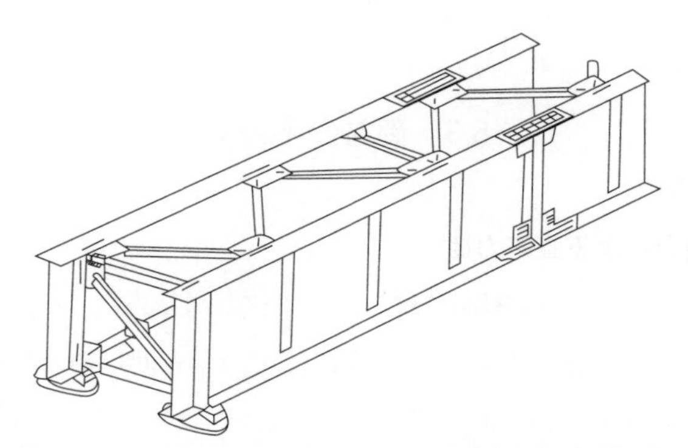

図5.12　上路プレートガーダー（Deck Plate Girder）

図5.13　上路プレートガーダーと断面2次モーメント

図5.13は，実際の上路プレートガーダーの例になるが，少ない鋼材量で軽量になるように，主桁が構成されていることが分かる。このようにI形鋼はH形鋼とも呼ばれているが，天地方向にH形として使用されることがほとんどないのは，この断面2次モーメントの値が大きく影響しているといえる。なお，このように断面2次モーメントの大きさを反映して，**図5.14**に示す通り，曲げモーメントの作用方向に対して**図5.14（a）**を強軸断面，**図5.14（b）**を弱軸断面と一般に呼んでいる。

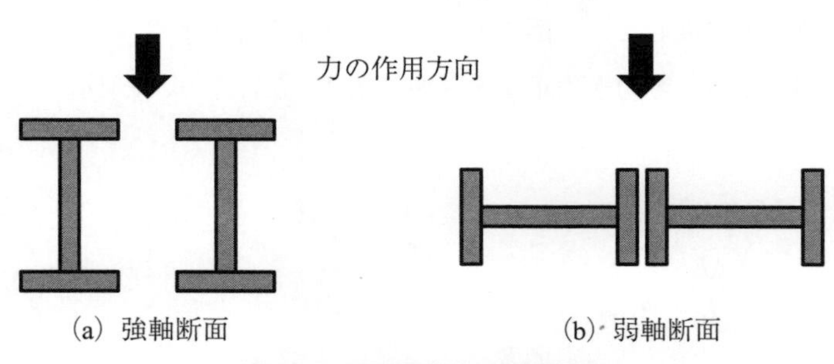

図5.14　強軸断面と弱軸断面

さらに，I形の断面を持つ場合でも，式（5.12）によれば，y_0 の項の影響が大きいことに気づく。すなわち，断面全体の中立軸位置から離れた位置に多くの断面積を有する方が，断面2次モーメントを大きくできることを示している⑪。

⑪　式（5.12）より y_0 の項の影響が大きいということは，以下の断面を考えた場合，より右のほうが大きな断面2次モーメントを有することが分かる。断面2次モーメントが大きい方が曲げに対する抵抗性が高いので，橋梁は下図の最も右のような断面が望ましいことになる。しかし，鋼桁断面では，腹板（ウェブ）が薄すぎる場合，この断面がせん断力や曲げで座屈により破壊することがある。

5.3　部材の応力度

5.3.1　軸力による直応力度

応力度とは，部材の切断面に対して，単位断面積当たりに生じている内力を示している。**図5.15** に示すように部材の軸方向に力が作用するケースにおいては，直応力度（垂直応力度）σ_x は，以下の式（5.16）で示される。

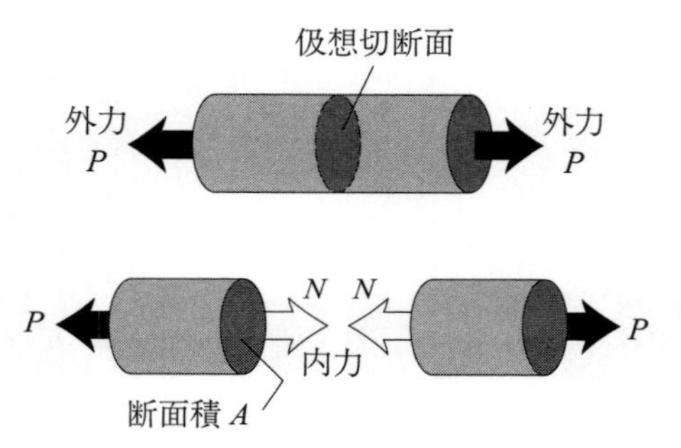

図5.15　部材の軸方向に力が作用した場合の内力

$$\sigma_x = \frac{N}{A} \tag{5.16}$$

ここに，A は部材の断面積である。

この直応力度は，構造力学では引張側を正，圧縮側を負とするのが一般的であるが，コンクリート材料を扱う場合は圧縮を中心に取り扱うため，圧縮側を正とする例外もある。

この直応力に関しては，**図5.1** に示すような応力度とひずみの弾性域における関係から，軸力が作用する問題では式（5.17），式（5.18）が用いられる。

$$\sigma_x = E \times \varepsilon_x \tag{5.17}$$

$$\varepsilon_x = \frac{\Delta L}{L} \tag{5.18}$$

ここに，E は材料のヤング係数，L は部材の変形前の長さ，ΔL は作用した軸力による長さの変化量である。また，これらの式を組み合わせてできる式でよく使用されるものとして，軸力による変形量（長さの変化量）を示す式（5.19）がある。

$$\Delta L = \frac{NL}{EA} \tag{5.19}$$

この式（5.19）で右辺分母側にあるEAは軸剛性と呼ばれ，部材の軸方向力に対する変形のしにくさを示している。すなわち，ヤング係数Eが小さい場合でも断面積Aを大きくすれば変形しにくい，または，断面積Aが小さい場合でも材料のヤング係数Eが大きい場合は変形がしにくいという傾向を示すことになる。

例題 5.3

図 5.16（a）に示す2つの異なるヤング係数E_1，E_2，断面積A_1，A_2を有する棒状の部材を，左側を壁に固定し，右側に剛体板を取り付けて，引張力Pを作用させる。このときの各部材に作用する直応力度σ_1，σ_2を求める。ただし，各部材には軸力のみが作用するものとし，剛体板は変形しないものとする。

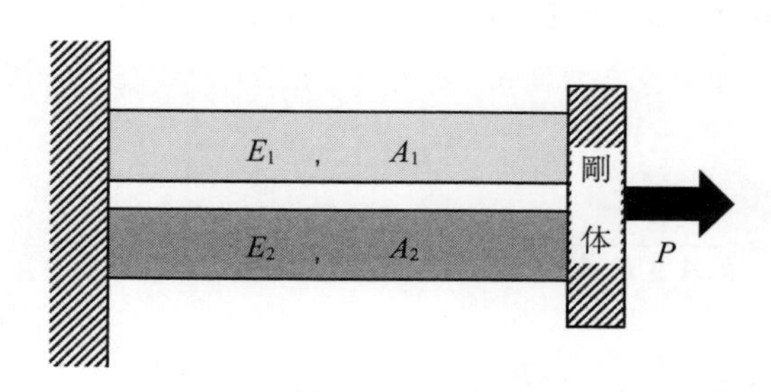

（a）例題の構造

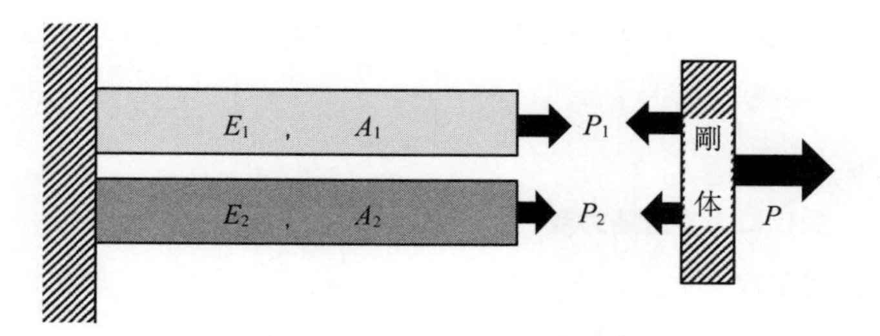

（b）各部材に作用する分担力の仮定

図 5.16　2つの異なる性質を持つ部材を持つ構造

各部材に作用する分担力は，式（5.20）のように示される。

$$P = P_1 + P_2 \tag{5.20}$$

問題 5.3

例題 5.1において部材が3種類になった場合の各部材に作用する直応力度σ_1，σ_2，σ_3を求めなさい。

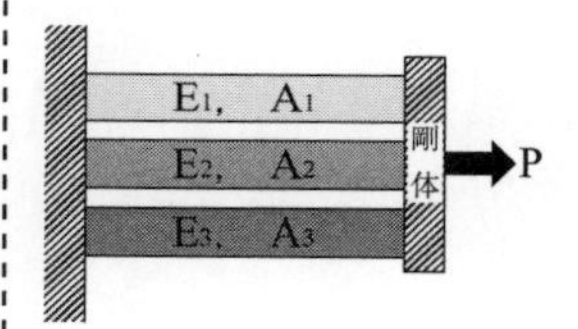

次に，分担力と断面積の関係から求まる直応力度は式（5.16）を用いて式（5.21），式（5.22）の通りとなる。

$$\sigma_1 = \frac{P_1}{A_1} \tag{5.21}$$

$$\sigma_2 = \frac{P_2}{A_2} \tag{5.22}$$

また，各部材に生じる変形は等しく，生じるひずみは等しいためこのひずみ量を ε とすると，式（5.17）を用いて式（5.23），式（5.24）の通りとなる。

$$\sigma_1 = E_1 \times \varepsilon \tag{5.23}$$

$$\sigma_2 = E_2 \times \varepsilon \tag{5.24}$$

ここで，式（5.20）～式（5.22）より，式（5.25）が求まる。

$$P = \sigma_1 \times A_1 + \sigma_2 \times A_2 \tag{5.25}$$

次に式（5.25），式（5.23）および式（5.24）を用いて，ε を示す式（5.26）が算出できる。

$$\varepsilon = \frac{P}{E_1 A_1 + E_2 A_2} \tag{5.26}$$

最後に，式（5.26）を式（5.25）と式（5.23）に代入することにより，各部材に作用する直応力度 σ_1，σ_2 を式（5.27），式（5.28）で求めることができる。

$$\sigma_1 = \frac{E_1}{E_1 A_1 + E_2 A_2} \times P \tag{5.27}$$

$$\sigma_2 = \frac{E_2}{E_1 A_1 + E_2 A_2} \times P \tag{5.28}$$

本結果は，$E_1 A_1$，$E_2 A_2$ のように，軸剛性に関する式の表現となっていることが分かる。

5.3.2　曲げによる直応力度

はりに**図 5.17** のように曲げモーメントが作用する場合，変形状況から上縁が縮み，下縁が伸びることが分かる。この状況はすなわち，はりの上縁部には圧縮力が，下縁部には引張力が作用していることが理解できる。

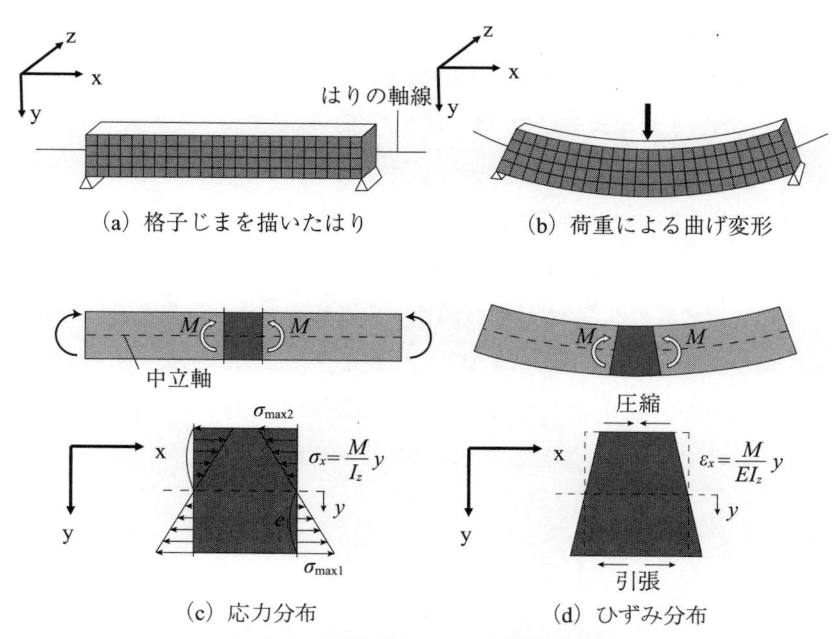

図 5.17　曲げを受けるはりと直応力度

応力度としては，前項と同様に直応力度が生じていることになるが，この場合は断面内で直応力度が変化していることになり，下縁部は正の直応力度が，上縁に向かうにつれて徐々に小さくなり，上縁部は正負反転し負の直応力度が生じる。したがって，この断面内には応力度が0となる位置が存在することになり，これを中立面と呼び，中立面を側面から見て線状に置き換えたものを中立軸と呼んでいる。中立軸は，均一な材料の場合，一般に断面の図心を通る位置となる。

図 5.17 に示すように，下縁部から上縁部に向かって直線的に直応力度が変化すると仮定することを，断面内の平面が維持されていることから**平面保持の仮定**と呼ぶ。実際の設計実務では，この平面保持の仮定を前提として設計を行うことが多い。

曲げに関する直応力度 σ_x および直ひずみ ε_x は，以下の式（5.29），式（5.30）で求められる。

$$\sigma_x = \frac{M}{I_z} y \tag{5.29}$$

$$\varepsilon_x = \frac{M}{EI_z} y \tag{5.30}$$

ここに，M は断面内作用している曲げモーメント，I_z は断面の z 軸周りの断面 2 次モーメント，y は中立軸からの距離，E はヤング係数を示す。なお，正の曲げモーメントが作用したときには下縁部に引張の直応力度（正の直応力度）が生じるため，y の値は z 軸下向きを正とする。

式（5.29）または式（5.30）は，**図 5.7**（b）に示すような変形挙動を円弧と仮定し，平面保持の仮定と弾性挙動時のフックの法則が成り立つと仮定して求めた理論的に誘導可能な式となっている．設計実務上は，この式（5.29）と式（5.30）は，公式として用いられることが多い。

また，上公式のうち EI_z は曲げ剛性と呼ばれており，軸剛性 EA と同様に，はりの曲がりにくさを示す値として使用される。その他，曲げ挙動に関して，断面係数 W_z として式（5.31）を部材断面の材料の弾性係数によらない曲げ性能を示す値として使用することがある。

$$W_z = \frac{I_z}{y} \tag{5.31}$$

問題 5.4

例題 5.4 において，断面の設定が下図の場合，最大直応力度が生じる断面の直ひずみ分布と直応力度分布を示しなさい。

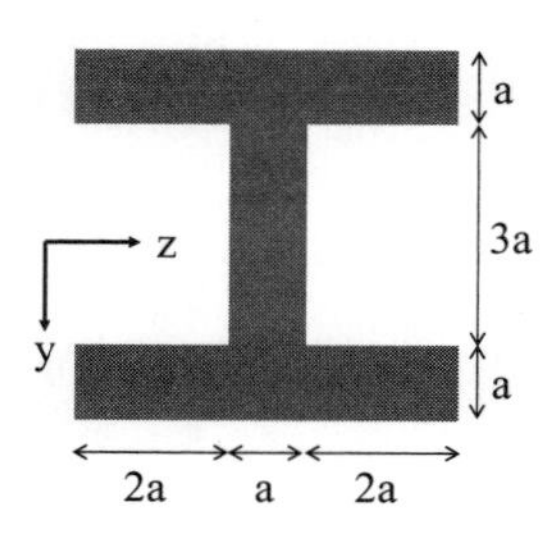

例題 5.4

図 5.18（a）に示される等分布荷重が作用する単純はりが，**図 5.18（b）**の断面を持つとする。このとき，最大直ひずみと最大直応力度が生じる断面での直ひずみ分布と直応力度分布を示す。ただし，本構造のヤング係数は E とする。

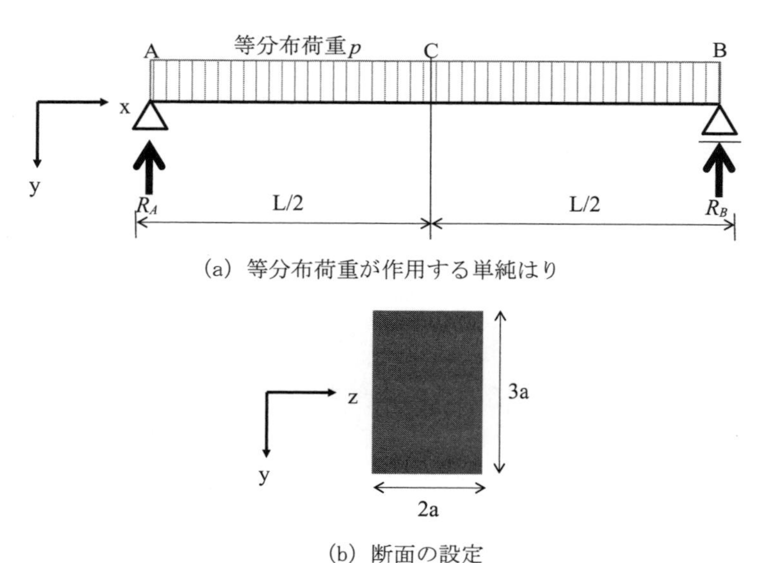

（a）等分布荷重が作用する単純はり

（b）断面の設定

図 5.18　単純はりの設定

図 5.18（a）における最大曲げモーメント M_{max} は，C 点で生じ式（5.32）で示される。

$$M_{max} = \frac{pL^2}{8} \tag{5.32}$$

また，**図 5.18 (b)** の断面２次モーメント I_z は，式（5.9）より式（5.33）のように示される。

$$I_z = \frac{2a \times (3a)^3}{12} = \frac{9}{2}a^4 \tag{5.33}$$

式（5.29），式（5.30）より，最大直ひずみと直応力度は，中立軸位置からの y の値に比例するため，$y = \pm\frac{3}{2}a$ の位置（縁端部）で生じるため，式（5.34），式（5.35）で示される。

$$\sigma_{x\,max,min} = \frac{M_{max}}{I_z} y = \pm\frac{pL^2}{24a^3} \tag{5.34}$$

$$\varepsilon_{x\,max,min} = \frac{M_{max}}{EI_z} y = \pm\frac{pL^2}{24Ea^3} \tag{5.35}$$

式（5.34），式（5.35）を y の関数で断面に合わせて表示すると，**図 5.19** の通りとなり，これが C 断面における断面内直ひずみ分布と直応力度分布となる。

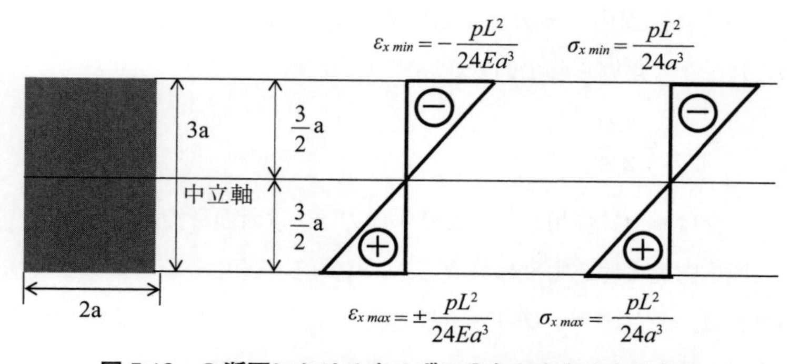

図 5.19　C 断面における直ひずみ分布と直応力度分布図

5.3.3　はりに生じるせん断応力度

せん断力が作用しているはりには，直応力度とは別にせん断応力度も作用している。はりに生じているせん断応力度 τ_{xz} は以下の式（5.36）で求められる。

$$\tau_{xz} = \frac{QG_z}{bI_z} \tag{5.36}$$

ここに，Q は断面に作用しているせん断力，G_z は中立軸からせん断応力度を求めている位置より外側の中立軸に対する断面１次モーメント（長方形断面の場合は**図 5.20**），b は τ を求めている部分の断面幅，I_z は z 軸周りの断面2次モーメントである。

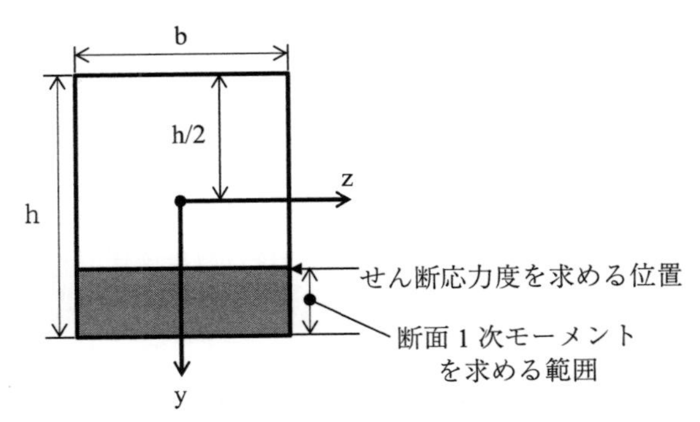

図 5.20 せん断応力度を求める際に考慮する断面1次モーメント

式（5.36）は，せん断応力が直応力度と同様にフックの法則が成立するものとし，微小要素内における平面保持仮定上の直応力（ひずみ）分布と，せん断力が曲げモーメントの1回微分である関係性を用いることにより，理論的に誘導することが可能である．ただし，設計実務では一般的に式（5.36）を公式的に用いることが多く，特に，長方形（矩形）断面に限定した場合，断面内の最大せん断応力度 $\tau_{xz\,max}$ は，公式的に式（5.37）で求められ，よく用いられている。

$$\tau_{xz\,max} = \frac{3}{2}\frac{Q}{A} \tag{5.37}$$

ここに，Q は断面に作用しているせん断力，A は断面積である。

せん断応力度と直応力度は異なるものであるが，はりなどの細長い構造物の場合は，一部のコンクリート構造物を除いて，設計上は直応力度が大きく卓越し，せん断応力度は影響を与えないことが多い。このことからせん断応力度の算出を省略する場合もある。このような場合，設計計算書で応力度もしくは応力と表記する際は，直応力度を指すことに注意を要する。

例題 5.5

前出の**図 5.18（a）・（b）**に示される単純はりの場合において，最大せん断応力度が生じる断面での最大せん断応力度を求める。

図 5.18（a）の単純はりにおいて，最大，最小のせん断力は，A点，B点で生じ，式（5.38）で示される。

$$Q_{max,min} = \pm\frac{pL}{2} \tag{5.38}$$

式（5.37）より，A 点，B 点の最大，最小のせん断応力度は，以下の式（5.39）の通り求めることができる[⑫]。

$$\tau_{xz\ max,min} = \frac{3}{2}\frac{Q_{max,min}}{A} = \pm\frac{pL}{8a^2} \tag{5.39}$$

参考までに，断面内のせん断応力分布は式（5.40）の通り放物線分布となることが知られ，せん断応力度分布図は，**図 5.21** の通りとなる。

$$\tau_{xz} = \frac{Q}{2I_z}\left(\frac{h^2}{4} - y^2\right) \tag{5.40}$$

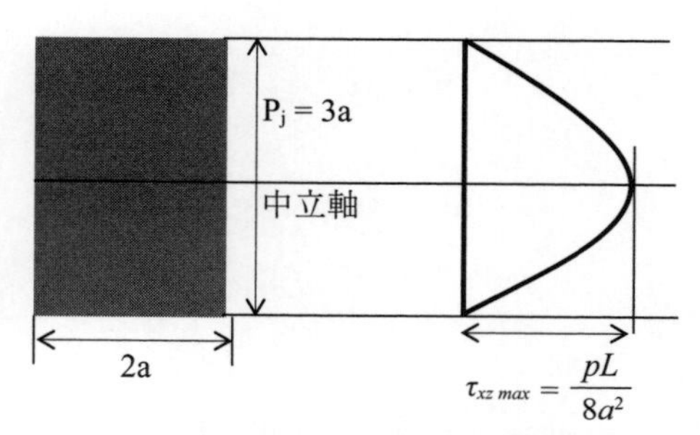

図 5.21　せん断応力力度分布図

⑫　せん断応力度は，直応力度のような圧縮や引張で材料的に強度が異なることはないため，せん断応力度では，正負を明確にせずに，絶対値の値を示すことが多い。

問題 5.5

例題 5.5 の問題において，断面の設定が下図の場合，最大せん断応力度が生じる断面のせん断応力度分布とその断面内分布図を示しなさい。

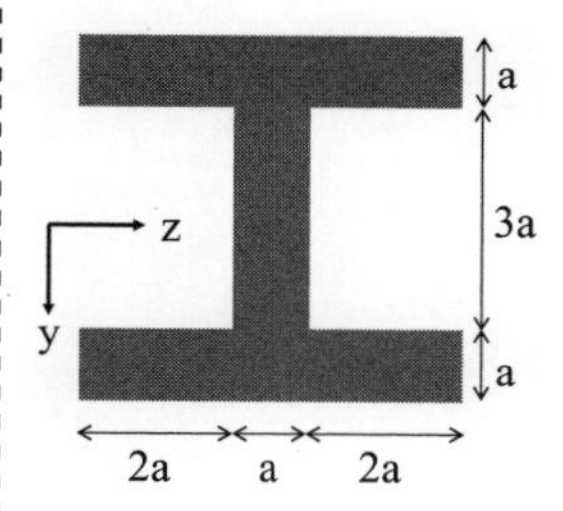

第6章 はりのたわみの計算

本章では，はりのたわみの計算方法として，**たわみの微分方程式**を用いる解法と**弾性荷重法（モールの定理）**について説明する。たわみの微分方程式を用いる解法のメリットとして，問題に応じて，適用するべき微分方程式を判別し，はり両端の支持条件から与えられる境界条件に基づいて，微分方程式を解くことで，静定はりや不静定はりといったはりの種別を問わず，統一的にはりの各種物理量を求められることが挙げられる。

はじめに，各微分方程式の導出を行い，はりの物理量とたわみの関係を示すとともに，微分方程式を解く上で必要となる境界条件について説明する。これら各微分方程式の使い方については，例題を通して解説する。次いで，弾性荷重法（モールの定理）について説明する。

6.1 はりの微分方程式の導出①

6.1.1 はりの曲げ応力

図 6.1 に，曲げを受けるベルヌーイ・オイラーはりについて，変形前後の形状変化を示す。ここで，ρ は曲率半径，κ は曲率，y は中立軸からの距離（下向きを正），dx ははりの中心から着目する断面までの（微小）距離，Δdx は y の位置における着目する断面の x 方向の距離の変化を表す。いま，変形は微小であり，断面はせん断変形をせず，平面保持の仮定（変形前にはりの中立軸に垂直であった断面は変形後もはりの中立軸に垂直で平面を保つ）を満足することから，着目する断面は，変形前後で平面を保ち，中立軸に対して垂直となる。

① 本章で用いる記号

x	中立軸方向の距離（右向きを正）
y	中立軸からの距離（下向きを正）
z	xy 平面に垂直な方向
ρ	曲率半径
κ	曲率（$=1/\rho$）
ε	ひずみ
σ	応力
E	ヤング係数
I	断面 2 次モーメント
w	はりのたわみ（下向きを正）
θ	たわみ角（回転角）
M	曲げモーメント
V	せん断力
p	分布荷重
P	集中荷重
M_0	集中モーメント
$\delta(x)$	デルタ関数
$H(x)$	ヘビサイド関数（ステップ関数）

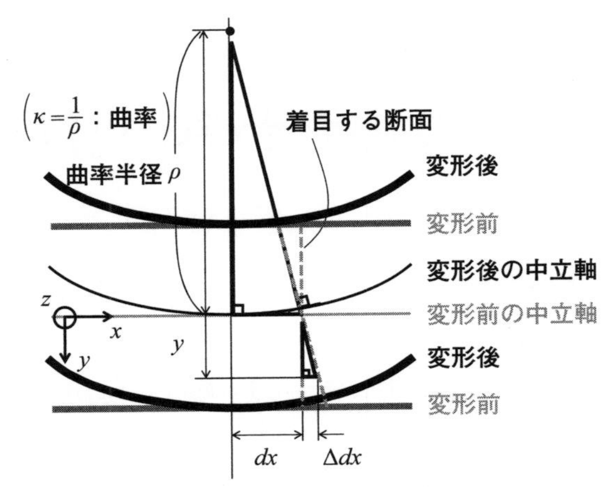

図 6.1　ベルヌーイ・オイラーはりの変形前後の形状変化

図 6.1 で直角三角形の相似を考える。

$$\rho : dx = y : \Delta dx \quad \leftrightarrow \quad \frac{\Delta dx}{dx} = \frac{y}{\rho} \tag{6.1}$$

$\Delta dx/dx$ はもとの長さ dx に対する長さの変化 Δdx の比を表すことから，x 方向のひずみ ε であり，式（6.1）は次のように表される。

$$\varepsilon = \frac{y}{\rho}(= \kappa y) \tag{6.2}$$

また，式（6.1）をフックの法則に代入すると次のようになる。

$$\sigma = E\varepsilon = E\frac{y}{\rho} \tag{6.3}$$

ここで，σ は x 方向の応力であり，はりの曲げによって生じる垂直応力を意味する。E はヤング係数である。式（6.3）を着目する z 軸回りの曲げモーメント M と σ の関係式に代入すると，次のようになる。

$$M = \int_{\overline{A}} \sigma y dA = \int_{\overline{A}} E\frac{y^2}{\rho} dA = \frac{E}{\rho}\int_{\overline{A}} y^2 dA = \frac{EI}{\rho} \tag{6.4}$$

ここで，$\overline{A}$ は着目する断面の境界とその内部からなる積分領域，I は z 軸回りの断面 2 次モーメントを表す。式（6.4）では，ヤング係数 E と曲率半径 ρ は着目する断面で一定となることから定数として面積分の外に出ることや断面 2 次モーメント I について以下の定義式を用いている。

$$I = \int_{\overline{A}} y^2 dA \tag{6.5}$$

いま，式（6.3）と式（6.4）を用いて，曲率半径 ρ を消去すると，はりの曲げ応力に関する式が導出される。

$$\sigma = \frac{M}{I}y \tag{6.6}$$

6.1.2　はりの曲率

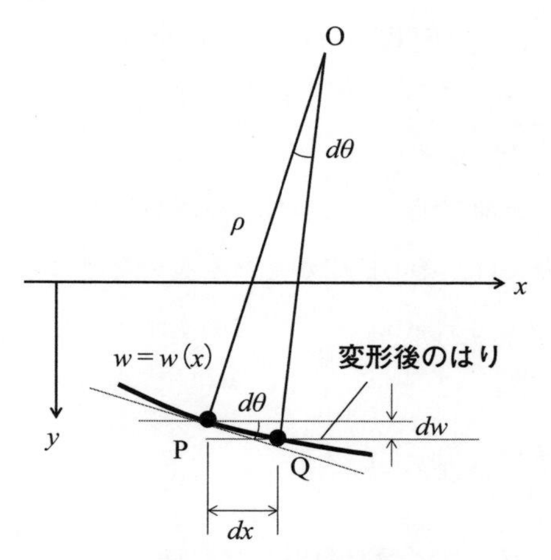

図 6.2　はりの曲率

図 6.2 に示す変形後のはりについて，曲線 PQ の長さを ds とし，点 P から点 Q へは θ が減少するものの，ds は正のため，

$$ds = -\rho d\theta \leftrightarrow \frac{1}{\rho} = -\frac{d\theta}{ds} \tag{6.7}$$

となる。また，$w(x)$ を座標 x の位置におけるはりのたわみとすると，

$$\tan\theta = \frac{dw}{dx} \leftrightarrow \theta = \tan^{-1}\frac{dw}{dx} \tag{6.8}$$

となり，式（6.8）の θ に式（6.7）を代入して，次式が得られる。

$$\frac{1}{\rho} = -\frac{d\theta}{dx}\times\frac{dx}{ds} \leftrightarrow \frac{1}{\rho} = -\frac{d}{dx}\left(\tan^{-1}\frac{dw}{dx}\right)\times\frac{dx}{ds} \tag{6.9}$$

いま，

$$\frac{d}{dx}\tan^{-1}x = \frac{1}{1+x^2} \tag{6.10}$$

という関係があることから，式（6.9）について次の関係が得られる。

$$\frac{d}{dx}\tan^{-1}\frac{dw}{dx} = \frac{1}{1+\left(dw/dx\right)^2}\frac{d}{dx}\left(\frac{dw}{dx}\right) = \frac{d^2w/dx^2}{1+\left(dw/dx\right)^2} \tag{6.11}$$

また，ds は三平方の定理から以下のように表される。

$$ds = \sqrt{dx^2+dw^2} = \sqrt{1+\left(dw/dx\right)^2}\,dx \leftrightarrow \frac{dx}{ds} = \frac{1}{\sqrt{1+\left(dw/dx\right)^2}} \tag{6.12}$$

式（6.9）に，式（6.11）と式（6.12）を代入すると，

$$\frac{1}{\rho}=-\frac{d^2w/dx^2}{\left\{1+\left(dw/dx\right)^2\right\}^{\frac{3}{2}}} \tag{6.13}$$

となる。ここで，w は微小であり，$(dw/dx)^2$ は1に比べて十分に小さいことから無視すると，式（6.13）は次のようになる。

$$\frac{1}{\rho}=\kappa=-\frac{d^2w}{dx^2} \tag{6.14}$$

ここでは，曲率 κ は曲率半径 ρ の逆数となる関係を用いている。ベルヌーイ・オイラーはりでは，その曲率がたわみ w の2階微分で表される。

さらに，式（6.4）と式（6.14）で，曲率半径 ρ を消去すると，次の関係式が得られる。

$$\frac{M}{EI}=-\frac{d^2w}{dx^2}\leftrightarrow M=-EI\frac{d^2w}{dx^2} \tag{6.15}$$

つまり，ベルヌーイ・オイラーはりでは，曲げモーメントが曲げ剛性 EI とたわみ w の2階微分の積として表される（ただし，マイナスの符号に注意）。

6.1.3　微小領域における力のつり合い

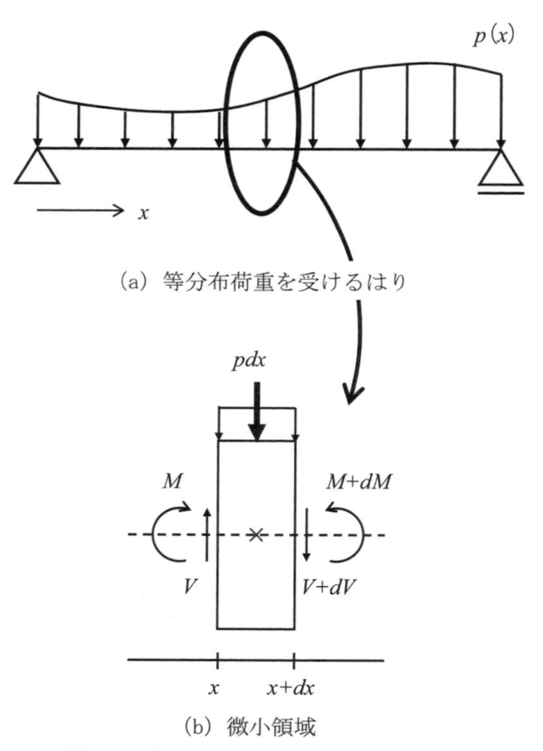

（a）等分布荷重を受けるはり

（b）微小領域

図6.3　微小領域における力のつり合い

図 6.3 に示す等分布荷重 $p(x)$ を受けるはりについて，微小領域における力のつり合いを考える。ここで，x は座標，dx は x の微小変化量，V はせん断力，M は曲げモーメント，dV と dM はせん断力と曲げモーメントの微小変化量を表す。いま，微小領域 dx では，等分布荷重 $p(x)$ は一定と見なせることから，集中荷重 pdx に置換している。

鉛直方向の力のつり合いから，次式が成立する。

$$V + dV - V + pdx = 0 \leftrightarrow \frac{dV}{dx} = -p \tag{6.16}$$

また，微小区間の中央で，曲げモーメントのつり合いを考えると，

$$M + dM - M - V \times \frac{dx}{2} - (V + dV) \times \frac{dx}{2} = 0 \leftrightarrow \frac{dM}{dx} = V \tag{6.17}$$

となる。ただし，$dV \times dx$ は微小量同士の積であり，dx などと比較すると十分に小さいことから，式（6.17）では無視している。式（6.17）は，ベルヌーイ・オイラーはりでは，曲げモーメント M を座標 x で 1 回微分すると，せん断力 V が得られることを意味する。

さらに，式（6.17）を式（6.16）に代入すると，

$$\frac{d^2M}{dx^2} = -p \tag{6.18}$$

となる。式（6.18）に式（6.15）を代入すると，次式が得られる。

$$EI\frac{d^4w}{dx^4} = p \tag{6.19}$$

6.1.4 集中荷重を受けるはり

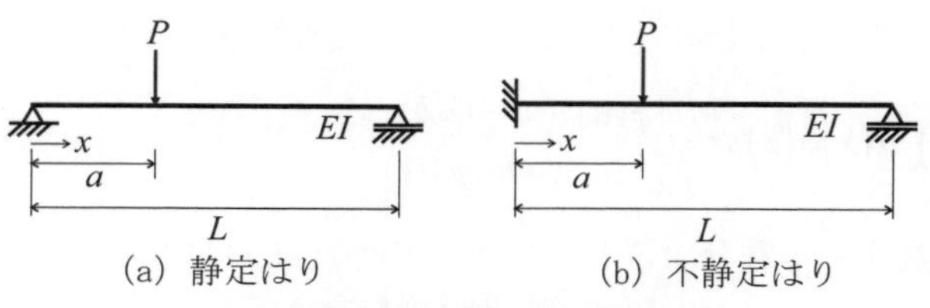

図 6.4 集中荷重を受けるはり

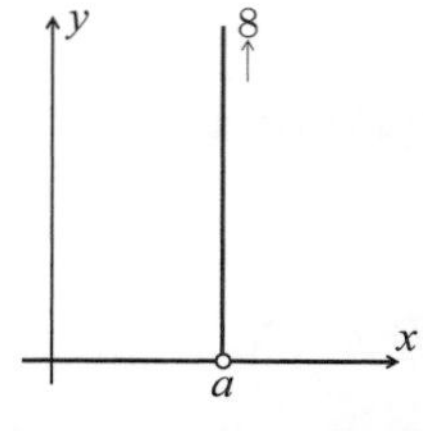

図 6.5 デルタ関数②

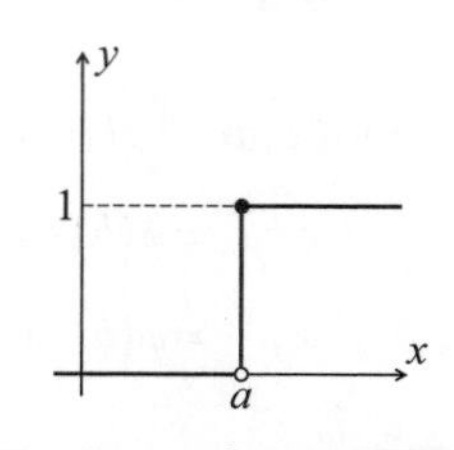

図 6.6 ヘビサイド関数③

② デルタ関数
ディラックのデルタ関数あるいはインパルス関数とも呼ばれ，ある 1 点で無限大となり，それ以外のところでは 0 となるような関数。

③ ヘビサイド関数
ステップ関数とも呼ばれ，ある点までは 0 となり，それ以降は 1 となるような階段状の関数。
ヘビサイド関数 $H(x)$ の定義として，以下とする場合がある。

$$H(x-a) = \begin{cases} 0 \ (x < a) \\ 1 \ (x > a) \end{cases}$$

本書では，はりの先端に集中荷重を受ける片持ちはりのような問題も統一的に解くために，式（6.22）で，座標 x の定義域を，$x > a$ ではなく，$x \geq a$ としている。

図 6.4 に示す集中荷重 P を受けるはりについては，集中荷重 P が作用する $x=a$ の位置で，せん断力が連続とならないことから，**デルタ関数** $\delta(x)$ と呼ばれる特殊な関数（厳密には超関数）を用いて，式（6.19）の右辺を次のように書き換える。

$$EI\frac{d^4w}{dx^4}=P\delta(x-a) \tag{6.20}$$

ここで，デルタ関数 $\delta(x)$ は，**図 6.5** に示すように，$x=a$ で無限大となり，これ以外では 0 となるような関数である。

$$\delta(x-a)=\begin{cases}0 \ (x\neq a)\\ \infty \ (x=a)\end{cases} \tag{6.21}$$

また，デルタ関数 $\delta(x)$ を x で 1 回積分すると，**図 6.6** に示す**ヘビサイド関数**（ステップ関数）$H(x)$ となる。

$$H(x-a)=\begin{cases}0 \ (x<a)\\ 1 \ (x\geq a)\end{cases} \tag{6.22}$$

式（6.21）と式（6.22）において，$a=0$ とすると，デルタ関数 $\delta(x)$ とヘビサイド関数 $H(x)$ はそれぞれ次のように書ける。

$$\delta(x)=\begin{cases}0 \ (x\neq 0)\\ \infty \ (x=0)\end{cases} \tag{6.23}$$

$$H(x)=\begin{cases}0 \ (x<0)\\ 1 \ (x\geq 0)\end{cases} \tag{6.24}$$

【参考】デルタ関数 $\delta(x)$ の積分がヘビサイド関数 $H(x)$ になることの証明

デルタ関数 $\delta(x)$ は超関数であることから，$\phi(x)$ を任意の関数（テスト関数）として，積分を用いて，次のように定義が与えられる。

$$\int_a^b \delta(x)\phi(x)dx=\begin{cases}\phi(0) & (a<0<b)\\ 0 & (otherwise)\end{cases} \tag{6.25}$$

デルタ関数 $\delta(x)$ を積分するとヘビサイド関数 $H(x)$ になることは，以下の関係式から得られる。ここで，関数の右肩にあるダッシュ（′）の記号は，座標 x による 1 階微分を意味する。

$$\begin{aligned}\int_a^b H'(x)\phi(x)dx&=\left[H(x)\phi(x)\right]_a^b-\int_a^b H(x)\phi'(x)dx\\&=\phi(b)-\int_0^b\phi'(x)dx\\&=\phi(b)-\left[\phi(x)\right]_0^b=\phi(0)\end{aligned} \tag{6.26}$$

式（6.25）と式（6.26）の左辺を比較すると，$H'(x)=\delta(x)$となることが分かる。つまり，デルタ関数$\delta(x)$を積分すると，ヘビサイド関数$H(x)$になる。また，ヘビサイド関数$H(x)$については，以下の関係式が成立する。

$$xH(x)=\int H(x)dx \tag{6.27}$$

$$(x-a)H(x-a)=\int H(x-a)dx \tag{6.28}$$

これらは，以下の関係式から得られる。

$$\int\{xH(x)\}'dx=\int H(x)dx+\int x\delta(x)dx=\int H(x)dx \tag{6.29}$$

6.1.5　微分方程式の整理と解法

ここで，はりのたわみの微分方程式を再整理する。ただし，座標xによる微分は，右肩のダッシュで表す。

$$EIw''=-M \quad (6.15)（再掲）$$

$$EIw''''=p \quad (6.19)（再掲）$$

$$EIw''''=P\delta(x-a) \quad (6.20)（再掲）$$

また，はりの物理量とたわみwの関係は以下となっている[4]。

回転角（たわみ角）：$\theta=w'$　(6.30)

曲げモーメント：$M=-EIw''$　(6.31)

せん断力：$V=M'=-EIw'''$　(6.32)

式（6.15），式（6.19），式（6.20）はいずれも座標xで積分をして，たわみwを含め，式（6.30）～式（6.32）の物理量を求めることになる。ただし，式（6.15）は，あらかじめ曲げモーメントMの分布が分かっている必要がある。式（6.15）を座標xで順次積分すると，次のようになる。

$$EIw'=-\int Mdx+C_1 \tag{6.33}$$

$$EIw=-\iint Mdxdx+C_1x+C_2 \tag{6.34}$$

ここで，C_1とC_2は，積分にともなって発生する未定係数である。また，式（6.19）を座標xで順次積分すると，次のようになる。

$$EIw'''=\int pdx+C_1 \tag{6.35}$$

$$EIw''=\iint pdxdx+C_1x+C_2 \tag{6.36}$$

$$EIw'=\iiint pdxdxdx+\frac{C_1}{2}x^2+C_2x+C_3 \tag{6.37}$$

$$EIw=\iiiint pdxdxdxdx+\frac{C_1}{6}x^3+\frac{C_2}{2}x^2+C_3x+C_4 \tag{6.38}$$

ここで，C_3とC_4は，積分にともなって発生する未定係数である。さらに，式（6.20）を座標xで順次積分すると，次のようになる。

④　物理量の正の向き
・たわみ：鉛直下向き
・回転角：時計回り
・曲げモーメント：はりの変形が下に凸となる方向

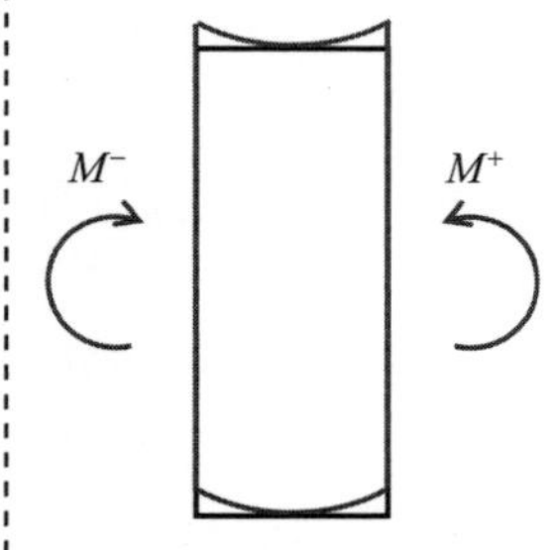

・せん断力：はりの変形が右下にずれる方向

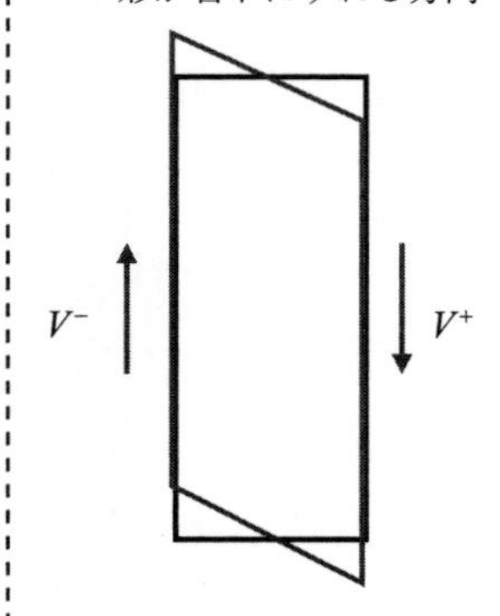

$$EIw''' = PH(x-a) + C_1 \tag{6.39}$$

$$EIw'' = P(x-a)H(x-a) + C_1x + C_2 \tag{6.40}$$

$$EIw' = \frac{P}{2}(x-a)^2 H(x-a) + \frac{C_1}{2}x^2 + C_2x + C_3 \tag{6.41}$$

$$EIw = \frac{P}{6}(x-a)^3 H(x-a) + \frac{C_1}{6}x^3 + \frac{C_2}{2}x^2 + C_3x + C_4 \tag{6.42}$$

ここでは，式（6.26）と式（6.28）の関係式を用いている。式（6.33）～式（6.42）に含まれる未定係数 C_1，C_2，C_3，C_4 は次に説明する境界条件から決定する。

6.1.6　境界条件[⑤]

⑤ B.C: Boundary Condition
式（6.15），式（6.19），式（6.20）ならびに境界条件を合わせて，境界値問題（boundary value problem）といい，工学分野では多く現れる。このとき，式(6.15)，式(6.19)，式(6.20)は支配方程式（Governing Equation）と呼ばれる。

境界条件とは，はり両端の支持条件から定まる物理量への制約条件のことである。

式（6.15）を基に得られる式（6.33）と式（6.34）については，2個の未定係数 C_1 と C_2 が含まれることから，はりの両端で，それぞれ1個あるいは2個の境界条件を与えれば，未定係数 C_1 と C_2 が決定される。ピン（あるいはピンローラー）支持の場合はその位置で $w=0$，固定支持の場合はその位置で $w=0$ ならびに $\theta=w'=0$ とすればよい。**表 6.1** に，はりの支持条件と対応する境界条件を示す。

表 6.1　はりの支持条件と境界条件（式（6.15）用）

支持条件		境界条件
ピンあるいは ピンローラー		$w=0$
固定		$\begin{cases} w=0 \\ \theta=w'=0 \end{cases}$
自由		なし

一方，式（6.19）を基に得られる式（6.35）～式（6.38）ならびに，式（6.20）を基に得られる式（6.39）～式（6.42）については，4 個の未定係数 C_1，C_2，C_3，C_4 が含まれることから，はりの両端で，それぞれ 2 個の境界条件を与えれば，すべての未定係数が決定される。**表 6.2** に，はりの支持条件と対応する境界条件を示す。この場合は，式（6.15）とは異なり，あらかじめ曲げモーメント M の分布が分かっている必要はない。つまり，静定はりと不静定はりの区別なく，はりの各種の物理量を求めることが可能となる。

表 6.2　はりの支持条件と境界条件（式（6.19）と式（6.20）用）

支持条件		境界条件
ピンあるいは ピンローラー		$\begin{cases} w=0 \\ M=-EIw''=0 \end{cases}$
固定		$\begin{cases} w=0 \\ \theta=w'=0 \end{cases}$
自由		$\begin{cases} M=-EIw''=0 \\ V=M'=-EIw'''=0 \end{cases}$

6.2　2 階の微分方程式を用いる解法（式（6.15））

例題 6.1　はりの先端に集中荷重を受ける片持ちはり

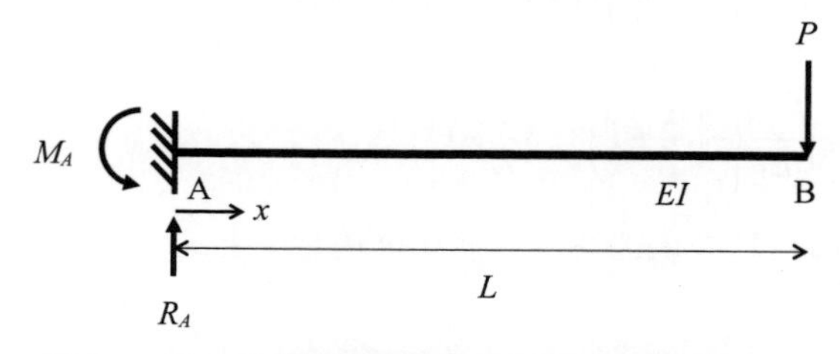

図 6.7　はりの先端に集中荷重を受ける片持ちはり

図 6.7 に示すはりの先端に集中荷重を受ける片持ちはりについて，はりの先端のたわみ w_B ならびに回転角 θ_B を，はりのたわみの微分方程式（式

(6.15)）を用いて求める。ただし，はりの曲げ剛性 EI は，はりの全長で一定とする。

このはりは静定はりであり，反力を求めた後，断面力図が**図 6.8** のように得られ，曲げモーメント M は座標 x の関数として，次のように表される。

$$M = P(x - L)$$

上式を式（6.15）に代入して，座標 x について積分すると，

$$EIw'' = -M = -P(x - L)$$

$$EIw' = -\frac{P}{2}(x - L)^2 + C_1$$

$$EIw = -\frac{P}{6}(x - L)^3 + C_1 x + C_2$$

となる（積分は変数 $x - L$ に対して実施していることに注意)。ここで，C_1 と C_2 は未定係数であり，境界条件から決定される。いま，はりの支持条件は, $x = 0$ で固定, $x = L$ で自由となっていることから，**表 6.1** を参照して，境界条件は次のようになる。

$x = 0$ で，$w = 0$

$x = 0$ で，$\theta = w' = 0$

いま未定係数（未知数）は 2 個であり，境界条件も 2 個であることから，未定係数が決定されることになる。

$$C_1 = \frac{PL^2}{2}$$

$$C_2 = -\frac{PL^3}{2}$$

これらを w' と w に代入することで，回転角 θ ならびにたわみ w が座標 x の関数として，得られる（両辺を曲げ剛性 EI で割ることを忘れずに)。

$$\theta = w' = \frac{PL^2}{2EI}\left\{-\left(\frac{x}{L} - 1\right)^2 + 1\right\}$$

$$w = \frac{PL^3}{6EI}\left\{-\left(\frac{x}{L} - 1\right)^3 + 3\frac{x}{L} - 1\right\}$$

はりの先端のたわみ w_B ならびに回転角 θ_B は，上式で $x = L$ を代入すればよく，

$$w_B = w(x = L) = \frac{PL^3}{3EI}$$

$$\theta_B = w'(x = L) = \frac{PL^2}{2EI}$$

となる。

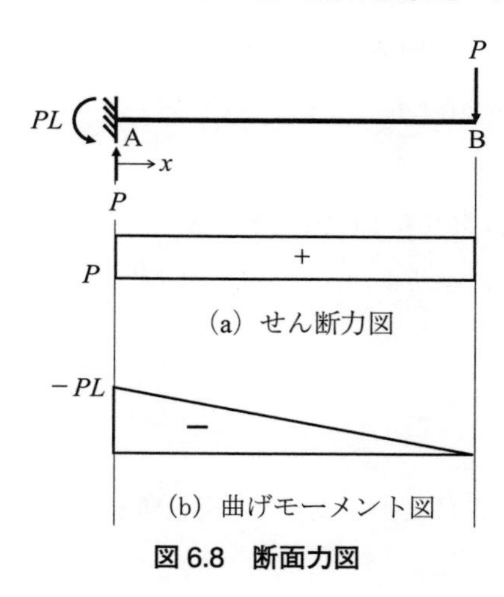

図 6.8　断面力図

例題 6.2　等分布荷重を受ける片持ちはり

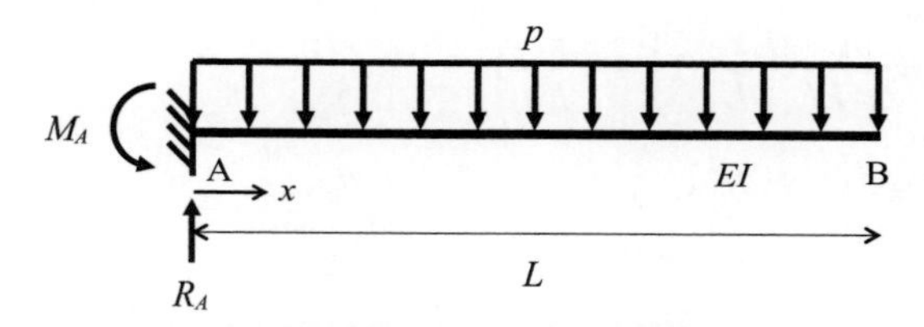

図 6.9　等分布荷重を受ける片持ちはり

図 6.9 に示す等分布荷重を受ける片持ちはりについて，はりの先端のたわみ w_B ならびに回転角 θ_B を，はりのたわみの微分方程式（式（6.15））を用いて求める。ただし，はりの曲げ剛性 EI は，はりの全長で一定とする。

このはりは静定はりであり，断面力図が**図 6.10** のように得られ，曲げモーメント M は座標 x の関数として，次のように表される。

$$M = -\frac{p}{2}(x-L)^2$$

上式を式（6.15）に代入して，座標 x について積分すると，

$$EIw'' = -M = \frac{p}{2}(x-L)^2$$

$$EIw' = \frac{p}{6}(x-L)^3 + C_1$$

$$EIw = \frac{p}{24}(x-L)^4 + C_1 x + C_2$$

となる。ここで，C_1 と C_2 は未定係数であり，境界条件から決定される。いま，はりの支持条件は，$x=0$ で固定，$x=L$ で自由となっていることか

問題 6.1

下図に示す等分布荷重を受ける単純はりについて，はりの中央のたわみ w_C ならびに点Aの回転角 θ_A を，はりのたわみの微分方程式（式 (6.15)）を用いて求めなさい。ただし，はりの曲げ剛性 EI は，はりの全長で一定とする。

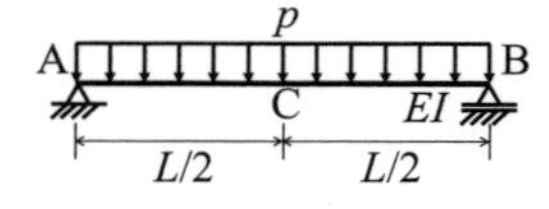

ら，**表 6.1** を参照して，境界条件は次のようになる。

$x=0$ で，$w=0$

$x=0$ で，$\theta=w'=0$

よって，未定係数は次のように決定される。

$$C_1=\frac{pL^3}{6}$$

$$C_2=-\frac{pL^4}{24}$$

これらを w' と w に代入することで，回転角 θ ならびにたわみ w が座標 x の関数として得られる。

$$\theta=w'=\frac{pL^3}{6EI}\left\{\left(\frac{x}{L}-1\right)^3+1\right\}$$

$$w=\frac{pL^4}{24EI}\left\{\left(\frac{x}{L}-1\right)^4+4\frac{x}{L}-1\right\}$$

はりの先端のたわみ w_B ならびに回転角 θ_B は，上式で $x=L$ を代入すればよく，

$$w_B=w(x=L)=\frac{pL^4}{8EI}$$

$$\theta_B=w'(x=L)=\frac{pL^3}{6EI}$$

となる。

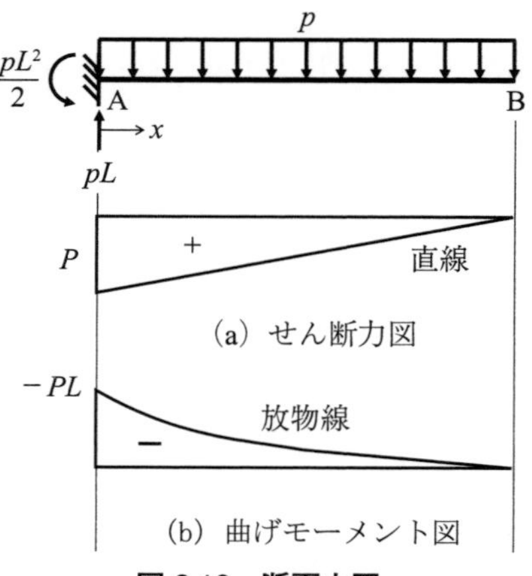

図 6.10　断面力図

6.3　4 階の微分方程式を用いる解法（式（6.19））

例題 6.3　等分布荷重を受ける単純はり

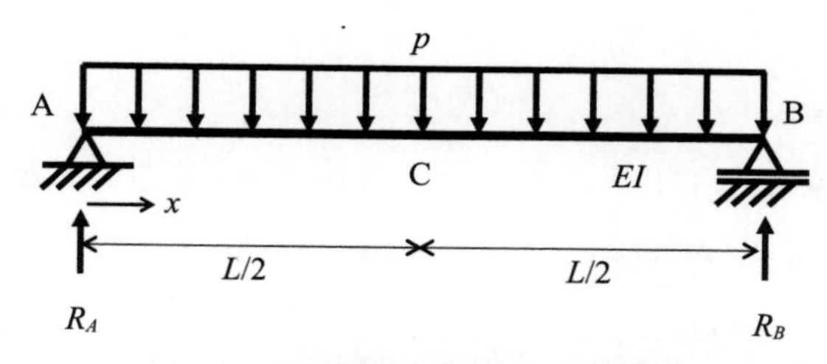

図 6.11　等分布荷重を受ける単純はり

図 6.11 に示す等分布荷重を受ける単純はりについて，はりの中央のたわみ w_C ならびに点 A の回転角 θ_A を，はりのたわみの微分方程式（式（6.19））を用いて求める。ただし，はりの曲げ剛性 EI は，はりの全長で一定とする。

ここでは，はりが等分布荷重を受けることから，式（6.19）で表されるはりのたわみの 4 階の微分方程式を用いる。これを座標 x で積分すると，次のようになる。

$$EIw'''' = p \tag{6.43}$$

$$EIw''' = px + C_1 \tag{6.44}$$

$$EIw'' = \frac{p}{2}x^2 + C_1 x + C_2 \tag{6.45}$$

$$EIw' = \frac{p}{6}x^3 + \frac{C_1}{2}x^2 + C_2 x + C_3 \tag{6.46}$$

$$EIw = \frac{p}{24}x^4 + \frac{C_1}{6}x^3 + \frac{C_2}{2}x^2 + C_3 x + C_4 \tag{6.47}$$

ここで，C_1，C_2，C_3，C_4 は未定係数であり，境界条件から決定する。いま，はりの支持条件は，$x=0$ でピン，$x=L$ でピンローラーとなっていることから，**表 6.2** を参照して，境界条件は次のようになる。

$x=0$ で，$w=0$

$x=0$ で，$M=-EIw''=0$

$x=L$ で，$w=0$

$x=L$ で，$M=-EIw''=0$

よって，未定係数は次のように決定される。

$$C_1 = -\frac{pL}{2}$$

$$C_2 = 0$$

$$C_3 = \frac{pL^3}{24}$$

$$C_4 = 0$$

これらを w' と w に代入することで，回転角 θ ならびにたわみ w が座標 x の関数として得られる。

$$\theta = w' = \frac{pL^3}{24EI}\left\{4\left(\frac{x}{L}\right)^3 - 6\left(\frac{x}{L}\right)^2 + 1\right\}$$

$$w = \frac{pL^3 x}{24EI}\left\{\left(\frac{x}{L}\right)^3 - 2\left(\frac{x}{L}\right)^2 + 1\right\}$$

はりの中央のたわみ w_C ならびに点Aの回転角 θ_A は，上式でそれぞれ $x = L/2$ と $x=0$ を代入すればよく，

$$w_C = w\left(x = \frac{L}{2}\right) = \frac{5pL^4}{384EI}$$

$$\theta_A = w'(x=0) = \frac{pL^3}{24EI}$$

となる。

また，決定した未定係数を式（6.44）～式（6.47）に代入することで，たわみ w ならびに回転角 θ だけではなく，曲げモーメント $M= -EIw''$ ならびにせん断力 $V=M'= -EIw'''$ も座標 x の関数として求まる。さらに，点Aと点Bの反力 R_A，R_B についても，**図 6.12** を参考にして次のように求めることができる。

$$R_A = V\big|_{x=0} = -EIw'''\big|_{x=0} = -C_1 = \frac{pL}{2}$$

$$R_B = -V\big|_{x=L} = EIw'''\big|_{x=L} = pL + C_1 = \frac{pL}{2}$$

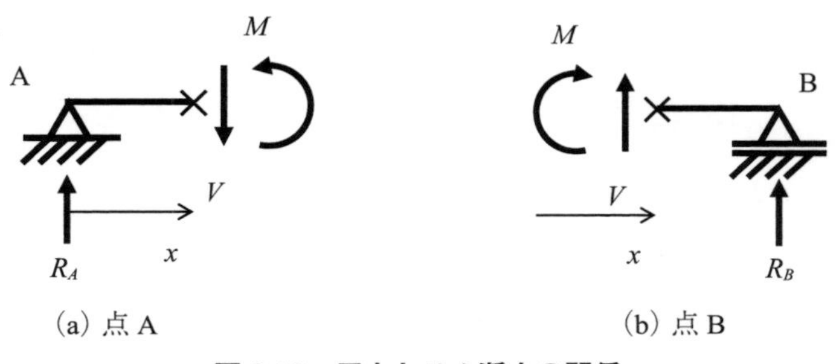

図 6.12　反力とせん断力の関係

以上について，断面力図ならびに回転角の分布，たわみの分布を図示すると，**図 6.13** となる。

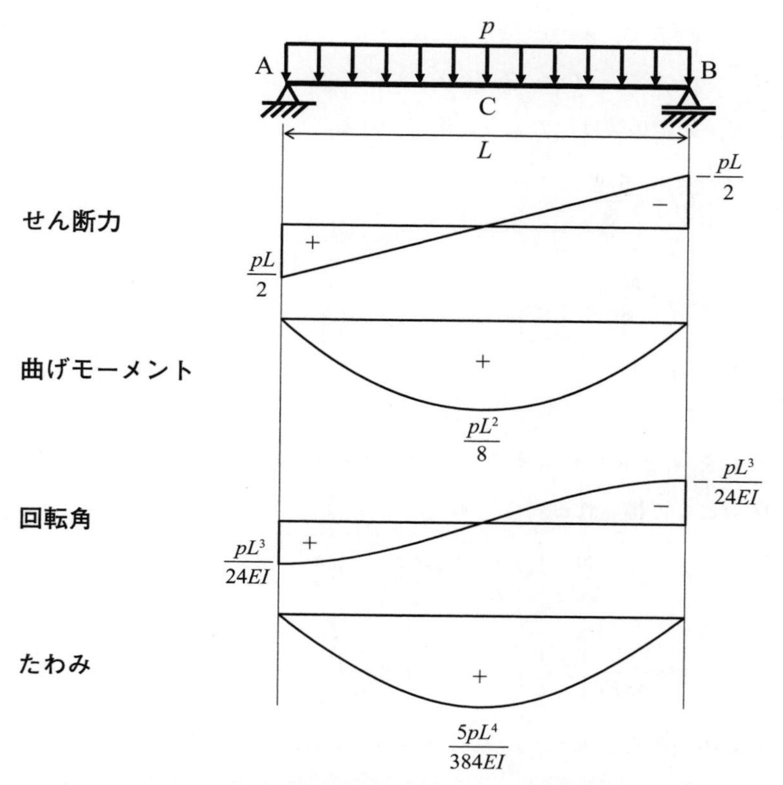

図 6.13　断面力図，回転角の分布，たわみの分布

問題 6.2

下図に示す等分布荷重を受ける片持ちはりについて，はりの先端のたわみ w_B ならびに回転角 θ_B を，はりのたわみの微分方程式（式（6.19））を用いて求めなさい。ただし，はりの曲げ剛性 EI は，はりの全長で一定とする。

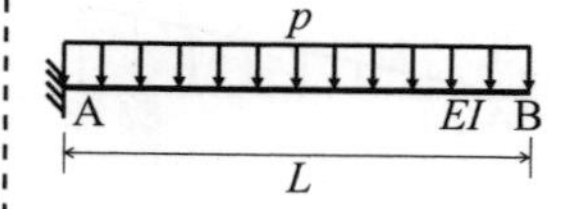

例題 6.4　等分布荷重を受ける不静定はり

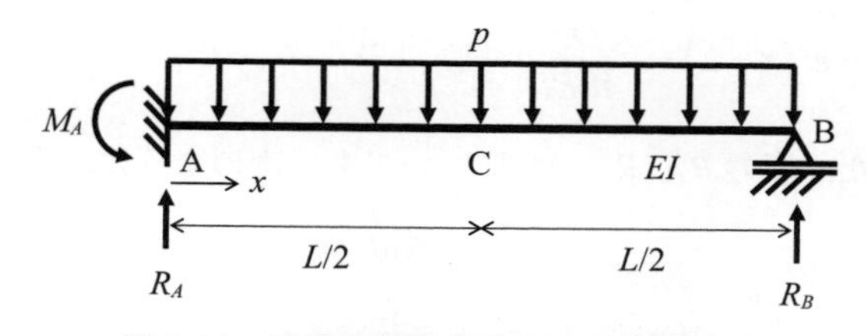

図 6.14　等分布荷重を受ける不静定はり

図 6.14 に示す等分布荷重を受ける不静定はりについて，はりの中央のたわみ w_C ならびに回転角 θ_B を，はりのたわみの微分方程式（式（6.19））を用いて求める。ただし，はりの曲げ剛性 EI は，はりの全長で一定とする。

はりが等分布荷重を受けることから，用いる式は式（6.43）～式（6.47）である。いま，はりの支持条件は，$x=0$ で固定，$x=L$ でピンローラーと

問題 6.3

下図に示す分布荷重を受ける片持ちはりについて，はりの先端のたわみ w_B ならびに回転角 θ_B を，はりのたわみの微分方程式（式(6.19)）を用いて求めなさい。ただし，はりの曲げ剛性 EI は，はりの全長で一定とする。

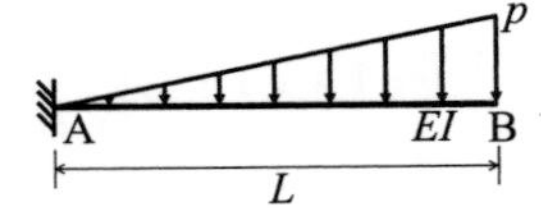

なっていることから，**表 6.2** を参照して，境界条件は次のようになる。

$x=0$ で，$w=0$

$x=0$ で，$\theta=w'=0$

$x=L$ で，$w=0$

$x=L$ で，$M=-EIw''=0$

よって，未定係数は次のように決定される。

$$C_1=-\frac{5pL}{8}$$

$$C_2=\frac{pL^2}{8}$$

$$C_3=0$$

$$C_4=0$$

これらを w' と w に代入することで，回転角 θ ならびにたわみ w が座標 x の関数として得られる。

$$\theta=w'=\frac{pL^3}{48EI}\left\{8\left(\frac{x}{L}\right)^3-15\left(\frac{x}{L}\right)^2+6\frac{x}{L}\right\}$$

$$w=\frac{pL^4}{48EI}\left\{2\left(\frac{x}{L}\right)^4-5\left(\frac{x}{L}\right)^3+3\left(\frac{x}{L}\right)^2\right\}$$

はりの中央のたわみ w_C ならびに回転角 θ_B は，上式でそれぞれ $x=L/2$ と $x=L$ を代入すればよく，

$$w_C=w\left(x=\frac{L}{2}\right)=\frac{pL^4}{192EI}$$

$$\theta_B=w'(x=L)=-\frac{pL^3}{48EI}$$

となる。また，反力 R_A，R_B，M_A についても，次のように求まる。

$$R_A=V\big|_{x=0}=-EIw'''\big|_{x=0}=-C_1=\frac{5pL}{8}$$

$$R_B=V\big|_{x=L}=-EIw'''\big|_{x=L}=pL-C_1=\frac{3pL}{8}$$

$$M_A=-M\big|_{x=0}=EIw''\big|_{x=0}=C_2=\frac{pL^2}{8}$$

この例題から，式（6.43）～式（6.47）を用いて境界条件を変更することで，静定あるいは不静定といったはりの種別を問わず，統一的に物理量を求められることが分かる。

参考までに，せん断力と曲げモーメントは，次式となる。

$$V=-EIw'''=-px+\frac{5pL}{8}=-pL\left(\frac{x}{L}-\frac{5}{8}\right)$$

$$M=-EIw''=-\frac{p}{2}x^2+\frac{5pL}{8}x-\frac{pL^2}{8}$$
$$=-\frac{pL^2}{2}\left(\frac{x}{L}-\frac{1}{4}\right)\left(\frac{x}{L}-1\right)=-\frac{p}{2}\left(x-\frac{5L}{8}\right)^2+\frac{9pL^2}{128}$$

これらを回転角の分布とたわみの分布と合わせて，図示すると，**図 6.15** となる。曲げモーメントの最大値 M_{max} は $x=5L/8=0.625L$ の位置で $M_{max}=9pL^2/128$ となり，一方，たわみの最大値 w_{max} は $x=\left(15-\sqrt{33}\right)L/16\approx0.579L$ の位置（$\theta=0$ の位置）で $w_{max}\approx\dfrac{pL^4}{185EI}$ となる。

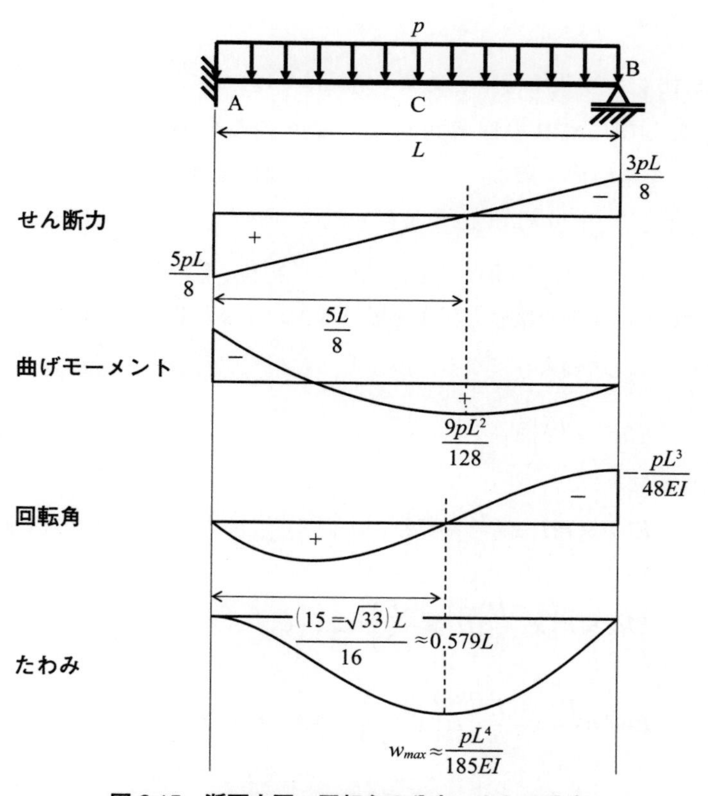

図 6.15　断面力図，回転角の分布，たわみ分布

問題 6.4

等分布荷重を受けるはりではないが，下図に示すはりの先端に集中荷重を受ける片持ちはりについて，はりの先端のたわみ w_B ならびに回転角 θ_B を，はりのたわみの微分方程式（式 (6.19)）を用いて求めなさい。ただし，はりの曲げ剛性 EI は，はりの全長で一定とする。

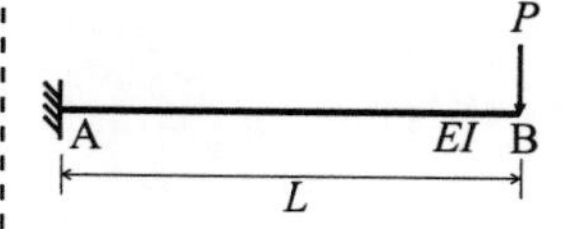

6.4　4階の微分方程式を用いる解法（式（6.20））

例題 6.5　集中荷重を受ける単純はり

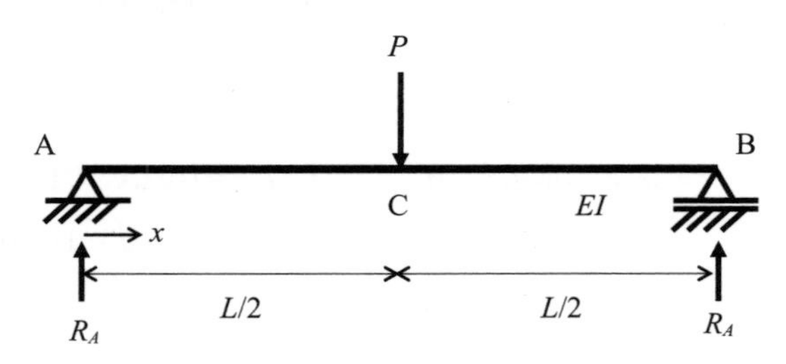

図 6.16　集中荷重を受ける単純はり

図 6.16 に示す集中荷重を受ける単純はりについて，はりの中央のたわみ w_C ならびに点Bの回転角 θ_B を，はりのたわみの微分方程式（式(6.20)）を用いて求める。ただし，はりの曲げ剛性 EI は，はりの全長で一定とする。

ここでは，はりが集中荷重を受けることから，式（6.20）で表されるはりのたわみの4階の微分方程式を用いる。$a=L/2$ として，これを座標 x で積分すると，次のようになる。

$$EIw'''' = P\delta\left(x-\frac{L}{2}\right) \tag{6.48}$$

$$EIw''' = PH\left(x-\frac{L}{2}\right)+C_1 \tag{6.49}$$

$$EIw'' = P\left(x-\frac{L}{2}\right)H\left(x-\frac{L}{2}\right)+C_1x+C_2 \tag{6.50}$$

$$EIw' = \frac{P}{2}\left(x-\frac{L}{2}\right)^2 H\left(x-\frac{L}{2}\right)+\frac{C_1}{2}x^2+C_2x+C_3 \tag{6.51}$$

$$EIw = \frac{P}{6}\left(x-\frac{L}{2}\right)^3 H\left(x-\frac{L}{2}\right)+\frac{C_1}{6}x^3+\frac{C_2}{2}x^2+C_3x+C_4 \tag{6.52}$$

ここで，C_1，C_2，C_3，C_4 は未定係数であり，境界条件から決定する。いま，はりの支持条件は，$x=0$ でピン，$x=L$ でピンローラーとなっていることから，**表 6.2** を参照して，境界条件は次のようになる。

$x=0$ で，$w=0$

$x=0$ で，$M=-EIw''=0$

$x = L$ で，$w = 0$

$x = L$ で，$M = -EIw'' = 0$

よって，未定係数は，ヘビサイド関数 $H(x-L/2)$ が $x < L/2$ で 0，$x \geq L/2$ で 1 となることに注意して計算すると，次のように決定される。

$$C_1 = -\frac{P}{2}$$

$$C_2 = 0$$

$$C_3 = \frac{PL^2}{16}$$

$$C_4 = 0$$

これらを w' と w に代入することで，回転角 θ ならびにたわみ w が座標 x の関数として得られる。

$$\theta = w' = \frac{PL^2}{16EI}\left\{8\left(\frac{x}{L}-\frac{1}{2}\right)^2 H\left(x-\frac{L}{2}\right) - 4\left(\frac{x}{L}\right)^2 + 1\right\}$$

$$w = \frac{PL^3}{48EI}\left\{8\left(\frac{x}{L}-\frac{1}{2}\right)^3 H\left(x-\frac{L}{2}\right) - 4\left(\frac{x}{L}\right)^3 + 3\frac{x}{L}\right\}$$

上式は，それぞれ以下に示す 2 個の関数をヘビサイド関数 $H(x-L/2)$ を用いることで，1 つの関数として表したものである。

$$\theta = w' = \begin{cases} \dfrac{PL^2}{16EI}\left\{-4\left(\dfrac{x}{L}\right)^2 + 1\right\} & (x < L/2) \\ \dfrac{PL^2}{16EI}\left\{8\left(\dfrac{x}{L}-\dfrac{1}{2}\right)^2 - 4\left(\dfrac{x}{L}\right)^2 + 1\right\} & (x \geq L/2) \end{cases}$$

$$w = \begin{cases} \dfrac{PL^3}{48EI}\left\{-4\left(\dfrac{x}{L}\right)^3 + 3\dfrac{x}{L}\right\} & (x < L/2) \\ \dfrac{PL^3}{48EI}\left\{8\left(\dfrac{x}{L}-\dfrac{1}{2}\right)^3 - 4\left(\dfrac{x}{L}\right)^3 + 3\dfrac{x}{L}\right\} & (x \geq L/2) \end{cases}$$

はりの中央のたわみ w_C ならびに点 B の回転角 θ_B は，w と θ でそれぞれ $x = L/2$ と $x = L$ を代入すればよく，

$$w_C = w\left(x = \frac{L}{2}\right) = \frac{PL^3}{48EI}$$

$$\theta_B = w'(x = L) = -\frac{PL^2}{16EI}$$

となる。反力についても，ヘビサイド関数 $H(x-L/2)$ が $x < L/2$ で 0，$x \geq L/2$ で 1 となることに注意して計算すれば，これまでと同様に求めること

問題 6.5

下図に示すはりの先端に集中荷重を受ける片持ちはりについて，はりの先端のたわみ w_B ならびに回転角 θ_B を，はりのたわみの微分方程式（式（6.20））を用いて求めなさい。ただし，はりの曲げ剛性 EI は，はりの全長で一定とする。

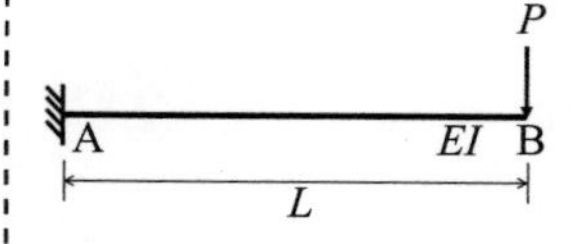

ができる。

例題 6.6 集中荷重を受ける不静定はり

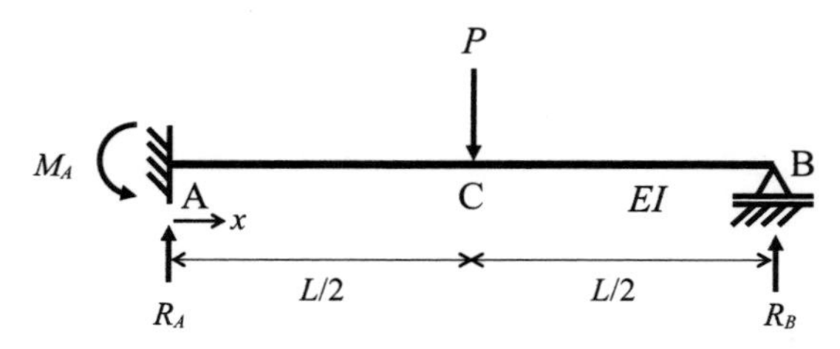

図 6.17 集中荷重を受ける不静定はり

図 6.17 に示す集中荷重を受ける不静定はりについて，はりの中央のたわみ w_C ならびに点 B の回転角 θ_B を，はりのたわみの微分方程式（式(6.20)）を用いて求める。ただし，はりの曲げ剛性 EI は，はりの全長で一定とする。

はりの中央で集中荷重を受けることから，式（6.48）～式（6.52）を用いる。いま，はりの支持条件は，$x=0$ で固定，$x=L$ でピンローラーとなっていることから，**表 6.2** を参照して，境界条件は次のようになる。

$x=0$ で，$w=0$

$x=0$ で，$\theta=w'=0$

$x=L$ で，$w=0$

$x=L$ で，$M=-EIw''=0$

よって，未定係数は次のように決定される。

$$C_1=-\frac{11}{16}P$$

$$C_2=\frac{3}{16}PL$$

$$C_3=0$$

$$C_4=0$$

これらを w' と w に代入することで，回転角 θ ならびにたわみ w が座標 x の関数として得られる。

$$\theta=w'=\frac{PL^2}{32EI}\left\{16\left(\frac{x}{L}-\frac{1}{2}\right)^2 H\left(x-\frac{L}{2}\right)-11\left(\frac{x}{L}\right)^2+6\frac{x}{L}\right\}$$

$$w=\frac{PL^3}{96EI}\left\{16\left(\frac{x}{L}-\frac{1}{2}\right)^3 H\left(x-\frac{L}{2}\right)-11\left(\frac{x}{L}\right)^3+9\left(\frac{x}{L}\right)^2\right\}$$

はりの中央のたわみ w_C ならびに点Bの回転角 θ_B は上式でそれぞれ $x=L/2$ と $x=L$ を代入すればよく，

$$w_C = w\left(x=\frac{L}{2}\right) = \frac{7PL^3}{768EI}$$

$$\theta_B = w'(x=L) = -\frac{PL^2}{32EI}$$

となる。また，点Aの反力 R_A，M_A についても，次のように求めることができる。

$$R_A = V\big|_{x=0} = -EIw'''\big|_{x=0} = -C_1 = \frac{11}{16}P$$

$$M_A = -M\big|_{x=0} = EIw''\big|_{x=0} = C_2 = \frac{3}{16}PL$$

以上について，断面力図ならびに回転角の分布，たわみの分布を図示すると，**図6.18** となる。

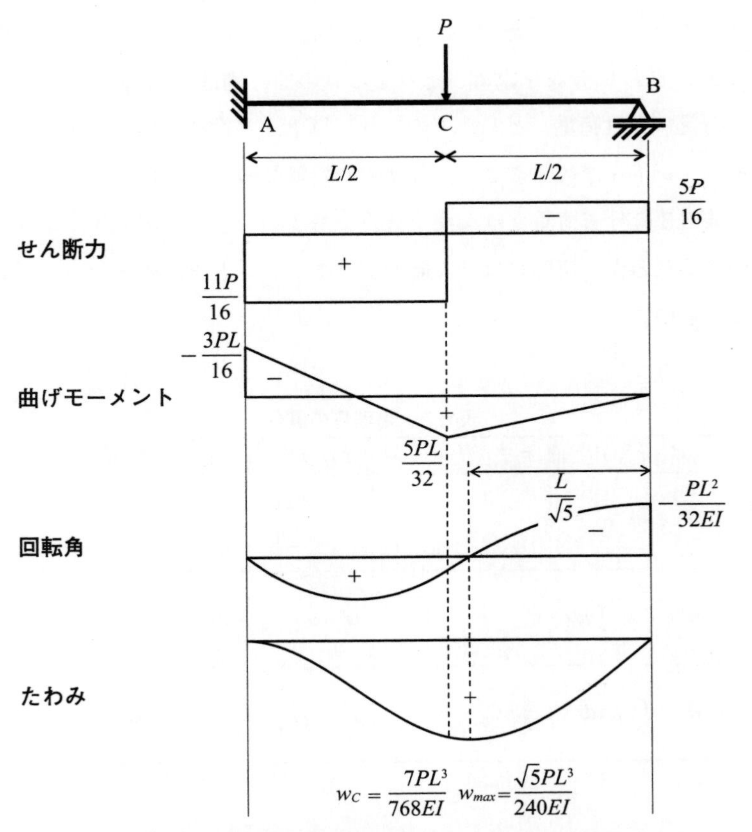

図6.18　断面力図，回転角の分布，たわみの分布

問題6.6

下図に示す集中荷重を受ける両端固定はりについて，はりの中央のたわみ w_C を，はりのたわみの微分方程式（式（6.20））を用いて求めなさい。ただし，はりの曲げ剛性 EI は，はりの全長で一定とする。

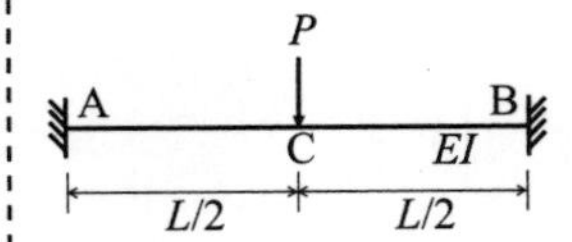

6.5　弾性荷重法（モールの定理）

ベルヌーイ・オイラーはりにおけるたわみ角 θ とたわみ w の関係は，後述するように，せん断力 V と曲げモーメント M の関係と類似の関係にある。弾性荷重法（モールの定理）では，この関係を利用して，たわみ角やたわみを求める方法である。はりのたわみ角やたわみを求める他の解法と比較して，弾性荷重法は，はりの途中で曲げ剛性が変化する場合やゲルバーはりの解法との相性がよい。

6.5.1　物理量の関係

せん断力 V と曲げモーメント M の関係ならびにたわみ角 θ とたわみ w の関係を**表 6.3** に示す。ここで，q は分布荷重，EI は曲げ剛性，C_1 と C_2 は空間座標 x の積分によって生じる未定係数である。**表 6.3** の関係から，せん断力 V とたわみ角 θ ならびに曲げモーメント M とたわみ w が対応関係にある。つまり，与えられたはり（以下，実際のはり）について，曲げモーメント M の分布を求め，それをはりの曲げ剛性 EI で除したものを新たな荷重（**弾性荷重**）とし，そのはり（以下，**共役はり**）でせん断力と曲げモーメントを求めることで，与えられたはりのたわみ角とたわみが求まる。**表 6.3** の分布荷重 q は，集中荷重でもよい。また，**表 6.3** には積分記号が含まれるが，実際にはせん断や曲げモーメントを求めるために積分の必要はない。

表 6.3　物理量の関係

せん断力 V と曲げモーメント M	たわみ角 θ とたわみ w
$M''=-q$	$w''=-\dfrac{M}{EI}$
$M'=V=-\int q dx + C_1$	$w'=\theta=-\int \dfrac{M}{EI} dx + C_1$
$M=-\iint q dxdx + C_1 x + C_2$	$w=-\iint \dfrac{M}{EI} dxdx + C_1 x + C_2$

6.5.2　共役はり

共役はりにおいては，必要に応じて，実際のはりの境界条件を変更する必要がある。例えば，実際のはりで固定支持の場合，ここでたわみ角とたわみが0となるが，共役はりでそのまま固定支持とすると，せん断力と曲げモーメントは0とならない。共役はりでせん断力と曲げモーメントが0となるように境界条件を変更する必要がある。つまり，固定支持から自由支持に共役はりの境界条件を変更する。**表 6.4** に，実際のはりと共役はりの境界条件の関係を示す。ここで，各記号の右肩にある－と＋は，支点やヒンジを挟んで，左側と右側の物理量であることを意味する。

表 6.4 境界条件の関係

実際のはり			共役はり		
ピン ピンローラー	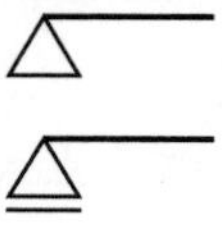	$\theta \neq 0$ $w=0$	ピン ピンローラー	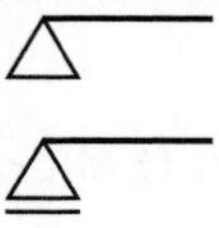	$V \neq 0$ $M=0$
固定	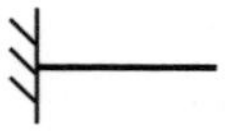	$\theta=0$ $w=0$	自由		$V=0$ $M=0$
自由		$\theta \neq 0$ $w \neq 0$	固定		$V \neq 0$ $M \neq 0$
中間支点	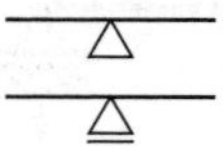	$\theta^- = \theta^+$ $w=0$	ヒンジ	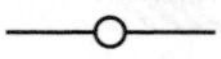	$V^- = V^+$ $M=0$
ヒンジ	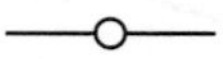	$\theta^- \neq \theta^+$ $w^- = w^+$	中間支点	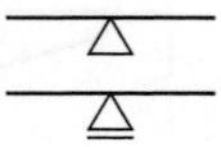	$V^- \neq V^+$ $M^- = M^+$

6.5.3 弾性荷重法（モールの定理）による解法の手順

弾性荷重法によって，はりのたわみ角ならびにたわみを求める手順は次のようになる。

(1) 実際のはりで，曲げモーメント図を作成する。

(2) **表 6.4** を参考に，実際のはりの境界条件を変更した共役はりを作成する。

(3) (1) で求めた曲げモーメントを曲げ剛性 EI で除し，正負を逆転させた上で，共役はりに分布荷重として与える。

(4) 共役はりのせん断力 $\overline{V}$ が，実際のはりのたわみ角 θ となる。

(5) 共役はりの曲げモーメント $\overline{M}$ が，実際のはりのたわみ w となる。

例題 6.7 集中荷重を受ける単純はり

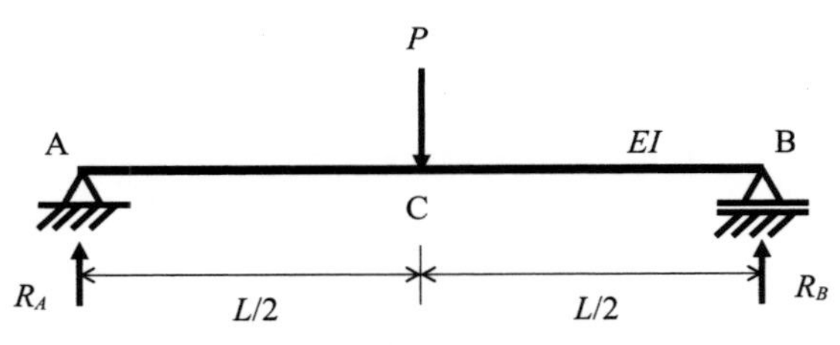

図 6.19 集中荷重を受ける単純はり

図 6.19 に示すはりについて，弾性荷重法を用いて，点 A のたわみ角 θ_A ならびに点 C のたわみ w_C を求める。ただし，はりの曲げ剛性 EI は，はりの全長で一定とする。

はじめに，**図 6.19** に示すはり（実際のはり）について，曲げモーメント図を作成すると，**図 6.20** のようになる。

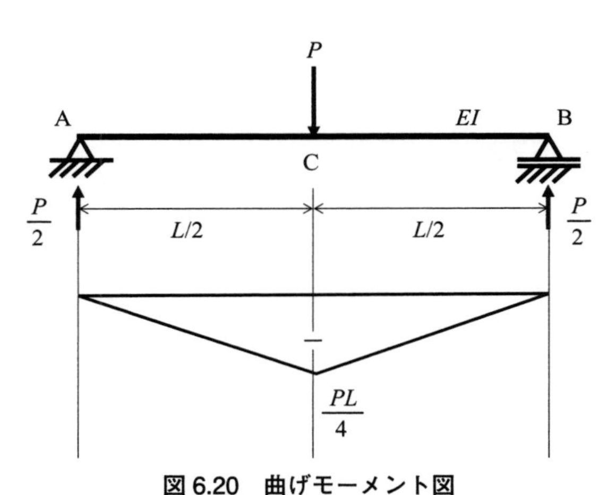

図 6.20 曲げモーメント図

次に，**表 6.4** を参考に，実際のはりの共役はりを作成するが，いまはピン支持とピンローラー支持のため，実際のはりがそのまま共役はりとなる。そして，**図 6.20** で求めた曲げモーメントを曲げ剛性 EI で除し，正負を逆転させた上で，共役はりに分布荷重として与えると**図 6.21** となる。

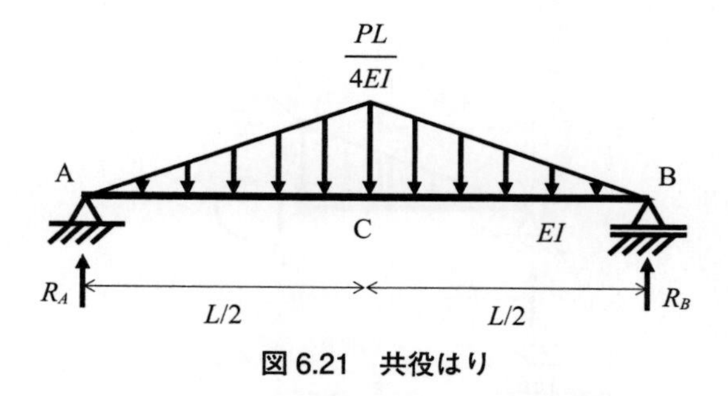

図 6.21　共役はり

この共役はりのせん断力 $\overline{V}$ が，実際のはりのたわみ角 θ となる。**図 6.22** に示すように，**図 6.21** の三角形分布の分布荷重を集中荷重に置き換えた上で，点 A の反力 R_A を求めると，これが実際のはりにおける点 A のたわみ角 θ_A となる。

$$\theta_A = R_A = \frac{PL^2}{16EI}$$

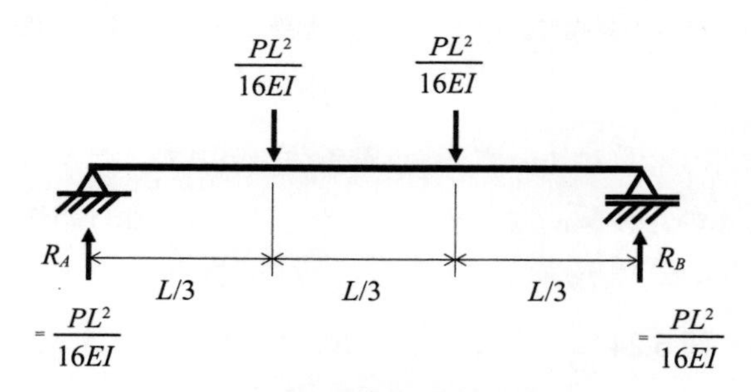

図 6.22　共役はりの反力

また，この共役はりの曲げモーメント $\overline{M}$ が，実際のはりのたわみ w となる。**図 6.23** に示すように，点 A から右向きに x の位置ではりを切断し，曲げモーメント $\overline{M}$ を求めると，

$$\overline{M} = -\frac{Px^3}{12EI} + \frac{PL^2x}{16EI}$$

となる。よって，点 C のたわみ w_C は，上式で $x=L/2$ として，

$$w_C = \overline{M}\left(x = \frac{L}{2}\right) = \frac{PL^3}{48EI}$$

と求まる。

問題 6.7

下図に示すはりについて，弾性荷重法を用いて，点 A のたわみ角 θ_A ならびに点 A のたわみ w_A を求めなさい。ただし，はりの曲げ剛性 EI は，はりの全長で一定とする。

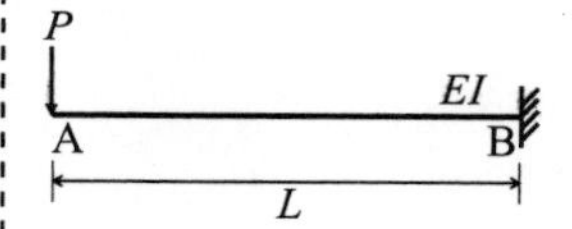

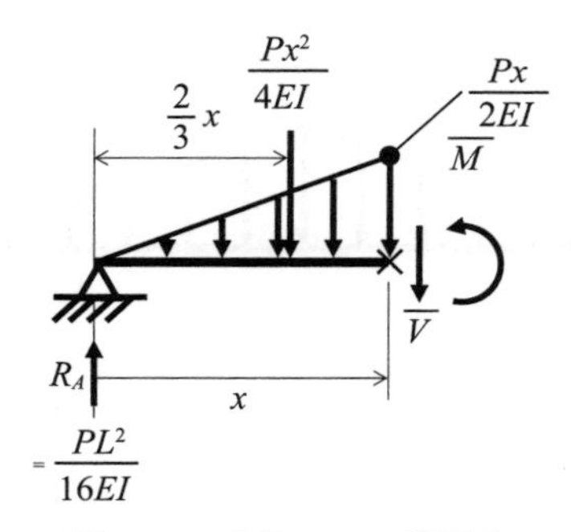

図 6.23　共役はりの断面力

例題 6.8　はりの先端に集中モーメントを受ける片持ちはり（変断面）

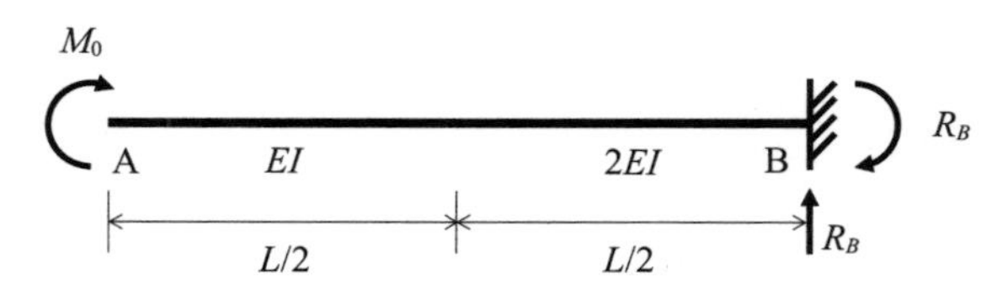

図 6.24　はりの先端に集中モーメントを受ける片持ちはり（変断面）

図 6.24 に示すはりについて，弾性荷重法を用いて，点Aのたわみ角 θ_A ならびに点Aのたわみ w_A を求める。ただし，はりの曲げ剛性は，**図 6.24** に示す通りとする。

はじめに，**図 6.24** に示すはり（実際のはり）について，曲げモーメント図を作成すると，**図 6.25** のようになる。

図 6.25　曲げモーメント図

次に，**表 6.4** を参考に，実際のはりの共役はりを作成する。実際のはりで点Aは自由支持，点Bは固定支持であることから，共役はりでは点Aは固定支持，点Bは自由支持となる。そして，**図 6.25** で求めた曲げモーメントをそれぞれの曲げ剛性で除し，正負を逆転させた上で，共役はりに分布荷重として与えると**図 6.26** となる。

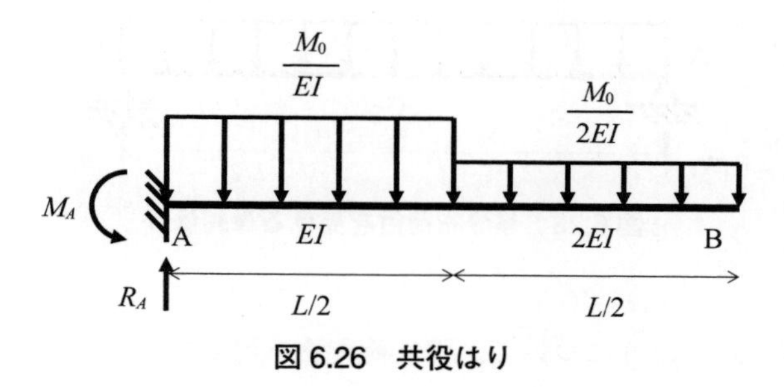

図 6.26　共役はり

この共役はりのせん断力 $\overline{V}$ が，実際のはりのたわみ角 θ となる。**図 6.27** に示すように，**図 6.26** の等分布荷重を集中荷重に置き換えた上で，点 A の反力 R_A を求めると，これが実際のはりにおける点 A のたわみ角 θ_A となる。

$$\theta_A = R_A = \frac{3M_0L}{4EI}$$

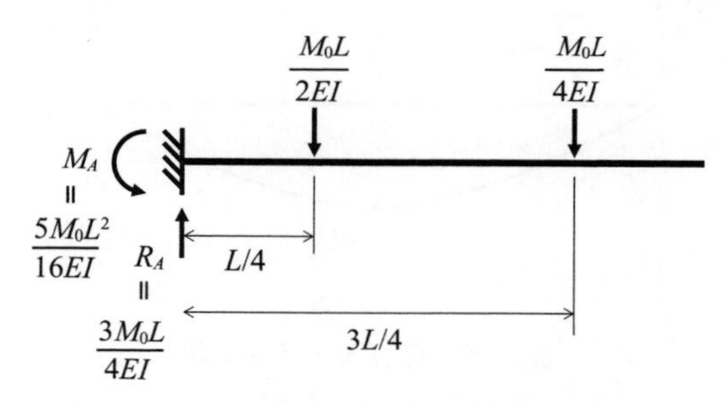

図 6.27　共役はりの反力

また，この共役はりの曲げモーメント $\overline{M}$ が，実際のはりのたわみ w となる。点 A のたわみ w_A は，点 A で曲げモーメントのつり合いを考えると，

$$w_A = \overline{M}(x=0) = -M_A = -\frac{5M_0L^2}{16EI}$$

と求まる。

問題 6.8

下図に示すはりについて，弾性荷重法を用いて，点 A のたわみ角 θ_A ならびに点 A のたわみ w_A を求めなさい。ただし，はりの曲げ剛性は，下図に示す通りとする。

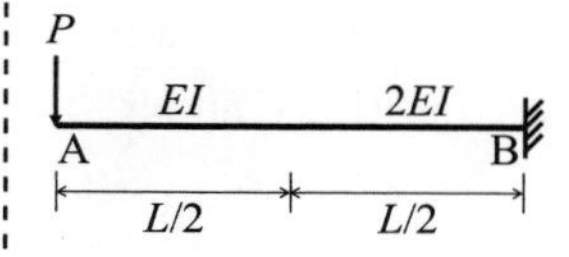

⑥　集中荷重への置き換え

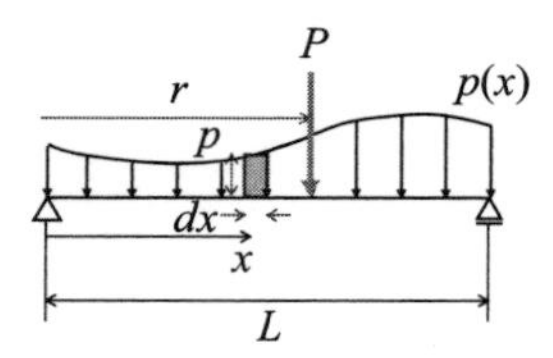

分布荷重 $p(x)$ を受けるはりにおいて，分布荷重を置き換えた集中荷重 P と曲げモーメント M は次のように計算される。

・集中荷重：

$P=\int_0^L p(x)dx$

・曲げモーメント：

$M=\int_0^L p(x)xdx$

また，集中荷重の作用点 r は，$M=P\times r$ の関係から，

$$r=\frac{M}{P}=\frac{\int_0^L p(x)xdx}{\int_0^L p(x)dx}$$

となる。

例えば，$p(x)=p$（一定）の場合は，

$P=\int_0^L pdx=pL$

$M=\int_0^L pxdx=\frac{pL^2}{2}$

$r=\frac{M}{P}=\frac{L}{2}$

となる。

また，$p(x)=x^n$ のとき，r は次のようになる。

$$r=\frac{n+1}{n+2}L$$

例題 6.9　等分布荷重を受ける単純はり

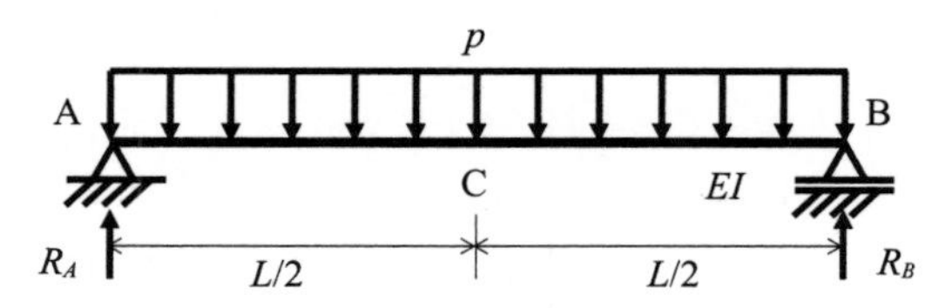

図 6.28　等分布荷重を受ける単純はり

図 6.28 に示すはりについて，弾性荷重法を用いて，点Aのたわみ角 θ_A ならびに点Cのたわみ w_C を求める。ただし，はりの曲げ剛性 EI は，はりの全長で一定とする。

はじめに，**図 6.28** に示すはり（実際のはり）について，曲げモーメント図を作成すると，**図 6.29** のようになる。

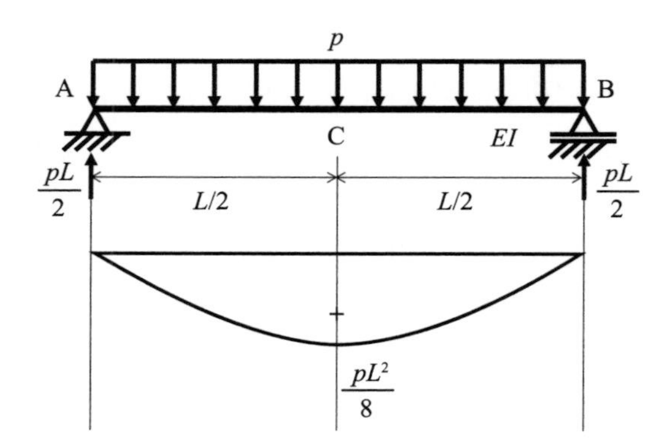

図 6.29　曲げモーメント図

このときの曲げモーメントの分布は下式となる。

$$M=-\frac{p}{2}\left(x^2-Lx\right)=-\frac{p}{2}x\left(x-L\right)=-\frac{p}{2}\left(x-L\right)^2+\frac{pL^2}{8}$$

次に，**表 6.4** を参考に，実際のはりの共役はりを作成するが，いまはピン支持とピンローラー支持のため，実際のはりがそのまま共役はりとなる。そして，**図 6.29** で求めた曲げモーメントを曲げ剛性 EI で除し，正負を逆転させた上で，共役はりに分布荷重として与えると**図 6.30** となる。

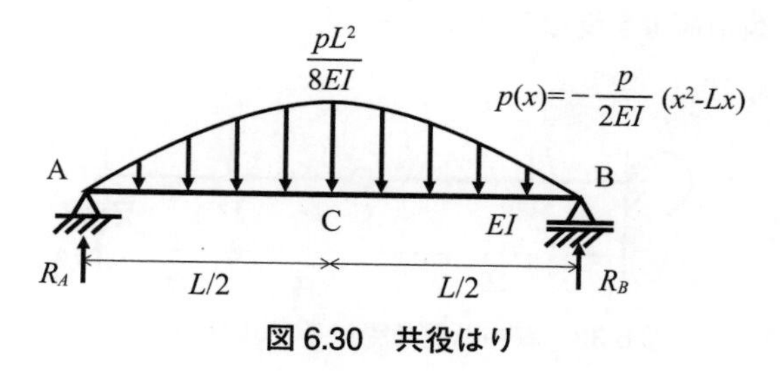

図 6.30　共役はり

この共役はりのせん断力 $\overline{V}$ が，実際のはりのたわみ角 θ となる。**図 6.31** に示すように，**図 6.30** の放物線分布の分布荷重を集中荷重に置き換える。集中荷重への置き換え⑥では，

$$P=\int_0^L p(x)dx=-\int_0^L \frac{p}{2EI}(x^2-Lx)dx=-\frac{p}{2EI}\left[\frac{x^3}{3}-\frac{Lx}{2}\right]_0^L=\frac{pL^3}{12EI}$$

を用いる。そして，点 A の反力 R_A を求めると，これが実際のはりにおける点 A のたわみ角 θ_A となる。

$$\theta_A=R_A=\frac{pL^3}{24EI}$$

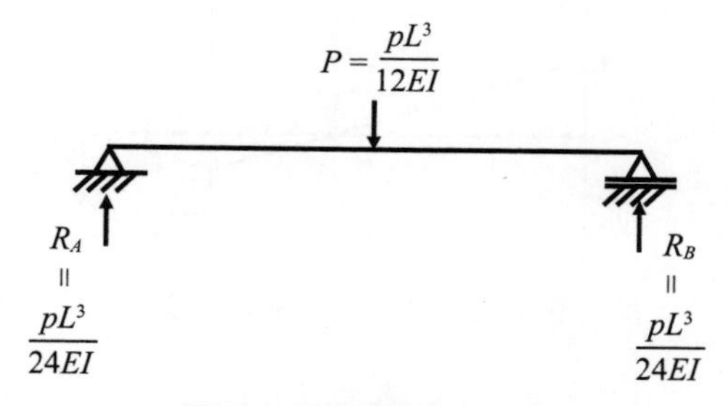

図 6.31　共役はりの反力

また，この共役はりの曲げモーメント $\overline{M}$ が，実際のはりのたわみ w となる。点 C のたわみ w_C は，点 C での曲げモーメントを求めることで，

$$w_C=\overline{M}\left(x=\frac{L}{2}\right)=\int_0^{L/2} p(x)xdx=-\int_0^{L/2}\frac{p}{2EI}(x^2-Lx)xdx$$

$$=-\frac{p}{2EI}\left[\frac{x^4}{4}-\frac{Lx^3}{3}\right]_0^{L/2}=\frac{5pL^4}{384EI}$$

と求まる。

例題 6.10　集中荷重を受けるゲルバーはり

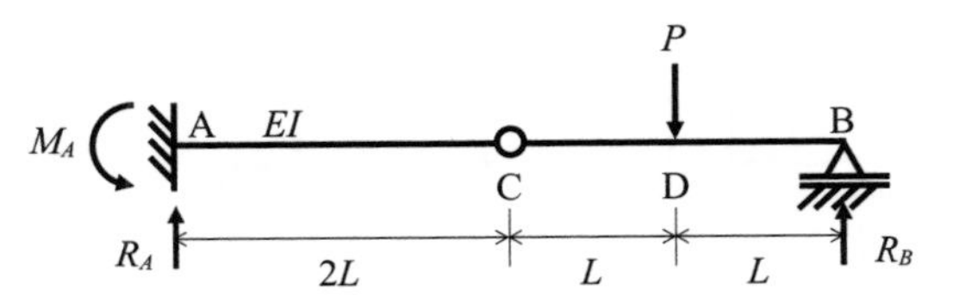

図 6.32　集中荷重を受けるゲルバーはり

図 6.32 に示すゲルバーはりについて，弾性荷重法を用いて，点Dのたわみ w_D を求める。ただし，はりの曲げ剛性 EI は，はりの全長で一定とする。

はじめに，**図 6.32** に示すはり（実際のはり）について，曲げモーメント図を作成すると，**図 6.33** のようになる。

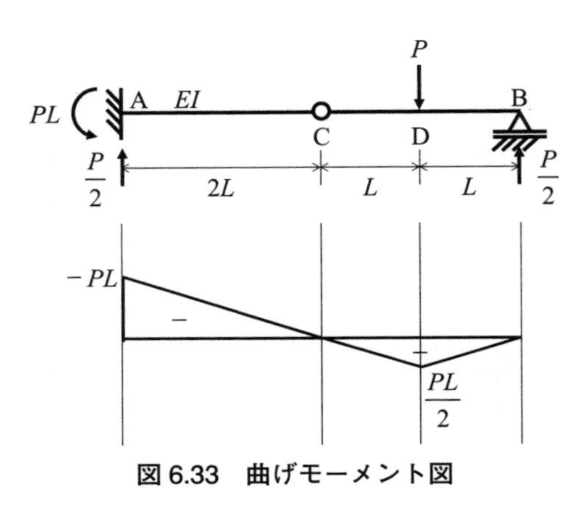

図 6.33　曲げモーメント図

次に，**表 6.4** を参考に，実際のはりの共役はりを作成する。実際のはりで点Aは固定支持，点Cはヒンジであることから，共役はりでは点Aは自由支持，点Cはピン支持となる。そして，**図 6.33** で求めた曲げモーメントを曲げ剛性 EI で除し，正負を逆転させた上で，共役はりに分布荷重として与えると**図 6.34** となる。**図 6.34** には，共役はりの反力も示す。

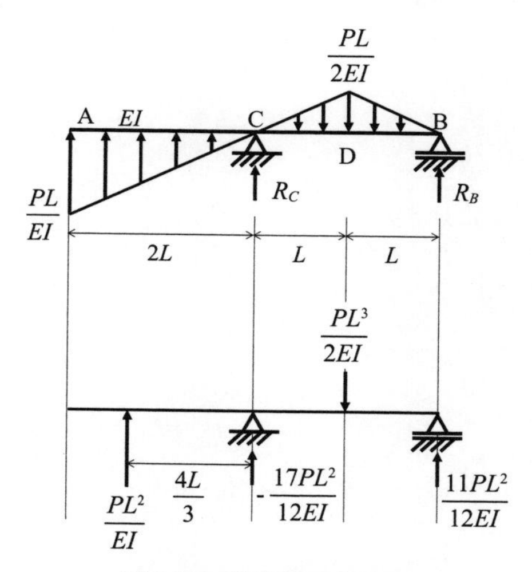

図 6.34 共役はりと反力

この共役はりの曲げモーメント $\overline{M}$ が，実際のはりのたわみ w となる。点Dのたわみ w_D は，**図 6.35** を参考に，点Dの曲げモーメントを求めると，

$$w_D = \overline{M_D} = -\frac{PL^3}{12EI} + \frac{11PL^3}{12EI} = \frac{5PL^3}{6EI}$$

となる。

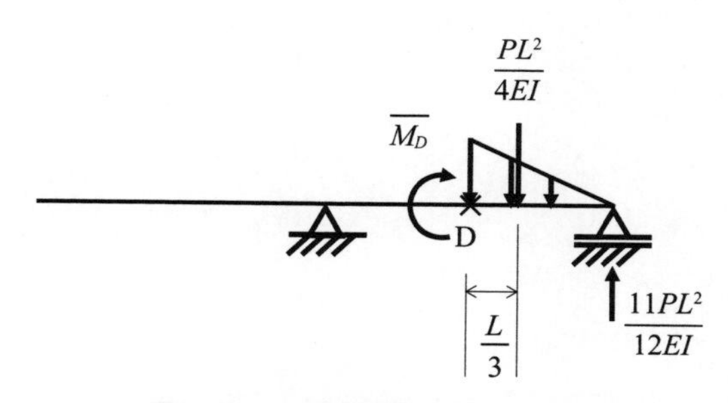

図 6.35 点 D の曲げモーメント

巻末**付録 1** に各種はりの載荷状態に対する反力，断面力，およびたわみの公式を示す。

問題 6.9

下図に示すゲルバーはりについて，弾性荷重法を用いて，点Bのたわみ角 θ_B ならびに点Cのたわみ w_C を求めなさい。ただし，はりの曲げ剛性 EI は，はりの全長で一定とする。

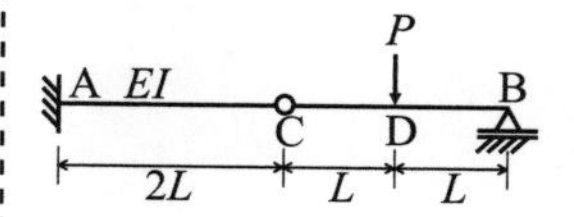

問題 6.10

下図に示すゲルバーはりについて，弾性荷重法を用いて，点Bのたわみ角 θ_B ならびに点Dのたわみ w_D，点Eのたわみ w_E，点Fのたわみ w_F を求めなさい。ただし，はりの曲げ剛性 EI は，はりの全長で一定とする。

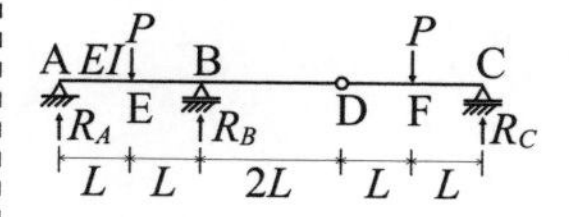

第7章　影響線

土木構造物では，自動車や鉄道車両など移動荷重による設計を行う必要がある。橋梁では，あらゆる荷重位置でも安全性を保つ必要があり，このために使用するのが**影響線**である。影響線は単位荷重をはりやトラスに移動載荷させ，この影響を図として示すものである。

7.1　影響線の必要性

図 7.1 は，新幹線用の４径間連続**合成桁**[①]である。この橋梁に徐行で６両編成の車両が通過した際の第１径間スパン中央の変位計測結果を**図 7.2** に示している。また，このとき通過した新幹線の軸重，軸距配置は，**図 7.3** の通りである。

① 合成桁：鋼桁の上にコンクリート床版をずれ止めで剛結し，一体として挙動するようにしたものである。また，連続合成桁はこの合成桁を連続桁化したものである。

(a) 橋梁の写真

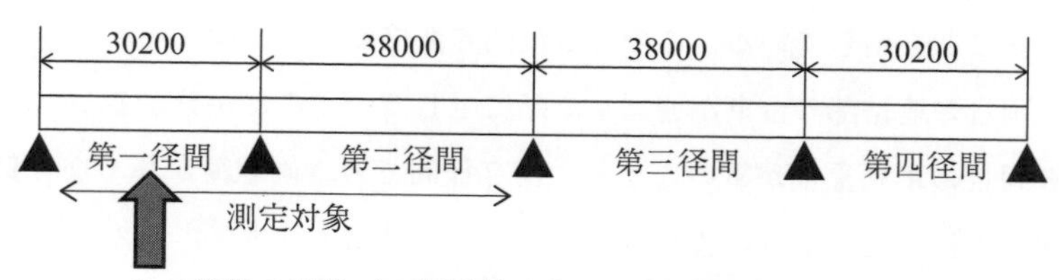

(b) 橋梁の概要

図 7.1　新幹線用４径間連続合成桁の例（寸法：mm）

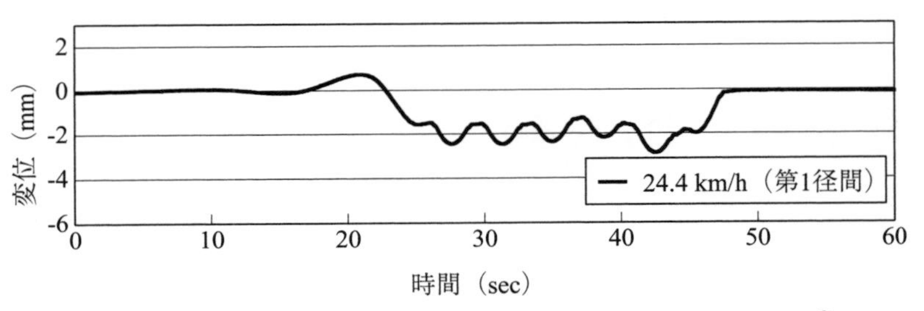

図 7.2　連続桁に新幹線が通過したときの桁の鉛直たわみの例②
（負の値が下向きの変位）

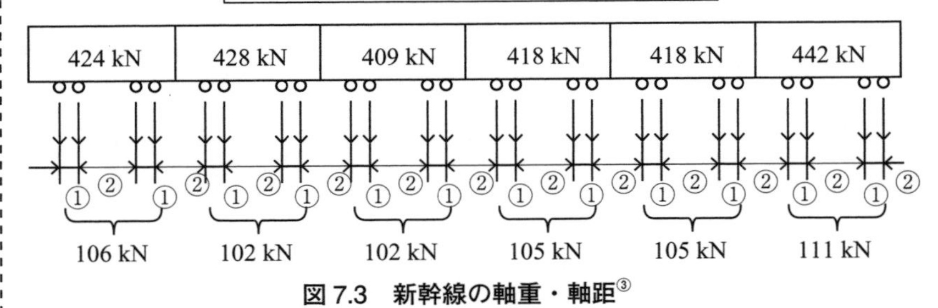

図 7.3　新幹線の軸重・軸距③

図 7.2 によると，列車が第 4 径間目より進入し第 2 径間まで達した際（17 ～ 23sec 頃）では，連続桁の影響により上向きの変位が生じる。その後，計測を行っている第 1 径間に車両が進入した際（23 ～ 47sec 頃）には，波を打つように下向きの変位が生じるが，これは**図 7.3** に示す車輪の位置によりたわみが大きくなっている。車両連結部付近の 4 軸の距離が近いため，この連結部が変位計測位置を通過する際にたわみの最大値が生じており，5 つのピークがあるのはこの列車の連結部付近の台車群が通過していることを示している。この第 1 径間の変位に関しては，列車の 5 両目と 6 両目の連結部の台車が通過した際に生じていることが分かるが，これは 6 両目の車両重量が重いことと，第 2 径間での車両載荷がなくなり第 1 径間への打消しによる影響が少なくなったことにより生じている。

このように，橋梁を設計する際は，列車の移動などを考慮し，最大の応答ときを想定して設計を行う必要があることを示しており，これを再現するための基本として，影響線を考慮する必要がある。

② 新幹線は通常は駅付近以外では高速での走行となるが，開業前の試運転では，構造物等の確認のために低速で走行試験を行うのが一般的である。図 7.2 は本試運転に対する本橋梁のデータを示している。

③ 鉄道橋の設計では，列車の台車による軸配置を決定し，これを移動載荷して最大応答値を求めて設計を行うことになっているが，この載荷荷重を**連行荷重**と呼んでいる。本項の影響線は，連行荷重の影響を計算する基本的な部分に相当する。

7.2　影響線，影響線図とは

影響線では，単位荷重 $P=1$（荷重の単位は無し[④]）を，はりやトラスの左端から右端まで移動させたときの応答を調べる。一般的には，**図 7.4** に示すように，単位荷重の位置を x の関数で設定し，応答を x に関する式で示し，これを図示する。図示したものは**影響線図**といわれる。影響線図には，支点反力に関する影響線図や，断面力に関する影響線図があり，断面力に関する影響線図には，軸力，せん断力，曲げモーメントのそれぞれに関する影響線図がある。

④　単位荷重は任意の荷重に対して計算できるようにするために，あえて単位を無しとしている。例えば 10 kN の荷重が作用する場合は，影響線の値を 10 kN 倍して解を求めるということである。

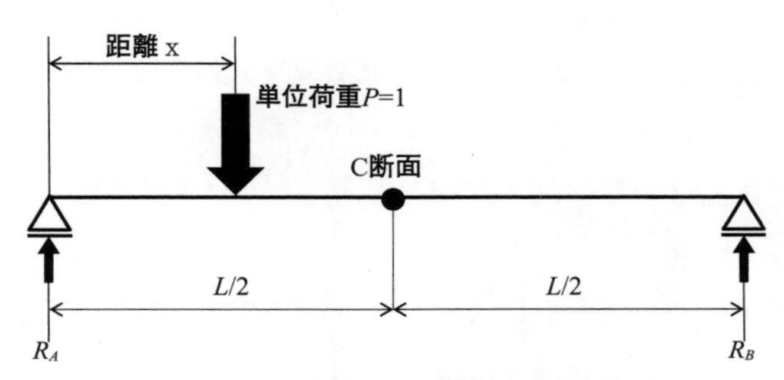

図 7.4　はりに対する影響線の考え方の例

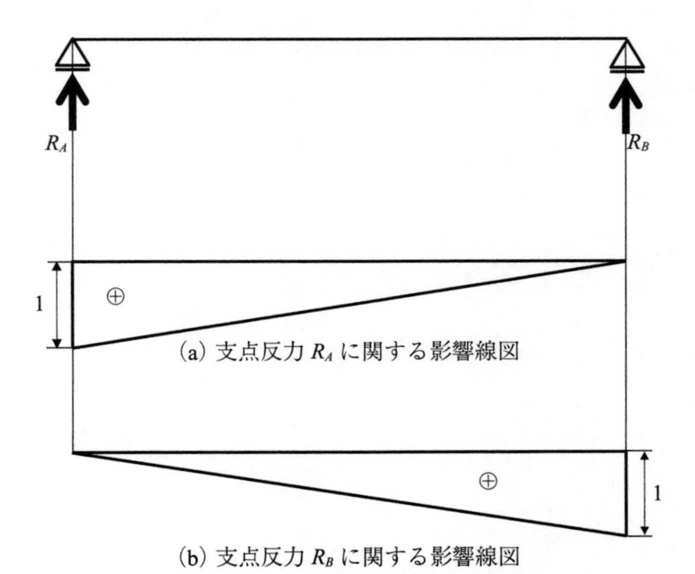

(a) 支点反力 R_A に関する影響線図

(b) 支点反力 R_B に関する影響線図

図 7.5　支点反力に関する影響線図[⑤]

⑤　**影響線図**に，必ず応答の最大値と，その最大応答値が発生する位置を明記する必要がある。これは，構造物の設計を行う際には最大応答値に対して，安全に使用できることを示す必要があるためである。

7.2.1　はりの影響線

ここで，一般的なはりの影響線の解法について説明する。

例題 7.1

図 7.4 の例では，支点反力 R_A，R_B は，以下の通り距離 x（$0 \leq x \leq L$）の関数として式（7.1），式（7.2）のように求めることができる。また，この結果を図に示すと**図 7.5** のようになり，これを支点反力に関する影響線図と呼ぶ。

$$R_A = \frac{(L-x)}{L} \tag{7.1}$$

$$R_B = \frac{x}{L} \tag{7.2}$$

次に，**図 7.4** の例において，C 断面に関するせん断力と曲げモーメントを求めることを考える。C 断面ではりを切断し，**図 7.6** の考え方より式（7.3）～式（7.6）が求まり，**図 7.7** の**影響線図**が描ける。なお，影響線の単位荷重が C 断面の右にあるか左にあるかで場合分けをする。

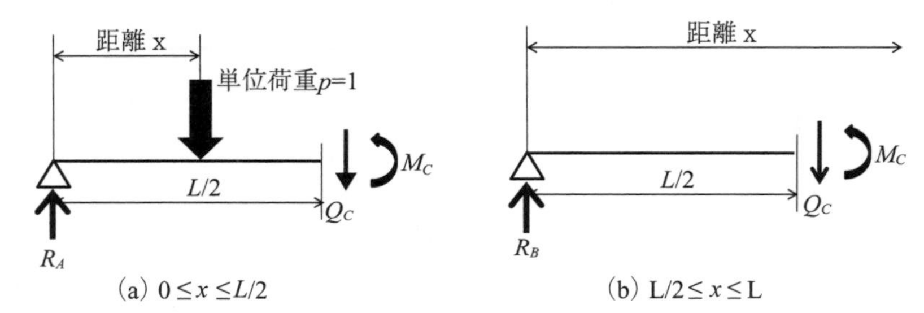

図 7.6 A 断面における断面力

i) $0 \leq x \leq L/2$

$$Q_C = -\frac{x}{L} \tag{7.3}$$

$$M_C = \frac{x}{2} \tag{7.4}$$

ii) $L/2 \leq x \leq L$

$$Q_C = \frac{(L-x)}{L} \tag{7.5}$$

$$M_C = \frac{(L-x)}{2} \tag{7.6}$$

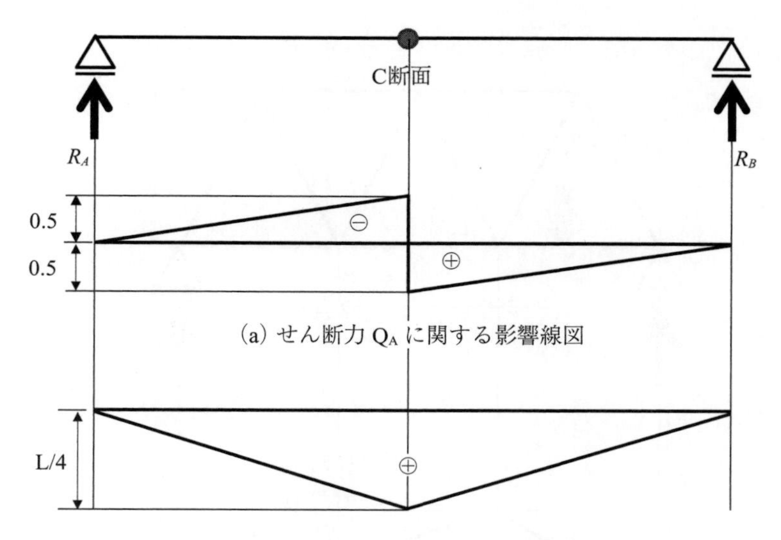

(a) せん断力 Q_A に関する影響線図

(b) 曲げモーメント M_A に関する影響線図

図 7.7　断面力に関する影響線図[⑥]

この結果より，A 断面においては，せん断力の最大・最小値は，$x=L/2$ のとき生じ値は ±0.5 であり，曲げモーメントの最大値は，やはり，$x=L/2$ のとき値は $L/4$ となると示すことができる[⑦]。

7.2.2　トラスの影響線

トラスの影響線は，単位荷重の作用方法ははりの影響線と同様であるが，求める部材の影響線としては軸力となる。また，**第 4 章**でも示した通り，トラス構造に作用する荷重は，節点（格点）に限られているため，間接荷重を用いる必要がある点に注意を要する。

例題 7.2

例として，**図 7.8（a）**に示すトラス構造の U_1 部材，および，L_1 部材の軸力の影響線を求める。**図 7.8（a）**の 1 点鎖線による部位で**断面法**により求めるものとすると，$0 \leq x \leq L$ の範囲では**図 7.9** の通り，単位荷重 $P=1$ と距離 x を用いて軸力の影響線を計算することができる。しかし，$L < x < 2L$ の範囲では，切断部に単位荷重が作用するために単位荷重 $P=1$ の取り扱いに工夫が必要となる。そこで用いるのが**間接荷重**[⑧]であり，**図 7.10（a）**に示すような仮想的な単純はりを設定し，**図 7.10（b）**のように仮想的なはりの支点反力を節点に作用させることにより，影響線を求めることができる。

⑥　曲げモーメントの**影響線図**は，曲げモーメント図と同様に下向きを正とするのが一般的である。また，せん断力は単位荷重での応答であるため，それ自身の値には単位はないことになり，曲げモーメントは長さの単位だけを持つことになる。さらに，図示された影響線図の結果は，せん断力では鉛直方向の単位荷重と同じベクトル方向の影響を調べているためＣ断面で段差が生じる図となり，曲げモーメントでは単位荷重とは異なるベクトルの結果を求めているため段差のない連続した曲線となっている。影響線は設計経験者でも誤解が生じやすい内容であるが，単純に手法を覚えるだけでなく，上記のような力学的な傾向を把握しておくことが重要となる。

⑦　求められた影響線の最大応答値が生じる載荷位置は，支点反力の影響線の最大応答発生位置と異なっていることが分かる。これにより，橋梁の構造設計にあたっては，あらゆる載荷位置での検討が必要であり，影響線の重要性が理解できる。

⑧ この仮想的なはりを用いる**間接荷重**は，トラス構造の節点（格点）に単位荷重を作用させるための手段である。

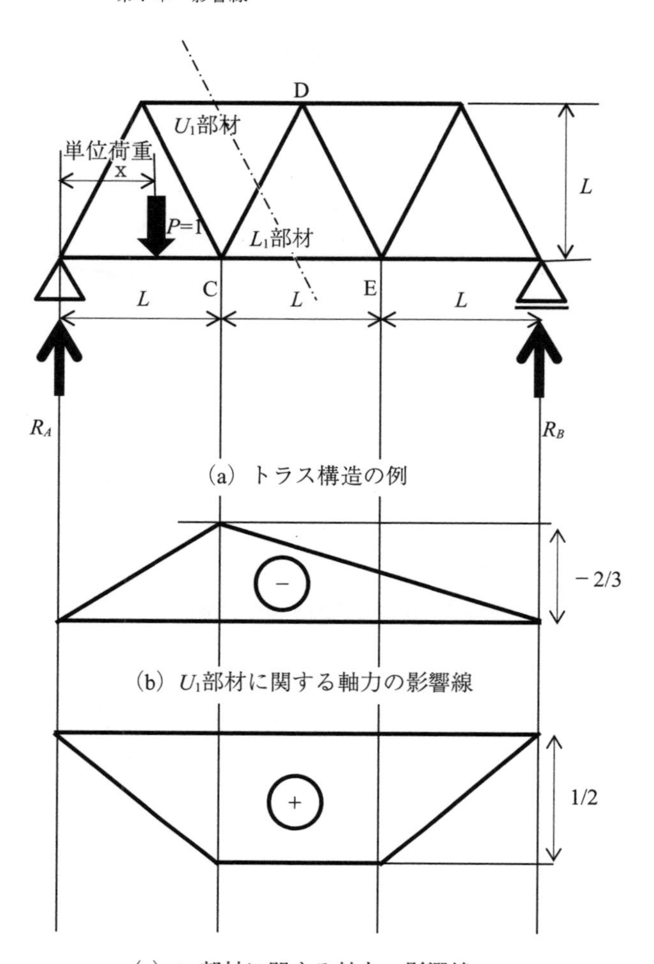

(c) L_1 部材に関する軸力の影響線

図 7.8 トラス構造の例と部材の軸力の影響線図⑨

⑨ ここでは，ピン結合の表記は省略している。

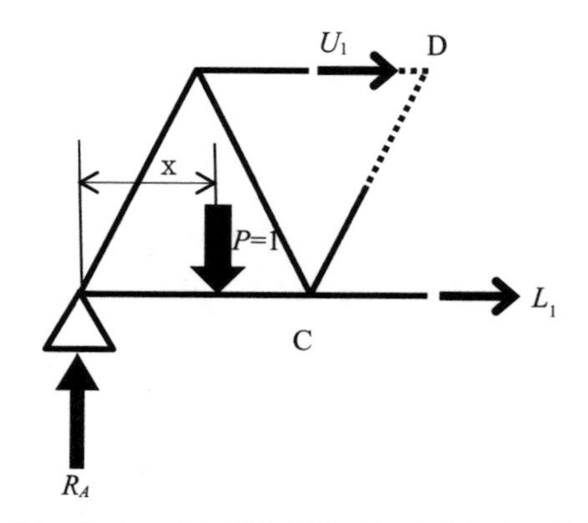

図 7.9 $0 < x < L$ での切断法による力のつり合い

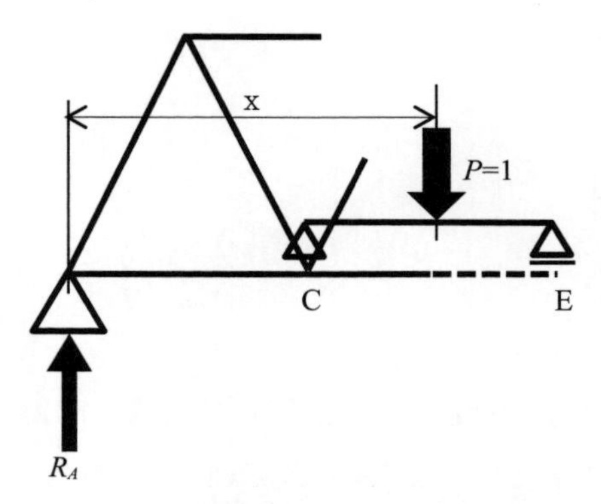

(a) 仮想的なはりの想定図

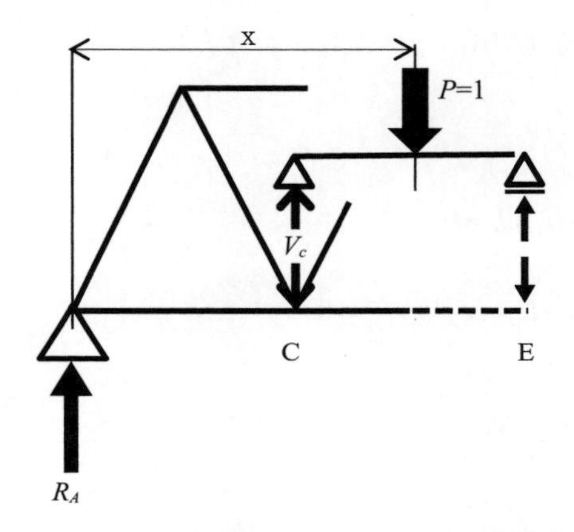

(b) 仮想的なはりと支点反力の設定

図 7.10　$L < x < 2L$ での切断法による力のつり合いと間接荷重設定

図 7.8 の構造を解いてみると，まず支点反力 R_A の影響線は，式（7.7）のようになる。

$$R_A = 1 - \frac{x}{3L} \tag{7.7}$$

部材の軸力の影響線は単位荷重の位置により以下の場合分けで計算する。

i)　$0 \leq x \leq \mathrm{L}$

図 7.9 の節点 C，節点 D 周りのモーメントのつり合いより，式（7.8），式（7.9）のように示され，これを U_1，L_1 について解くと，式（7.10），式（7.11）のように示される。

$$R_A \times L + U_1 \times L - 1 \times (L - x) = 0 \tag{7.8}$$

$$R_A \times \frac{3}{2}L - L_1 \times L - 1 \times \left(\frac{3}{2}L - x\right) = 0 \tag{7.9}$$

$$U_1 = -\frac{2}{3L}x \tag{7.10}$$

$$L_1 = \frac{1}{2L}x \tag{7.11}$$

ii)　$L \leq x \leq 2L$

図 7.10（b）より，間接はりの支点反力 V_c は式（7.12）で示され，これが節点Cに作用するため，**図 7.9** の節点C，節点D周りのモーメントのつり合いより，式（7.13），式（7.14）のように示され，これを U_l，L_l について解くと，式（7.15），式（7.16）のように示される。

$$V_c = 2 - \frac{x}{L} \tag{7.12}$$

$$R_A \times L + U_1 \times L = 0 \tag{7.13}$$

$$R_A \times \frac{3}{2}L - L_1 \times L - Vc \times \frac{L}{2} = 0 \tag{7.14}$$

$$U_1 = -1 + \frac{1}{3L}x \tag{7.15}$$

$$L_1 = \frac{1}{2} \tag{7.16}$$

iii)　$2L \leq x \leq 3L$

図 7.9 より，単位荷重を除いたものになるため，同様に式（7.17）～式（7.20）のように示される。

$$R_A \times L + U_1 \times L = 0 \tag{7.17}$$

$$R_A \times \frac{3}{2}L - L_1 \times L = 0 \tag{7.18}$$

$$U_1 = -1 + \frac{1}{3L}x \tag{7.19}$$

$$L_1 = \frac{3}{2} - \frac{1}{2L}x \tag{7.20}$$

これらの式の結果を影響線図として図示すると，**図 7.8（b）・（c）** に示す影響線図と一致していることが分かる[⑩]。

⑩　間接荷重は計算を煩雑なものにし，誤答を生みやすい内容であると考えられる。しかし本例題のケースでは，対称性や連続性を利用すれば，間接荷重を使用せずに図 7.8（b），（c）の影響線を示すことができる。つまりは，単位荷重のベクトルの方向性を考えれば，U1，L1 の影響線図は段差が生じずに連続した折れ線状の直線になることを予想できれば，本文中の i），iii）の場合分けのみ計算し，その間は直線で結ぶことにより解を得る手法もある。これによれば ii）の場合分けを使用せずに解を得られるため，間接荷重を使用しないこととなる。

7.3　影響線の利用方法

7.3.1　多軸の移動荷重に対する応答を求める場合

影響線の利用法としては，一般的には重ね合わせ理論を用いて，任意の荷重列に対して構造物の最大応答を知るために用いられる。

例題 7.3

ここで，**図 7.11** に示す前輪 10 kN，後輪 5 kN の 2 軸を有する車両が単純はりを通過するときの，支点反力 R_B を求めることを考える。

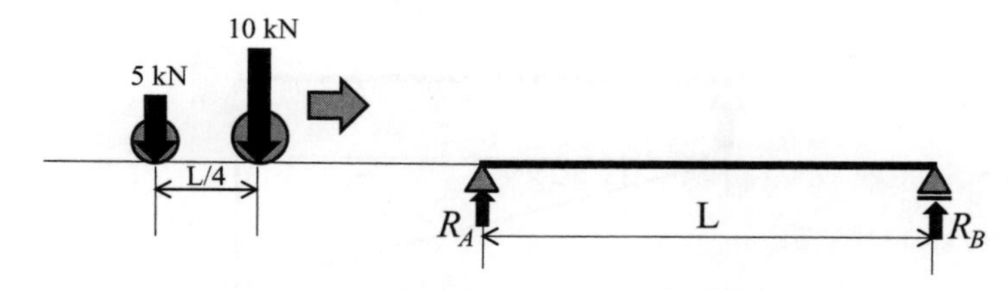

図 7.11　2 軸の車両が単純はりを通過する例

まずは，単純支持はりの支点反力（R_B）の影響線を求めると**図 7.12** のような影響線図となる。次に，影響線は単位荷重の場合によるものであるため，軸重が 10 kN の場合は，この影響線の値に 10 kN を乗じることになる。さらに，前輪と後輪の軸距は L/4 であるため，**図 7.13** の通り L/ 4 の位置だけずらし，5 kN を乗じた影響線を並べて図示する。

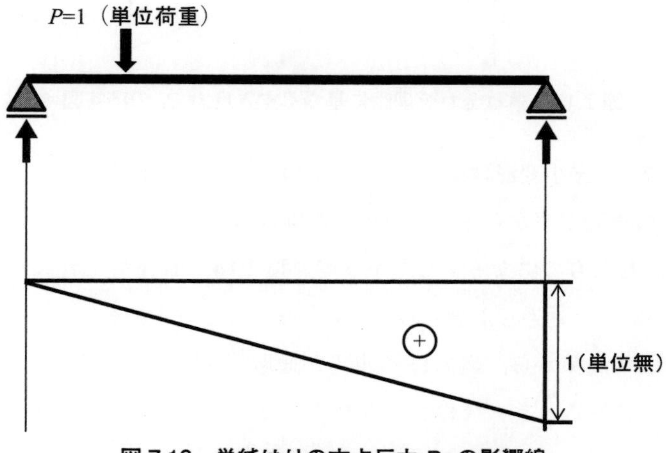

図 7.12　単純はりの支点反力 R_B の影響線

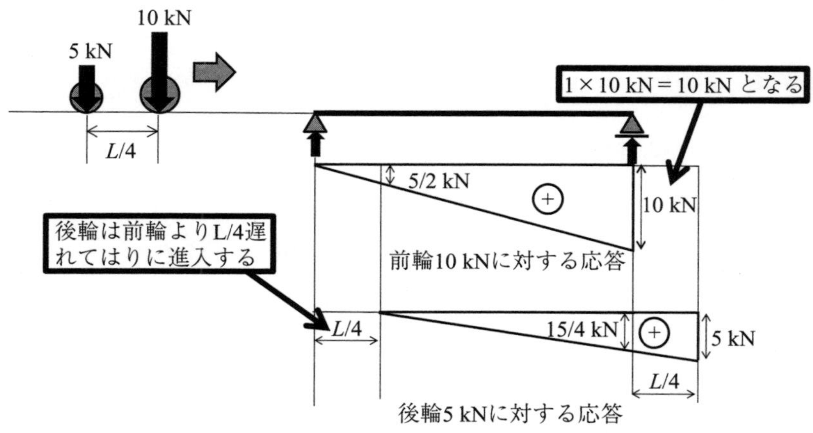

図 7.13　前輪・後輪を考慮した支点反力 R_B の応答図

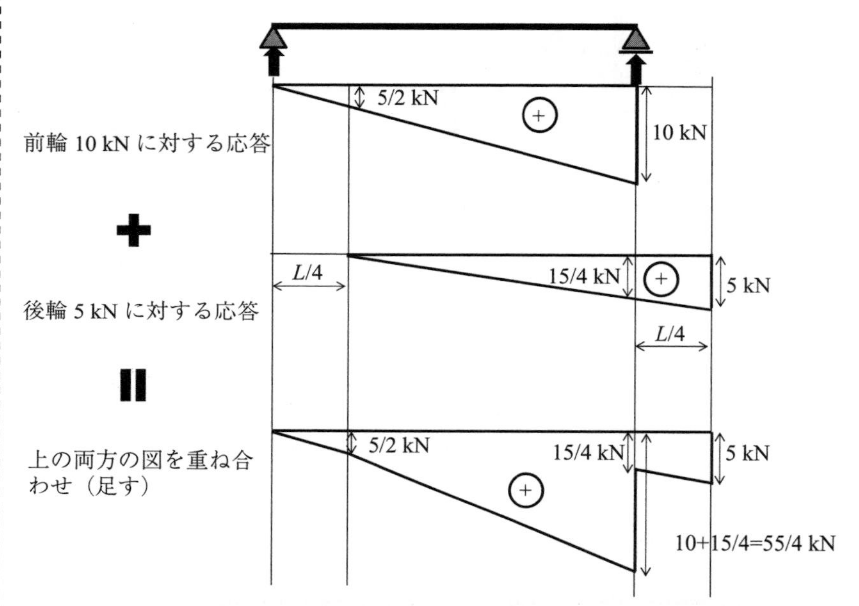

図 7.14　重ね合わせ理論に基づく支点反力 R_B の応答図

本構造は，**微小変形理論**⑪に基づく重ね合わせが可能であるとすると，**図 7.11** の車両が左から右へと通過した場合の応答図は，これら応答図を足し合わせたものになる。したがって，**図 7.14** の最下の応答図が，車両が左から右へと通過した場合の応答図となることが分かる。

図 7.14 の結果から，**図 7.11** の車両が通過する際の最大応答は，前輪が支点 B 上になるとき（後輪が支点 B より左側 $L/4$ の位置にあるとき）であり，その大きさは 55/4 kN であるといえる⑫。

⑪　微小変形理論とは，部材に生じる変形が微小であるとして，変形の影響を無視して，載荷前の形状で応力の計算や解析など行うという考え方である。

⑫　本手法によれば，鉄道車両などの連続した多数の車輪を持つ移動荷重に対しても，最大応答値を知ることができる。なお，鉄道車両に関しては，鉄道橋の設計（鉄道構造物等設計標準・同解説）において，その構造に実際の軸重・軸距に合わせた荷重列を用いることになる。標準として以下の荷重列が設定されている。

・蒸気機関車：KS 荷重
・機関車：EA 荷重
・在来電車：M 荷重
・新幹線：NP 荷重，H 荷重

本項の手法を拡張し，たわみの影響線を求めることができれば，**図 7.2** の応答変位も再現できる。ただし，**図 7.2** の事例は不静定構造であることから，桁の曲げ剛性をある程度厳密に再現する必要がある。

7.3.2 分布荷重が作用する場合の応答を求める場合

任意の荷重列を求めるだけでなく，分布荷重が作用するケースで応答を求めることも可能である。

例題 7.4

ここでは，**図 7.8** と同等なトラス構造に**図 7.15** のような等分布荷重が作用するケースを例として考える。

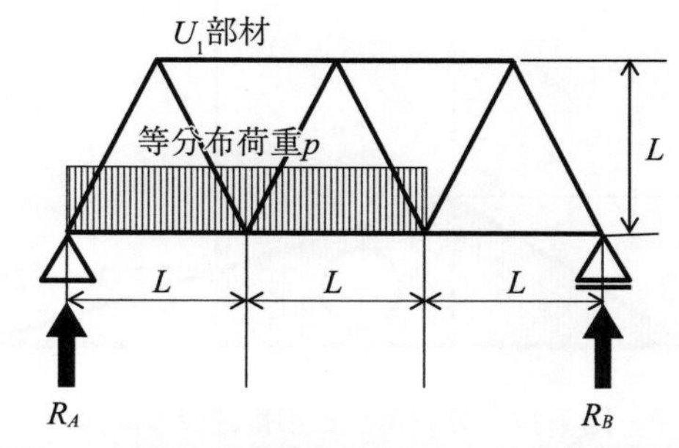

図 7.15 等分布荷重が作用するトラス構造の例

図 7.15 の分布荷重は，重ね合わせ理論が成立すると考えれば，**図 7.16** のような複数の集中荷重を足し合わせたもの，すなわち，積分したものと考えられる。

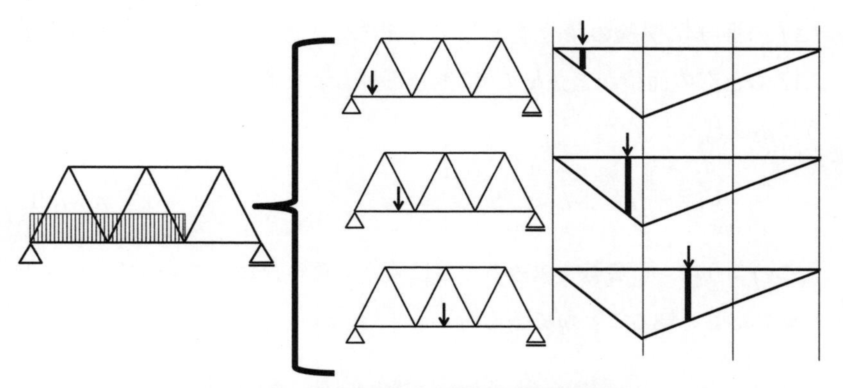

図 7.16 等分布荷重の分散化と影響線の値

⑬ 分布荷重は，便宜的に荷重分布の図心位置での集中荷重に置き換えて計算することもある。しかし，本理論によれば，場合によってはこの集中荷重化ができないことを示している。例えば，**図 7.15**（**図 7.17 上図**）の例で考えると，集中荷重化は以下のように考えることになる。

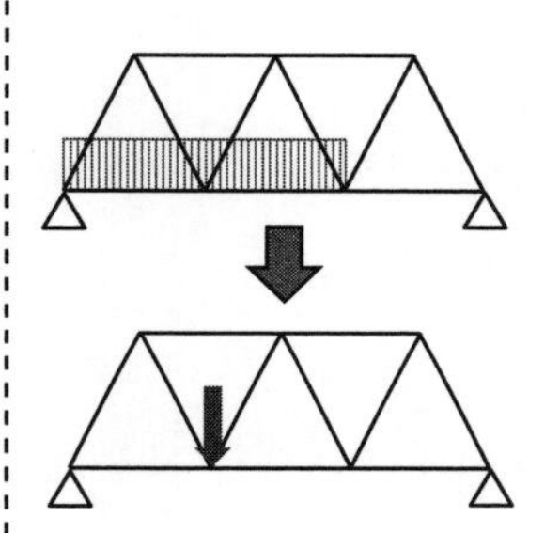

しかし，**図 7.17** の影響線図によれば，集中荷重化した位置での影響線値を見た場合，必ずしも図心を示していない。仮に集中荷重化した場合に求められる U_1 の軸力の値は，

$$U_1 = -\frac{4}{3}pL \quad (\text{誤答})$$

となるため，本文中の正解値とは全く異なる値となる。よって，安易な分布荷重の集中荷重化に関しては注意が必要といえる。

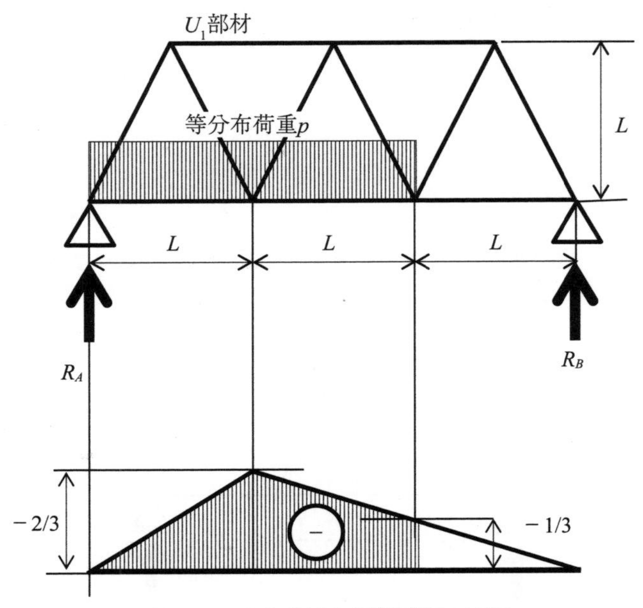

図 7.17　分布荷重と影響線図の関係

このトラス構造の U_1 部材の影響線図は**図 7.8** に示す通りであることから，分散化した集中荷重に対する U_1 部材の軸力の値は，それぞれ，**図 7.16** 右図のように考えることができる。したがって，分布荷重がこれら集中荷重の重ね合わせ，つまりは，積分値であることからすると，**図 7.17** の通り影響線の積分値として考えることができる。これより，**図 7.17** 着色部の面積が上弦材 U_1 に生じる軸力となるため，式（7.21）のように示される。

$$U_1 = -\frac{5}{6} pL \tag{7.21}$$

このように，影響線を求めることにより，重ね合わせにより任意の荷重状態の応答を知ることができる[13]。

第8章　エネルギー法

本章では，静定構造や不静定構造の反力やたわみを簡単に求めることができるエネルギー法を用いた解法について説明する。

8.1　仕事とひずみエネルギー

まず，仕事 W について説明する。仕事 W は，次式で定義される。

$$W = (\text{力のベクトル}) \times (\text{変位のベクトル}) \tag{8.1}$$

図 8.1 に示すように，力 P を作用させて，力の方向に δ だけ移動させた場合の仕事は $W = P\delta$ になる。

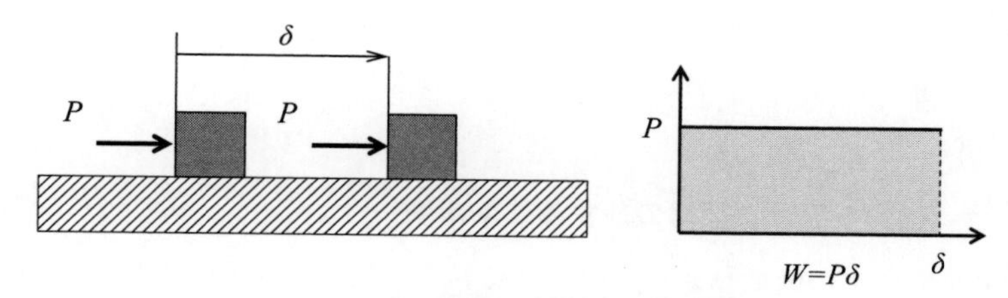

図 8.1　移動する物体の仕事 W

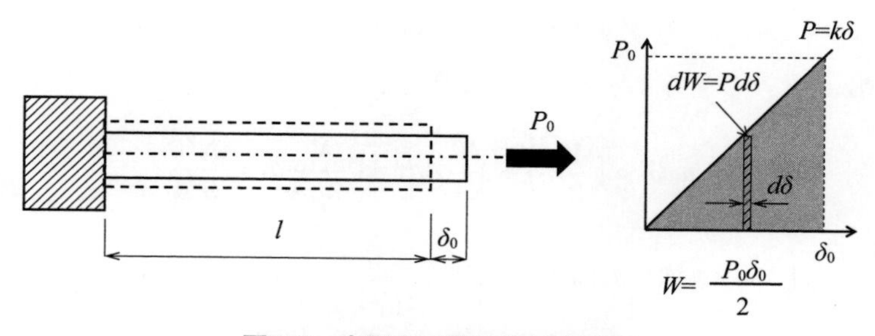

図 8.2　変形する弾性体の仕事 W

次に，**図 8.2** に示す，荷重 P_0 を作用させて δ_0 だけ変形した場合の弾性体の仕事 W を考える。微小な変位 $d\delta$ に対する仕事は $dW = Pd\delta$ になる。また，弾性体では，荷重 P と変位 δ の間に $P = k\delta$（フックの法則）の関係が成立している。したがって，dW を 0 から δ_0 まで積分して，荷重 P_0 を作用させて δ_0 変形した弾性体の仕事 W は次式で与えられる。

$$W = \int_0^{\delta_0} dW = \int_0^{\delta_0} Pd\delta = k\int_0^{\delta_0} \delta d\delta = \frac{1}{2}k{\delta_0}^2 = \frac{1}{2}P_0\delta_0 \tag{8.2}$$

このように，弾性体に対しては，**図 8.2** の荷重 P_0 と変位 δ_0 の関係の三角形の面積が**仕事** W になる。

次に，**ひずみエネルギー**について説明する。ひずみエネルギーは，構造物が変形する際に蓄えられる内部エネルギーであり，構造物の内部で，内力がする仕事になる。また，ひずみエネルギーは，変形がもとに戻るときに放出される。

ひずみエネルギーは，ひずみエネルギー密度（単位体積あたりのひずみエネルギーであり，**図 8.3** の三角形の面積）を，体積について積分して次式で与えられる。

$$U = \int_V \frac{1}{2}\sigma\varepsilon dV \tag{8.3}$$

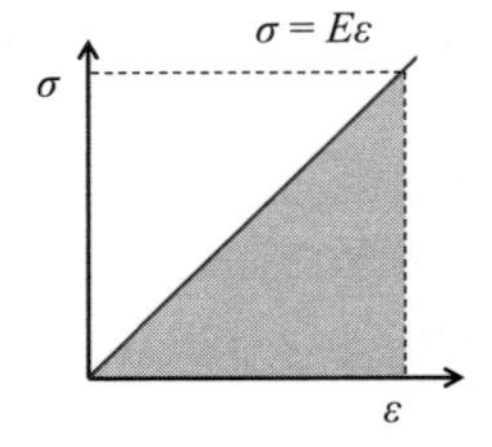

図 8.3　フックの法則

ひずみエネルギーは，部材に与えた力が仕事をした結果，部材内に蓄えられるエネルギーなので，仕事とひずみエネルギーの間には，次式が成立する。

$$W = U \tag{8.4}$$

8.1.1　軸力を受ける部材のひずみエネルギー

図 8.4 に示す，断面積が A，ヤング係数 E，長さ l の部材に軸力 N が作用している場合のひずみエネルギーを求める。軸力を受ける部材の応力は $\sigma = N/A$ となり，ひずみは $\varepsilon = \sigma/E = N/(EA)$ になる。それらを式（8.3）に代入して，ひずみエネルギーを計算すると次式になる。

$$U = \int_V \frac{1}{2}\sigma\varepsilon dV = \int_0^l \frac{1}{2} \times \frac{N}{A} \times \frac{N}{EA} A dx = \int_0^l \frac{N^2}{2EA} dx = \frac{N^2 l}{2EA}$$

$$\left(\text{トラス部材の場合}\quad U = \sum_i^n \frac{N_i^2 l_i}{2E_i A_i} \right) \tag{8.5}$$

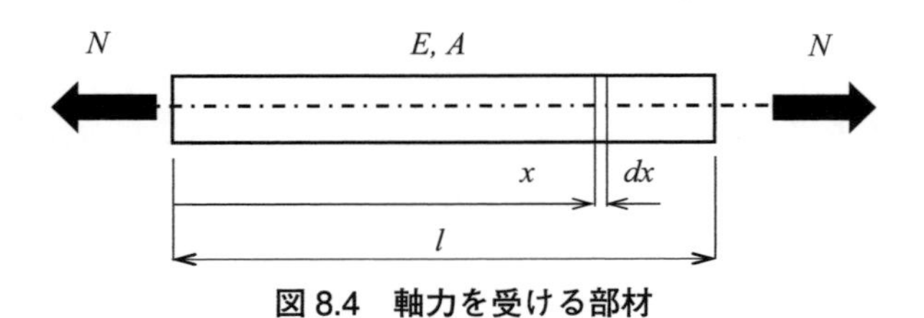

図 8.4　軸力を受ける部材

図 8.2 に示すような，片端が固定され，他端に荷重 P が作用した棒部材に対して，荷重位置で部材が δ だけ伸びた場合，荷重がした仕事は $W=$

$P\delta/2$となる。また，式（8.5）から，ひずみエネルギーは$U=P^2l/(2EA)$となるので，式（8.3）の仕事とひずみエネルギーの関係から，荷重Pが作用した棒部材の荷重位置の伸びδが求まる。

$$\frac{1}{2}P\delta=\frac{P^2l}{2EA} \quad \Rightarrow \quad \delta=\frac{Pl}{EA} \tag{8.6}$$

8.1.2 曲げモーメントを受ける部材のひずみエネルギー

図 8.5 に示す，断面２次モーメントI，ヤング係数E，長さlの部材に曲げモーメントMが作用した場合のひずみエネルギーを計算する。曲げモーメントを受ける場合，中立軸位置からyの位置の応力は$\sigma=M\times y/I$となり，ひずみは$\varepsilon=M\times y/(EI)$になる。それらを式（8.3）に代入して，ひずみエネルギーを計算すると次式になる。

$$\begin{aligned} U&=\int_V\frac{1}{2}\sigma\varepsilon dV=\int_0^l\int_A\frac{1}{2}\times\frac{M}{I}y\times\frac{M}{EI}ydAdx \\ &=\int_0^l\frac{M^2}{2EI^2}\int_A y^2dAdx=\int_0^l\frac{M^2}{2EI}dx \qquad \left(I=\int_A y^2dA\right) \end{aligned} \tag{8.7}$$

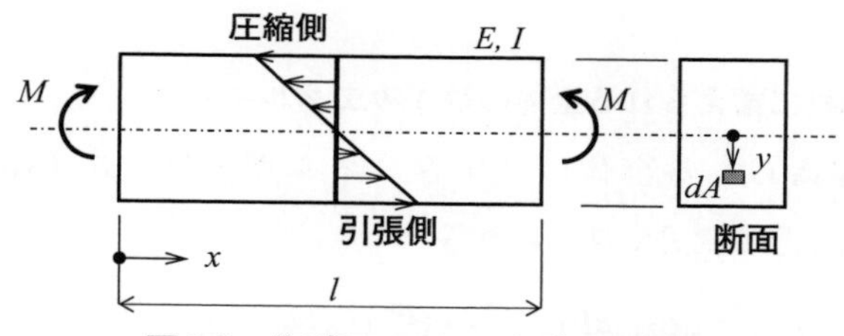

図 8.5　曲げモーメントを受ける部材

式（8.7）を用いて，**図 8.6** に示す先端に荷重Pが作用する片持はり（曲げ剛性EI）のひずみエネルギーを算出する。はりの先端からxの位置の曲げモーメントは$M=-Px$になるので，式（8.7）へ代入して，ひずみエネルギーUは次式で与えられる。

$$U=\int_0^l\frac{M^2}{2EI}dx=\int_0^l\frac{(-Px)^2}{2EI}dx=\frac{P^2}{2EI}\int_0^l x^2dx=\frac{P^2l^3}{6EI} \tag{8.8}$$

荷重Pが作用した際に片持はりの先端がδだけ変位した場合，荷重がした仕事は$W=P\delta/2$になる。式（8.3）の仕事とひずみエネルギーの関係から，先端に荷重Pが作用した片持はりの先端の変位δが求まる。

$$\frac{1}{2}P\delta=\frac{P^2l^3}{6EI} \quad \Rightarrow \quad \delta=\frac{Pl^3}{3EI} \tag{8.9}$$

問題 8.1

支間中央に荷重Pが作用する支間長lの単純はり（曲げ剛性EI）のひずみエネルギーを求めなさい。また，仕事とひずみエネルギーの関係から，荷重位置のたわみを求めなさい。

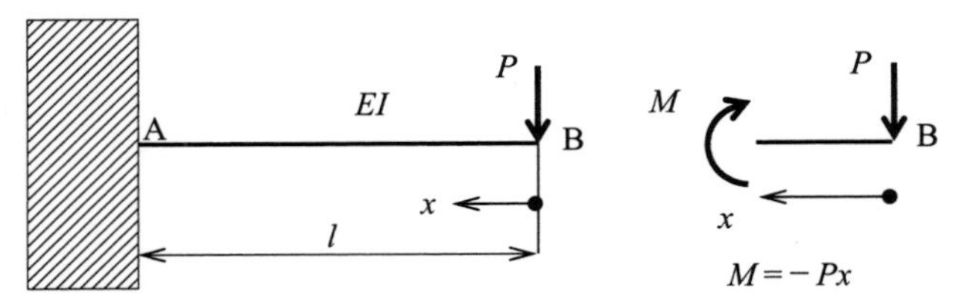

図 8.6　先端に荷重が載荷された片持はり

8.1.3　せん断力を受ける部材のひずみエネルギー

断面積が A，せん断弾性係数 G，長さ l の部材にせん断力 Q が作用した場合のひずみエネルギーを求める。せん断力を受ける部材のせん断応力は中立軸からの距離に依存して変化するので，せん断力を断面積で除した平均せん断力に係数を乗じて $\tau = kQ/A$ とすると，せん断ひずみは $\gamma = \tau/G = kQ/(GA)$ になる。それらを式（8.3）に代入して，ひずみエネルギーを計算すると次式になる。

$$
\begin{aligned}
U &= \int_V \frac{1}{2}\tau\gamma dV = \int_A k^2 \int_0^l \frac{1}{2} \times \frac{Q}{A} \times \frac{Q}{GA} dA dx \\
&= \int_0^l \frac{Q^2}{2GA} dx \cdot \frac{1}{A}\int_A k^2 dA = \int_0^l \frac{\kappa Q^2}{2GA} dx \quad \left(\kappa = \frac{1}{A}\int_A k^2 dA\right)
\end{aligned}
\tag{8.10}
$$

8.1.4　部材に蓄えられる全体のひずみエネルギー

部材に蓄えられる全体のひずみエネルギーは，式（8.5），（8.7），（8.10）の和として次式で与えられる。

$$
U = \int_l \frac{N^2}{2EA} dx + \int_l \frac{M^2}{2EI} dx + \int_l \frac{\kappa Q^2}{2GA} dx \tag{8.11}
$$

また，一般には非常に小さいせん断力に関する項が無視される。トラス部材は，右辺第1項のみを考慮する。また，はりなどの曲げモーメントが卓越する部材では，右辺第2項が支配的になる。

8.2　相反定理

ここでは，相反定理について説明する。**図 8.7** に示すような，荷重の位置が異なる2つの片持はりを考える。点Bに荷重 P_1 が作用した場合の点Cのたわみ δ_{21} と点Cに荷重 P_2 が作用した場合の点Bのたわみ δ_{12} を計算するとそれぞれ次式になる。

$$
\delta_{21} = \frac{P_1 x^2}{6EI}(3l - x) \qquad \delta_{12} = \frac{P_2 x^2}{6EI}(3l - x) \tag{8.12}
$$

したがって，δ_{12} に P_1 を乗じた式と，δ_{21} に P_2 を乗じた式が同じになる。つまり，次式が成立する。

$$P_i\delta_{ij} = P_j\delta_{ji} \tag{8.13}$$

この関係は，2 個以上の荷重が作用しても成立し，**ベティ（Betti）の相反定理**と呼ばれている。また，$P_i = P_j$（あるいは P_i，P_j がともに単位荷重）の場合，$\delta_{ij} = \delta_{ji}$ となり，**マクスウェル（Maxwell）**の相反定理と呼ばれている。

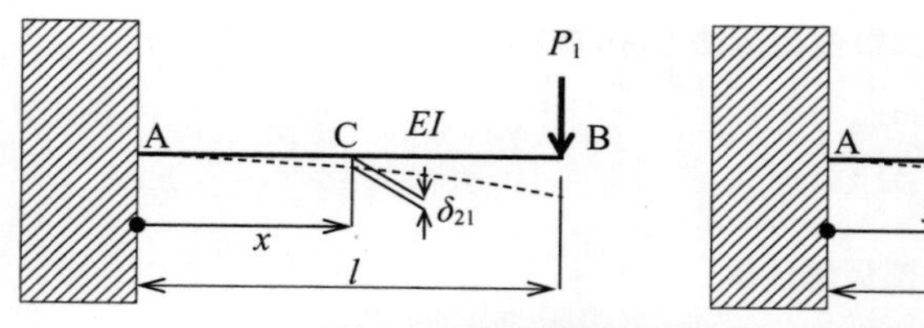

図 8.7　載荷荷重の位置が異なる片持はり

8.3　仮想仕事の原理と単位荷重法

図 8.8 に示すような，つり合っている構造に対して，仮想変位 $\bar{d}$（仮想なので，一般に文字の上にバーを付ける）を与える場合を考える。荷重や反力と仮想変位の方向を考慮して，**仮想仕事**[①] $\bar{W}$ を計算すると次式になる。

$$\bar{W} = -R_A\bar{d} + P\bar{d} - R_B\bar{d} = \left(-R_A + P - R_B\right)\bar{d} = 0 \tag{8.14}$$

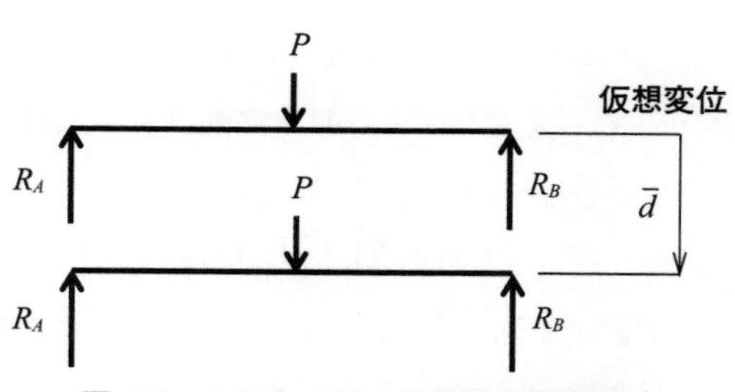

図 8.8　つり合っている構造の仮想変位

このように，つり合っている構造に対して，仮想変位を与えた場合の仮想仕事 $\bar{W}$ は 0 になる。この原理を，**仮想仕事の原理**と呼ばれている。一方，弾性体では，外力の位置に仮想変位を与えると，弾性体内部にも仮想の弾性変形が生じることになる。また一般に外力全体のなす仮想仕事（外部仮想仕事）$\overline{W_e}$ は，内力のなす仮想仕事（内部仮想仕事）$\overline{W_i}$ に等しいことが知られている。つまり，仮想仕事の原理は，対象とする構造物（原形）の変形と，別に設定する仮想系（同じ構造物に仮想の力を作用させた

① **仮想仕事の注意点**

内部仮想仕事では，式（8.2）のように，**図 8.2** の三角形の面積の計算の際の 1/2 が乗じられていない。これは，仮想仕事は，すでに弾性体の仕事が成り立っている構造に対して，微小な仮想変位（仮想ひずみ）を与えているためである。

状態）の力との間で成立する原理であり，次式で与えられる。

$$\bar{W}_e = \bar{W}_i \quad (\bar{W}_e = \bar{P} \cdot \delta \,,\ \bar{W}_i = \int_V \bar{\sigma} \cdot \varepsilon dV = \int_V \sigma \cdot \bar{\varepsilon} dV) \tag{8.15}$$

仮想系にモーメント $\bar{M}$ を与えた場合の外部仮想仕事は $\overline{W_e} = \bar{M} \cdot \theta$ になる。

また，仮想系としての荷重 $\bar{P}$ を単位荷重とすると，外部仮想仕事 $\overline{W_e}$ は変位 δ になる。したがって，仮想系として，変位を求めたい位置に，変位と同じ方向に単位荷重（$\bar{P}=1$）を作用させることで，変位 δ を求めることができる。この方法は**単位荷重法**と呼ばれている。

$$\delta = \bar{W}_i \tag{8.16}$$

8.3.1 軸力がなす内部仮想仕事

断面が A，ヤング係数 E の部材に対して軸力のなす内部仮想仕事は次式で与えられる。

$$\bar{W}_i = \int_V \bar{\sigma}\varepsilon dV = \int_l \frac{\bar{N}}{A} \times \frac{N}{EA} A dx = \int_l \frac{\bar{N}N}{EA} dx \tag{8.17}$$

トラス部材の場合は，部材内で軸力が一定であるので，トラス全体の内部仮想仕事は次式になる。

$$\bar{W}_i = \sum_j \frac{\bar{N}_j N_j l_j}{E_j A_j} \tag{8.18}$$

例として，**図 8.9** に示す，トラス構造（すべての部材の伸び剛性 EA）に対して，荷重位置の変位 δ を，単位荷重法を用いて求める。**図 8.9** に示すように仮想系として，変位を求める荷重位置に $\bar{P}=1$ を作用させる。原形と仮想系に対して，各部材の軸力を計算すると，$N_{AC} = N_{BC} = -P/\sqrt{3}$，$\overline{N_{AC}} = \overline{N_{BC}} = -1/\sqrt{3}$，$N_{AB} = P/\left(2\sqrt{3}\right)$，$\overline{N_{AB}} = 1/\left(2\sqrt{3}\right)$ となる。したがって，トラスの載荷位置の変位 δ が，単位荷重法によって次式で与えられる。

$$\delta = \bar{W}_i = \sum_j \frac{\bar{N}_j N_j l_j}{E_j A_j} = \frac{Pl}{3EA} + \frac{Pl}{3EA} + \frac{Pl}{12EA} = \frac{3Pl}{4EA} \tag{8.19}$$

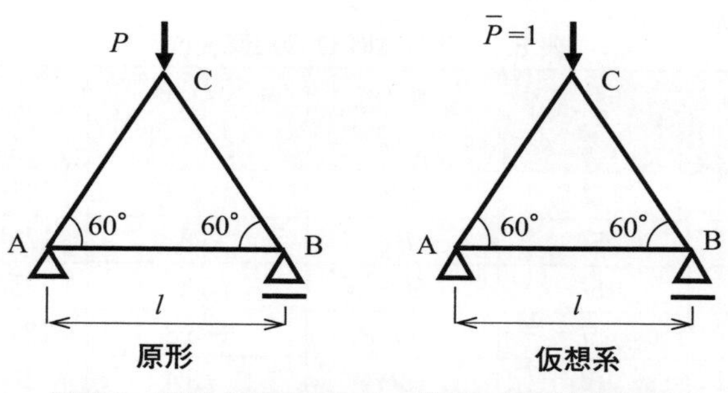

図 8.9　荷重を受けるトラス構造の原形と仮想系

例題 8.1

図 8.10 に示すような，部材数が多いトラス（すべての部材の伸び剛性 EA）に対しては，表を利用してたわみを計算するのが一般的である。図の荷重位置 C の鉛直変位 δ_V と水平変位 δ_H は，原形のトラスに対して計算した軸力および**図 8.10** に示した仮想系のトラスに，それぞれ載荷点位置 C の鉛直方向と水平方向に $\overline{P}=1$ を作用させて計算した軸力を用いて，**表 8.1**，**表 8.2** に示す計算で求めることができる。

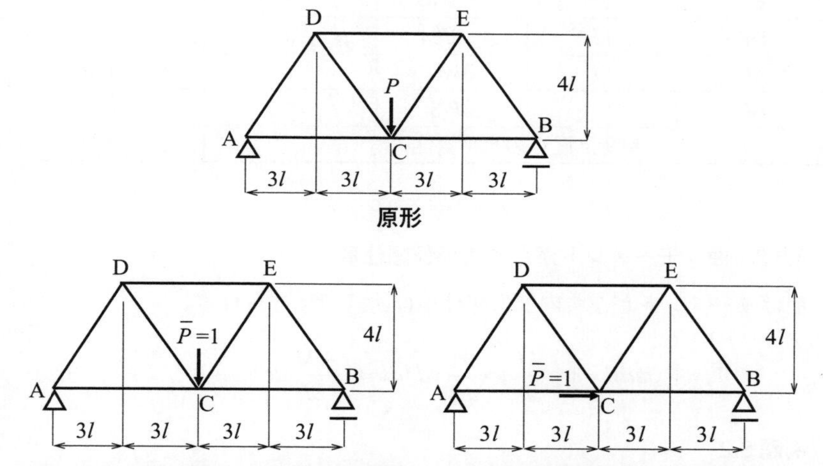

図 8.10　荷重を受けるワーレントラス

問題 8.2

図 8.10 のトラス（すべての部材の伸び剛性 EA）の点 D の鉛直変位と水平変位を，単位荷重法を用いて求めなさい。

表 8.1 載荷位置 C の鉛直変位

部材	部材長 l_i	軸力 N_i	仮想系の軸力 $\bar{N}_i$	$\frac{\bar{N}_i N_i l_i}{EA}$
AD	$5l$	$-5P/8$	$-5/8$	$125Pl/(64EA)$
CD	$5l$	$5P/8$	$5/8$	$125Pl/(64EA)$
CE	$5l$	$5P/8$	$5/8$	$125Pl/(64EA)$
BE	$5l$	$-5P/8$	$-5/8$	$125Pl/(64EA)$
DE	$6l$	$-3P/4$	$-3/4$	$27Pl/(8EA)$
AC	$6l$	$3P/8$	$3/8$	$27Pl/(32EA)$
BC	$6l$	$3P/8$	$3/8$	$27Pl/(32EA)$
載荷位置 C の鉛直変位 δ_V				$103Pl/(8EA)$

表 8.2 載荷位置 C の水平変位

部材	部材長 l_i	断面力 N_i	仮想系の断面力 $\bar{N}_i$	$\frac{\bar{N}_i N_i l_i}{EA}$
AD	$5l$	$-5P/8$	0	0
CD	$5l$	$5P/8$	0	0
CE	$5l$	$5P/8$	0	0
BE	$5l$	$-5P/8$	0	0
DE	$6l$	$-3P/4$	0	0
AC	$6l$	$3P/8$	1	$9Pl/(4EA)$
BC	$6l$	$3P/8$	0	0
載荷位置 C の水平変位 δ_H				$9Pl/(4EA)$

8.3.2 曲げモーメントがなす内部仮想仕事

曲げモーメントがなす内部仮想仕事は次式で与えられる。

$$\bar{W}_i = \int_V \bar{\sigma}\varepsilon dV = \int_l \int_A \frac{\bar{M}}{I} y \times \frac{M}{EI} y dA dx = \int_l \frac{\bar{M}M}{EI} dx \tag{8.20}$$

例題 8.2

図 8.11 に示すような，等分布荷重 q が載荷された片持ちはりの先端 B のたわみ δ を，単位荷重法を用いて求める。**図 8.11** に示すように仮想系として，たわみを求めるはりの先端 B に $\bar{P}=1$ を作用させる。片持ちはりの先端からの距離を x とすると，原形の曲げモーメントは $M=-qx^2/2$ となり，仮想系の曲げモーメントは $\bar{M}=-x$ となる。したがって，片持ちはり先端の変位は，単位荷重法によって次式で与えられる。

$$\delta_B = \int_0^l \frac{\bar{M}M}{EI} dx = \int_0^l \frac{(-x)\cdot(-qx^2/2)}{EI} dx = \frac{ql^4}{8EI} \tag{8.21}$$

同様に，**図 8.11** に示す，等分布荷重 q が載荷された片持ちはりの先端

Bのたわみ角 θ_B は，仮想系の片持はりの点Bに $\bar{M}=1$ を作用させて，単位荷重法によって次式のように計算できる。

$$\theta_B=\int_0^l \frac{\bar{M}M}{EI}dx=\int_0^l \frac{1\cdot\left(-qx^2/2\right)}{EI}dx=-\frac{ql^3}{6EI} \tag{8.22}$$

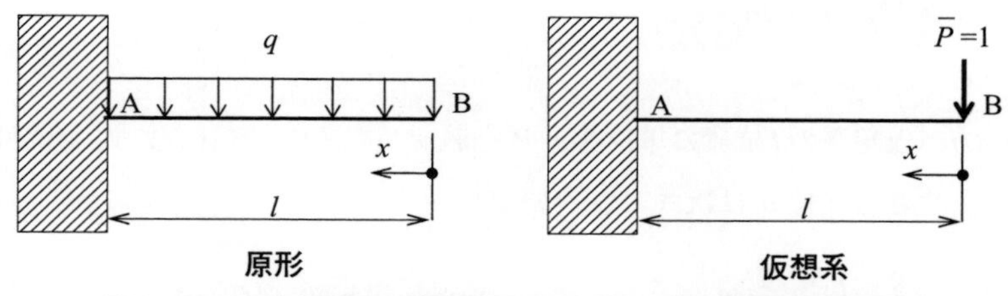

図 8.11　等分布荷重が載荷された片持ちはりの原形と仮想系

8.3.3　せん断力がなす内部仮想仕事

せん断力がなす内部仮想仕事は次式で与えられる。

$$\bar{W}_i=\int_V \bar{\tau}\gamma dV=k^2\int_l\int_A \frac{\bar{Q}}{A}\times\frac{Q}{GA}dAdx=\int_l \frac{\kappa\bar{Q}Q}{GA}dx \tag{8.23}$$

8.4　カスティリアノの定理と最小仕事の原理

部材に蓄えられる全体のひずみエネルギーを，作用している任意の1つの荷重 P_i で偏微分することで，荷重 P_i の方向の変位 δ_i が求められることが知られている。

$$\frac{\partial U}{\partial P_i}=\delta_i \tag{8.24}$$

この式は，**カスティリアノの定理**（カスティリアノの第2定理）と呼ばれている。荷重が複数作用している場合は，それぞれの荷重でひずみエネルギーを偏微分することで，各荷重位置の荷重方向の変位が求まる。ひずみエネルギーを作用している曲げモーメント M_i で偏微分することで，曲げモーメントが作用している位置のたわみ角 θ_i が求まる。

部材に蓄えられる全体のひずみエネルギーを変位 δ_i で偏微分すると，変位 δ_i が生じた位置で変位方向の荷重 P_i が求まる（カスティリアノの第1定理）。

8.4.1　カスティリアノの定理の証明

はりに n 個の単位荷重 $P_i=1$ が作用している場合，各単位荷重によって生じる曲げモーメントをM_iとすると，合計の曲げモーメントは次式で与えられる。

$$M = M_1 \cdot P_1 + M_2 \cdot P_2 + \cdots M_i \cdot P_i \cdots M_n \cdot P_n \tag{8.25}$$

式（8.25）をP_iで偏微分すると，

$$\partial M / \partial P_i = M_i \tag{8.26}$$

になる。

一方，仮想系のi位置に単位荷重P_iを載荷して，式（8.16）に式（8.20）を代入すると変位δ_iは次式になる。

$$\delta_i = \int_l \frac{\bar{M}_i M}{EI} dx \tag{8.27}$$

$\bar{M}_i$は，$\bar{P}_i = 1$を作用させた場合の曲げモーメントであるので，式（8.26）のM_iと同じである。したがって，式（8.27）の$\bar{M}_i$を式（8.26）のM_iに置換して整理すると次式になる。

$$\delta_i = \int_l \frac{M}{EI} \frac{\partial M}{\partial P_i} dx \tag{8.28}$$

他方，式（8.7）をP_iで偏微分すると次式のように，式（8.27）と同じ式になる。

$$\frac{\partial U}{\partial P_i} = \frac{\partial U}{\partial M} \frac{\partial M}{\partial P_i} = \int_l \frac{M}{EI} \frac{\partial M}{\partial P_i} dx \tag{8.29}$$

したがって，曲げモーメントが作用する場合のカスティリアノの定理は次式になる。

$$\frac{\partial U}{\partial P_i} = \int_l \frac{M}{EI} \frac{\partial M}{\partial P_i} dx = \delta_i \tag{8.30}$$

8.4.2 カスティリアノの定理を用いた解法

(1) トラス構造の計算例

図8.9に示したトラス（すべての部材の伸び剛性EA）に対して，載荷点の変位をカスティリアノの定理を用いて求める。各部材の軸力が$N_{AC} = N_{BC} = -P/\sqrt{3}$，$N_{AB} = P/\left(2\sqrt{3}\right)$であるので，ひずみエネルギー$U$は次式になる。

$$U = \sum \frac{N_i^2 l_i}{2E_i A_i} = \frac{3P^2 l}{8EA} \tag{8.31}$$

したがって，ひずみエネルギーUを載荷荷重Pで微分して，載荷位置の変位δが次式のように求まる。

$$\delta = \frac{\partial U}{\partial P} = \frac{3Pl}{4EA} \tag{8.32}$$

(2) はりの計算例

図 8.6 に示す先端に荷重 P が作用する片持ちはり（曲げ剛性 EI）の荷重位置の変位をカスティリアノの定理を用いて求める。**図 8.6** の片持ちはりのひずみエネルギーは式（8.8）で与えられている。したがって，ひずみエネルギー U を載荷荷重 P で微分して，載荷位置の変位 δ が次式のように求まる。

$$\delta = \frac{dU}{dP} = \frac{d}{dP}\left(\frac{P^2l^3}{6EI}\right) = \frac{Pl^3}{3EI} \tag{8.33}$$

8.5　余力法

8.5.1　弾性方程式と余力法

図 8.12 に示すような不静定はりは，水平力，鉛直力および曲げモーメントに対する 3 つのつり合い方程式だけでは，反力を求めることができな

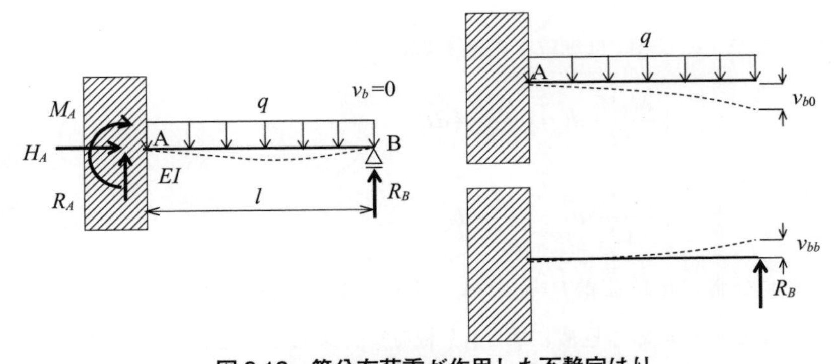

図 8.12　等分布荷重が作用した不静定はり

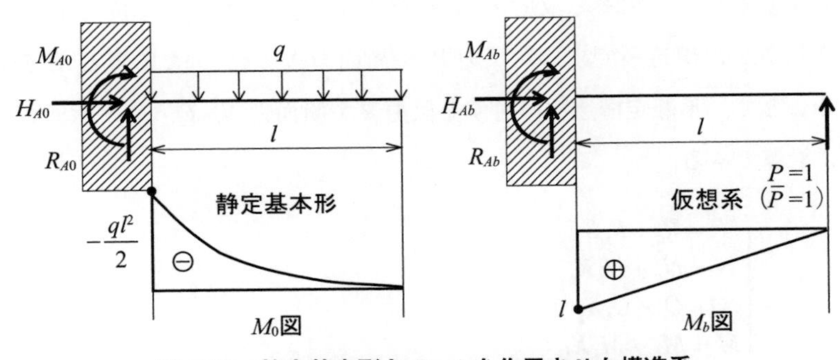

図 8.13　静定基本形と $P=1$ を作用させた構造系

い。しかし，余分な支点を取り除いた静定構造物（静定基本形）を考えると，取り除いた支点位置の変位 v_{b0} を求めることができる。また，実際には取り除いた支点には支点反力が作用しているので，支点反力（不静定力あるいは余力）のみを静定構造物へ作用させた場合の，支点反力位置の変位 v_{bb} も求めることができる。支点位置では変位が生じないので，v_{b0} と v_{bb} の合計 v_b は0になる。したがって，以下のような適合条件式が成立する必要がある。

$$v_{b0} + v_{bb} = v_b = 0 \tag{8.34}$$

変位を求める際に，単位荷重法を用いると，支点位置での変位の適合条件式は次式になる。

$$v_{b0} + X_b \delta_{bb} = 0 \tag{8.35}$$

この式では，**図 8.13** に示すように，支点位置に単位荷重 $P=1$ を作用させた際の変位 δ_{bb} を単位荷重法で求めているので，δ_{bb} に不静定力（余力）X_b を乗じることで式（8.34）と同じになる。また，式（8.35）は，弾性変形量を式で表しているので，**弾性方程式**と呼ばれている。式（8.35）を変形して不静定力（余力）が次式から求まる。

$$X_b = -\frac{v_{b0}}{\delta_{bb}} \tag{8.36}$$

ここで，v_{b0} と δ_{bb} は単位荷重法を用いて次式で与えられる。

$$v_{b0} = \int_l \frac{\bar{M}_b M_0}{EI} dx = \int_l \frac{M_b M_0}{EI} dx \tag{8.37}$$

$$\delta_{bb} = \int_l \frac{\bar{M}_b M_b}{EI} dx = \int_l \frac{M_b^{\,2}}{EI} dx \tag{8.38}$$

支点位置に単位荷重 $P=1$ を作用させた際の変位 δ_{bb} を単位荷重法（仮想系で変位を求める位置に $\bar{P}=1$ を載荷）で求めているので $\bar{M}_b = M_b$ になる。

静定基本形から求まる反力 R_0 や断面力 N_0，Q_0，M_0 に，単位荷重 $P=1$ を作用させた構造系で求めた反力 R_b や断面力 N_b，Q_b，M_b に余力 X_b を乗じることで，不静定構造物に対する反力 R や断面力 N，Q，M が次式のように計算できる。

$$\begin{cases} R = R_0 + R_b X_b \\ N = N_0 + N_b X_b \\ Q = Q_0 + Q_b X_b \\ M = M_0 + M_b X_b \end{cases} \tag{8.39}$$

このように，不静定力（余力）を未知数とした方程式による解法であるので，余力法と呼ばれている。

8.5.2　余力法を用いた不静定力の解法

(1) 集中荷重が作用した不静定はり

例題 8.3

図 8.14 に示す集中荷重 P が作用した不静定はり（曲げ剛性 EI）の支点反力を余力法で求める。水平方向に荷重が作用していないため $H_A=0$ になる。

点 B の支点を取り除いた静定基本形と，点 B の位置に単位荷重を与えた静定系に対して，v_{b0} と δ_{bb} がそれぞれ次式で求められる。

$$v_{b0}=\int_l \frac{M_b M_0}{EI}dx=\int_{l/2}^{l} x\cdot\frac{-P\left(x-l/2\right)}{EI}dx=-\frac{5Pl^3}{48EI} \tag{8.40}$$

$$\delta_{bb}=\int_l \frac{{M_b}^2}{EI}dx=\int_0^l \frac{x^2}{EI}dx=\frac{l^3}{3EI} \tag{8.41}$$

したがって，不静定力（余力）X_b（＝支点反力 R_B）は次のように求まる。

$$X_b=-\frac{v_{b0}}{\delta_{bb}}=\frac{5}{16}P \tag{8.42}$$

静定基本形から求まる反力 R_0 と，単位荷重 $P=1$ を作用させた静定構造系で求めた反力 R_b に余力 X_b を乗じることで，支点反力 R_A，M_A が次式のように計算できる。

$$\begin{cases} R_A=R_0+R_bX_b=P-1\cdot\dfrac{5}{16}P=\dfrac{11}{16}P \\ M_A=M_0+M_bX_b=-\dfrac{Pl}{2}+l\cdot\dfrac{5}{16}P=-\dfrac{3}{16}Pl \end{cases} \tag{8.43}$$

すべての支点反力が求められたので，断面力図は**図 8.14** になる。

問題 8.3

余力法を用いて，**図 8.12** の等分布荷重が載荷された不静定はりの各支点反力を求めなさい。

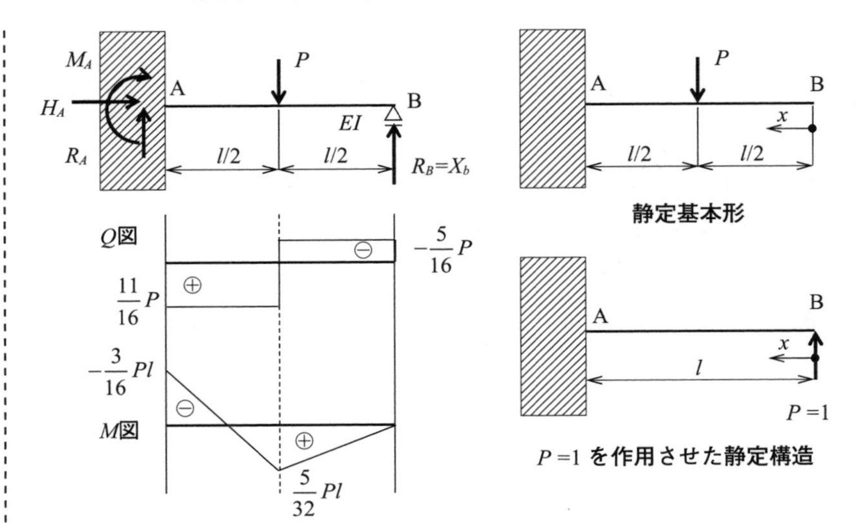

図 8.14　集中荷重が作用した不静定はり

(2) 等分布荷重が作用した不静定はり

例題 8.4

図 8.15 に示す等分布荷重 q が作用した不静定はり（曲げ剛性 EI）の支点反力を余力法で求める（$H_A=0$）。

点 B の支点を取り除いた静定基本形と，点 B の位置に単位荷重を与えた静定構造に対して，対称性を考慮して v_{b0} と δ_{bb} がそれぞれ次式で求められる。

$$v_{b0}=\int_l \frac{M_b M_0}{EI}dx=2\int_0^l \frac{1}{EI}\left(-\frac{1}{2}x\right)\left(qlx-\frac{qx^2}{2}\right)dx=-\frac{5}{24}ql^4 \tag{8.44}$$

$$\delta_{bb}=\int_l \frac{{M_b}^2}{EI}dx=2\int_0^l \frac{1}{EI}\left(-\frac{x}{2}\right)^2 dx=\frac{l^3}{6EI} \tag{8.45}$$

したがって，不静定力（余力）X_b (= 支点反力 R_B) は次のように求まる。

$$X_b=-\frac{v_{b0}}{\delta_{bb}}=\frac{5}{4}ql \tag{8.46}$$

静定基本形から求まる反力 R_0 と，単位荷重 $P=1$ を作用させた静定構造で求めた反力 R_b に余力 X_b を乗じることで，支点反力 $R_A=R_C$ が次式のように計算できる。

$$R_A=R_C=R_0+R_bX_b=ql-\frac{1}{2}\cdot\frac{5}{4}ql=\frac{3}{8}ql \tag{8.47}$$

すべての支点反力が求められたので，断面力図は**図 8.15** になる。モーメントの最大位置（せん断力が 0 の位置）がわかるように M 図を描く必要がある。

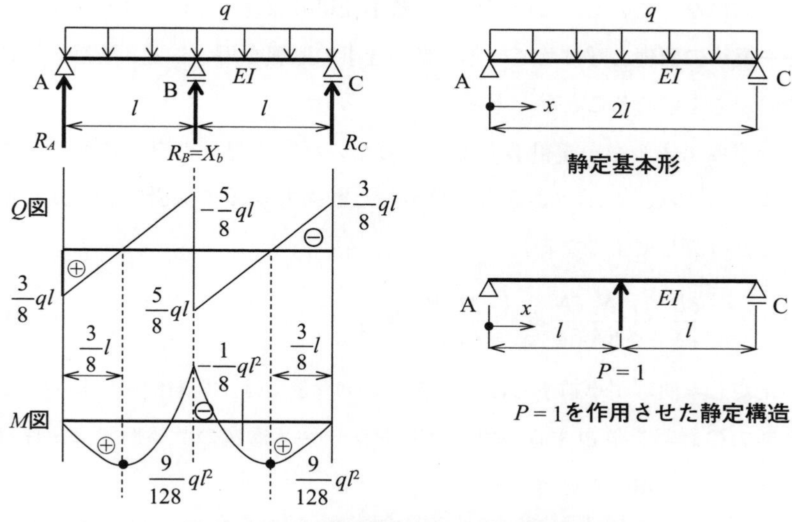

図 8.15　等分布荷重が作用した不静定はり

8.6　最小仕事の原理

8.6.1　最小仕事の原理

荷重が作用して安定している構造では，反力や部材力は，構造物に作用する多数の外力によって構造物内に蓄えられるひずみエネルギーを最小にするような大きさになっている。つまり，安定した構造物では，ひずみエネルギーが最小となっている。ここではまず，ひずみエネルギーが最小となっていることを説明する。

式（8.29）をさらに，任意の荷重 P_i で偏微分すると次式になる。

$$\frac{\partial^2 U}{\partial P_i^2}=\int_l\left\{\frac{1}{EI}\left(\frac{\partial M}{\partial P_i}\right)^2+\frac{M}{EI}\frac{\partial^2 M}{\partial P_i^2}\right\}dx=\int_l\frac{1}{EI}\left(\frac{\partial M}{\partial P_i}\right)^2dx>0 \qquad (8.48)$$

一般に，曲げモーメント M は荷重 P の 1 次式なので $\partial^2 M/\partial P_i^2=0$ になる。また曲げ剛性 EI も正の値なので，$\partial^2 U/\partial P_i^2$ は 0 より大きな値になる。

他方，式（8.24）の荷重 P_i を反力とすると，反力の位置では変位が 0 になるので，$\partial U/\partial P_i=0$ になる。したがって，U と P_i の関係は，**図 8.16** のような分布になり，$\partial^2 U/\partial P_i^2>0$ と $\partial U/\partial P_i=0$ を満足する位置は，ひずみエネルギー U が最小

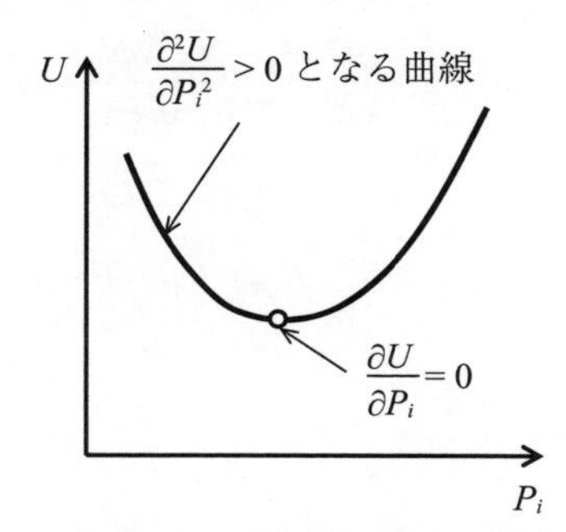

図 8.16　U と P_i の関係の模式図

の位置になっている。この原理を，**最小仕事の原理**あるいは**ひずみエネルギー最小の原理**と呼ばれている。最小仕事の原理を用いると，不静定構造物の反力を求めることができる。

ひずみエネルギーを計算して，求めたい反力や部材力をXで偏微分するよりも，次式に示すように，導出した断面力をXで偏微分した式を用いると計算しやすくなる。

問題 8.4

以下の不静定トラス（すべての部材の伸び剛性EA）の各部材の軸力を求めなさい。

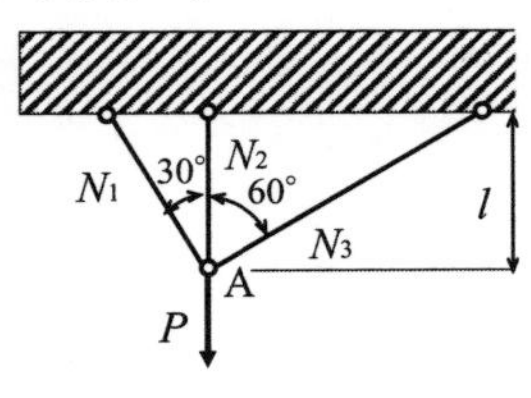

$$\frac{\partial U}{\partial X}=\int_l \frac{N}{EA}\frac{\partial N}{\partial X}dx+\int_l \frac{M}{EI}\frac{\partial M}{\partial X}dx=0 \tag{8.49}$$

ただし，曲げが卓越するはりやラーメン構造では，一般的に，軸力やせん断力の影響を無視するので，はりやラーメン構造の計算例では，曲げモーメントの項のみを用いる。

軸力のみを受けるトラス部材の場合も同様に，次式を用いると計算しやすくなる。

$$\frac{\partial U}{\partial X}=\sum\frac{N_i l_i}{E_i A_i}\frac{\partial N_i}{\partial X}=0 \tag{8.50}$$

8.6.2 最小仕事の原理を用いた不静定構造の解法

(1) トラス構造

例題 8.5

図 8.17 の不静定トラス（すべての部材の伸び剛性EA）に対して，最小仕事の原理を用いて各部材の軸力を求める。左右対称であるので，部材 AB と部材 AD の軸力は等しくなる（$N_{AB}=N_{AD}=N$と置く）。部材 AC の軸力をXとして，部材 AC を取り除き，点 A にXを上向きに作用した構造に対して，部材 AB，AD の軸力を計算すると，$N=P-X$（$\partial N/\partial X=-1$）になる。したがって，トラス部材の全体のひずみエネルギーを考慮して，式（8.50）から次式のように不静定力Xが計算できる。

$$\frac{\partial U}{\partial X}=\sum\frac{N_i l_i}{E_i A_i}\frac{\partial N_i}{\partial X}=2\frac{(P-X)\cdot 2l}{EA}\cdot(-1)+\frac{Xl}{EA}\cdot 1=0$$

$$\Rightarrow \quad X=4P/5 \tag{8.51}$$

以上より，$N_{AB}=N_{AD}=P-X=P/5$になる。

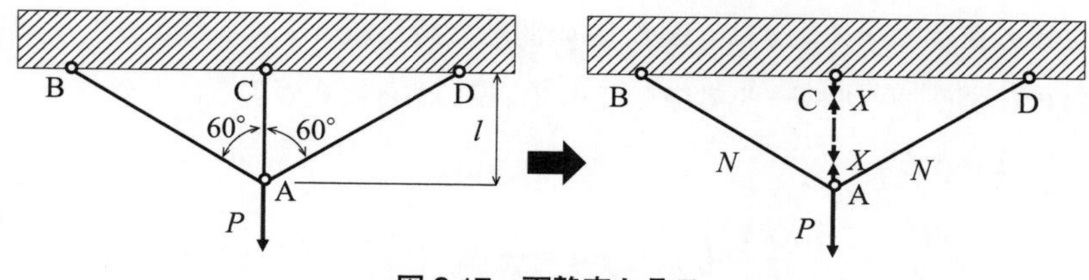

図 8.17　不静定トラス

問題 8.5

以下の不静定はりの各支点反力を求めなさい。

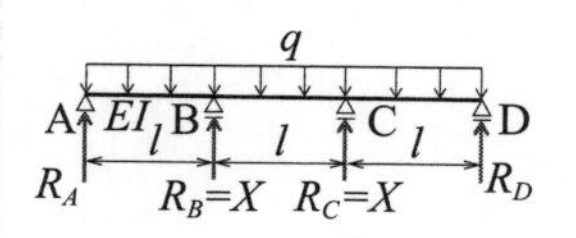

(2) 等分布荷重が作用したはり

例題 8.6

図 8.18 に示す等分布荷重 q が作用する片持ちはり（曲げ剛性 EI）の支点反力を求める。水平方向に荷重が作用していないため $H_A=0$ になる。支点反力 R_B を X とし，点 B から x の位置の曲げモーメント M を計算すると，$M=Xx-qx^2/2$（$\partial M/\partial X=x$）になる。したがって，式（8.49）から次式のように不静定力 X が計算できる。

$$\frac{\partial U}{\partial X}=\int_l \frac{M}{EI}\frac{\partial M}{\partial X}dx=\int_0^l \frac{Xx-qx^2/2}{EI}xdx=\frac{1}{EI}\left[\frac{X}{3}x^3-\frac{q}{8}x^4\right]_0^l=0$$

$$\Rightarrow \quad X=3ql/8 \tag{8.52}$$

以上より，$R_A=5ql/8$，$M_A=-ql^2/8$ になる。

支点反力がすべて算出できたので，せん断力図，曲げモーメント図は**図 8.18** のようになる。

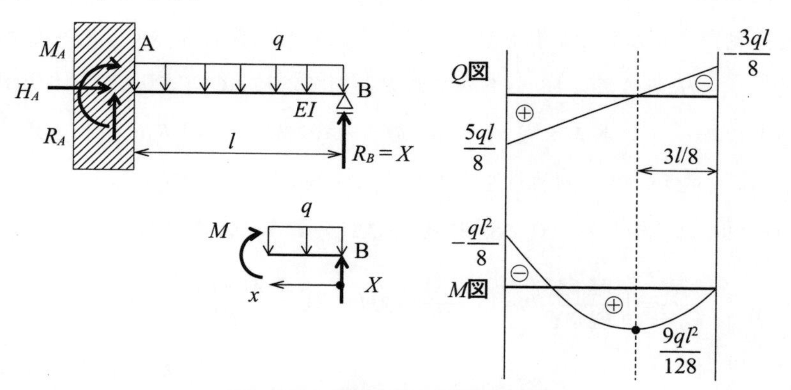

図 8.18　不静定はりと断面力図

問題 8.6

以下の先端がケーブルで吊られた片持ちはりの支点反力 R_C を求めなさい。

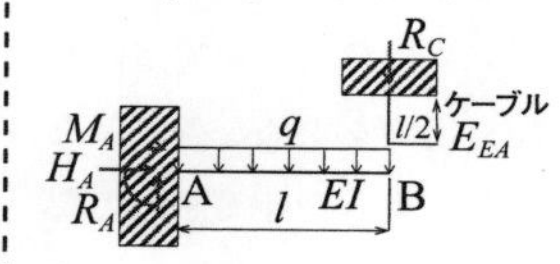

ただし，不静定力を下図の X として求めなさい。

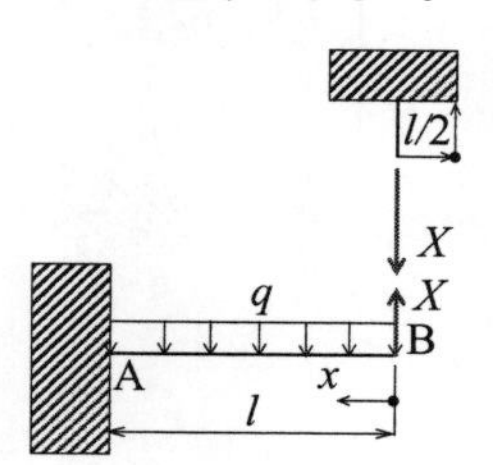

(3) ばね支持されたはり

例題 8.7

図 8.19 に示す先端がばね支持された片持ちはり（曲げ剛性 EI）の支点反力 R_C を求める。水平方向に荷重が作用していないため $H_A=0$ になる。ばねに作用する軸力を X とすると支点反力 R_C も X になり，点 B から x の

位置の曲げモーメントは，**図 8.18** の問題と同じになる。したがって，ばねのひずみエネルギーを考慮して式（8.49）から次式のように不静定力 X が計算できる。

$$\frac{\partial U}{\partial X}=\frac{\partial}{\partial X}\left(\frac{X^2}{2k}\right)+\int_l \frac{M}{EI}\frac{\partial M}{\partial X}dx=\frac{X}{k}+\frac{1}{EI}\left[\frac{X}{3}x^3-\frac{q}{8}x^4\right]_0^l=0$$

$$\Rightarrow \quad X=\frac{3ql}{8\left(1+\dfrac{3EI}{kl^3}\right)} \tag{8.53}$$

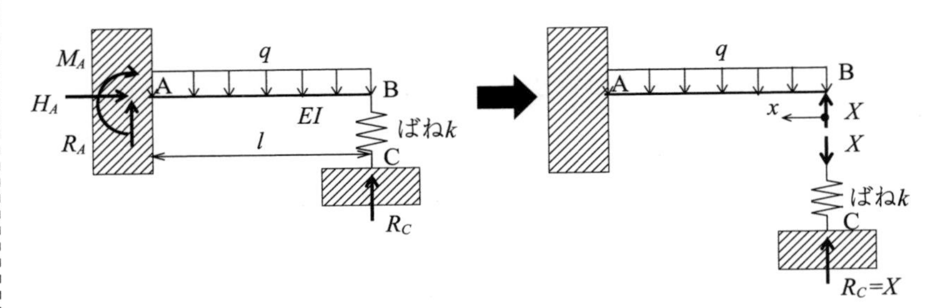

図 8.19　ばね支持されたはり

問題 8.7

以下のラーメン構造の各支点反力を求めなさい。ただし，軸力やせん断力の影響を無視してよい。

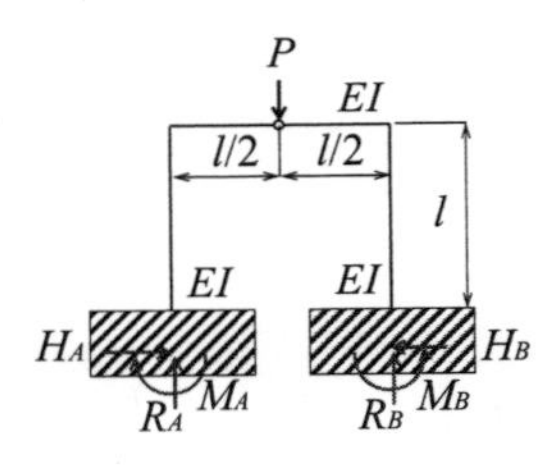

ただし，不静定力を下図の H として求めなさい。

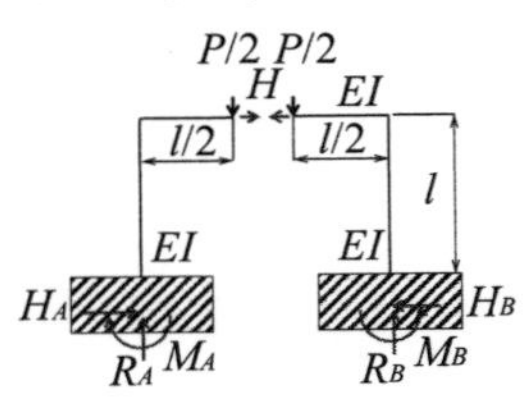

(4) ラーメン構造

例題 8.8

図 8.20 に示すラーメン構造（曲げ剛性 EI）の支点反力を求める。ただし，軸力やせん断の影響を無視する。左右対称な構造なので，$R_A=R_B=P/2$，$H_A=H_B$ となる。H_A を不静定力 X として，柱 AC，はり CD に作用する曲げモーメント M がそれぞれ，$M=-Xy$，$M=-Xl+R_Ax\,(x\leqq l/2)$ になる。したがって，対称性を考慮して，柱およびはりのひずみエネルギーをそれぞれ2倍して，式（8.49）から次式のように X が計算できる。

$$\frac{\partial U}{\partial X}=\int_l \frac{M}{EI}\frac{\partial M}{\partial X}dx=2\int_0^l \frac{-Xy}{EI}(-y)dy+2\int_0^{l/2}\frac{-Xl+Px/2}{EI}(-l)dx=0$$

$$\Rightarrow \quad X=3P/40 \tag{8.54}$$

支点反力 H_A が計算できたので，断面力図は**図 8.20** のようになる。

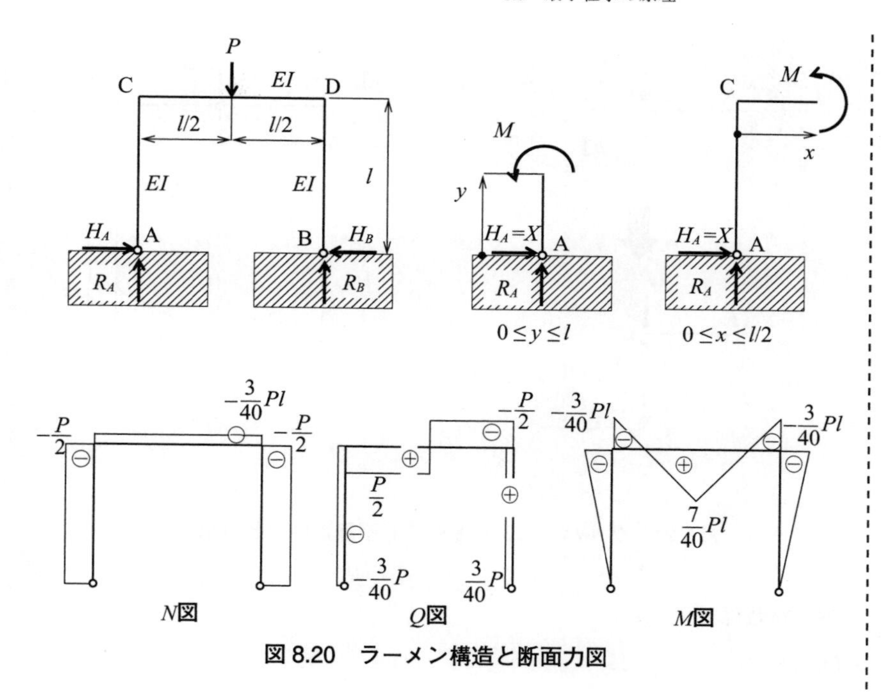

図 8.20　ラーメン構造と断面力図

(5) ゲルバーヒンジを有する不静定はり

例題 8.9

図 8.21 に示すゲルバーヒンジを有する不静定はりの支点反力を求める。水平力が作用していないため，求める支点反力は鉛直力と曲げモーメントのみとしている。ゲルバーヒンジ部で 2 つの自由体に分け，ゲルバーヒンジ部の反力を不静定力 X として，各自由体に対してゲルバーヒンジからの距離 x，x' の位置のはり AC，BC の曲げモーメントはそれぞれ $M=(X-P)x$，$M=-Xx'$ になる。したがって，式（8.49）から次式のように X が計算できる。

$$\frac{\partial U}{\partial X}=\int_l \frac{M}{EI}\frac{\partial M}{\partial X}dx=\int_0^{l/2}\frac{(X-P)x}{EI}xdx+\int_0^{l/2}\frac{-Xx'}{EI}(-x')dx'=0$$

$$\Rightarrow \quad X=P/2 \qquad (8.55)$$

以上より，$R_A=R_B=P/2$，$M_A=M_B=-Pl/4$ になり，断面力図は**図 8.21** になる。

問題 8.8

以下のゲルバーヒンジを有する不静定はりの各支点反力を求めなさい。

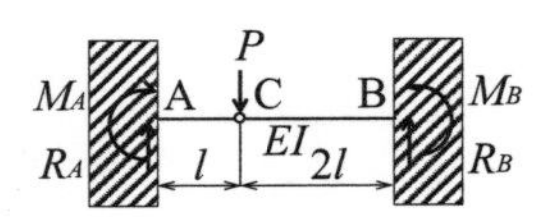

ただし，不静定力を下図の X として求めなさい。

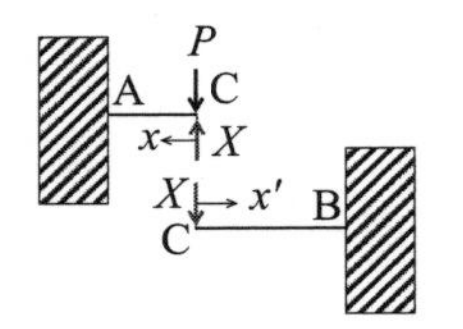

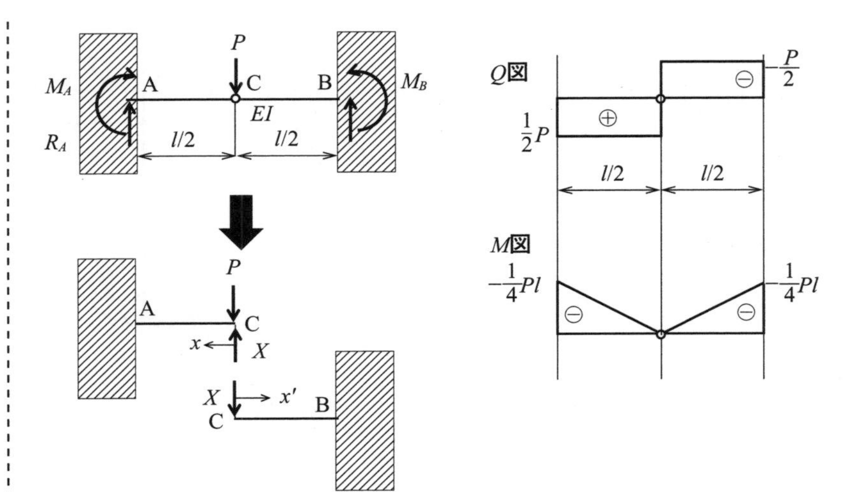

図 8.21　ゲルバーヒンジを有する不静定はりと断面力図

(6) 重ねはり

例題 8.10

図 8.22 に示す十字に重なったはり（交差部では鉛直方向のみ荷重を伝達する）の交点に荷重 P が作用している場合に対して各支点反力を求める。水平力が作用していないため，求める支点反力は鉛直力としている。2つのはりの交差部の，上側のはりの反力（下側のはりが受け持つ荷重）を不静定力 X として，各はりの支点からの距離 $x\left(0 \le x < l/2\right)$，$y\left(0 \le y < l\right)$ の位置の曲げモーメント M はそれぞれ $M=(P-X)x/2$，$M=Xy/2$ になる。2つのはりは，ともに載荷位置を境に対称であるので，対称性を考慮して，式（8.49）から次式のように不静定力 X が計算できる。

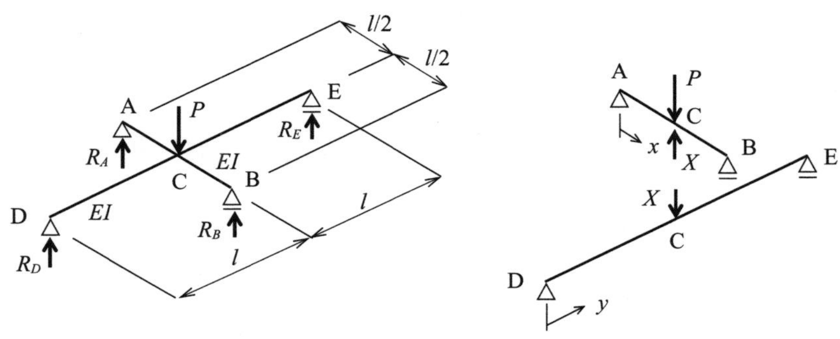

図 8.22　重ねはり

$$\frac{\partial U}{\partial X}=\int_l \frac{M}{EI}\frac{\partial M}{\partial X}dx=2\int_0^{l/2}\frac{-(P-X)}{4EI}x^2dx+2\int_0^{l}\frac{X}{4EI}y^2dy=0$$

$$\Rightarrow \quad X=P/9 \tag{8.56}$$

以上より，$R_A=R_B=4P/9$，$R_D=R_E=P/18$ になる。

問題 8.9

以下の重ねはりの各支点反力を求めなさい。

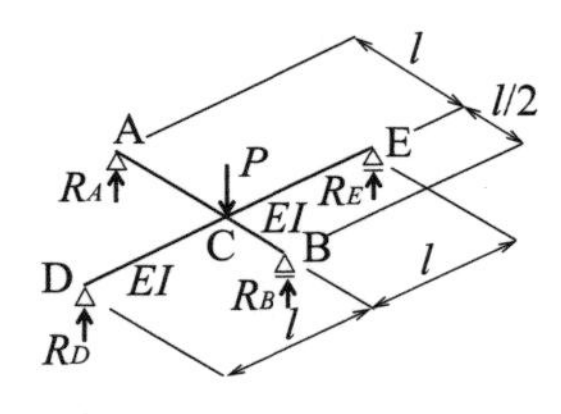

ただし，不静定力を下図の X として求めなさい。

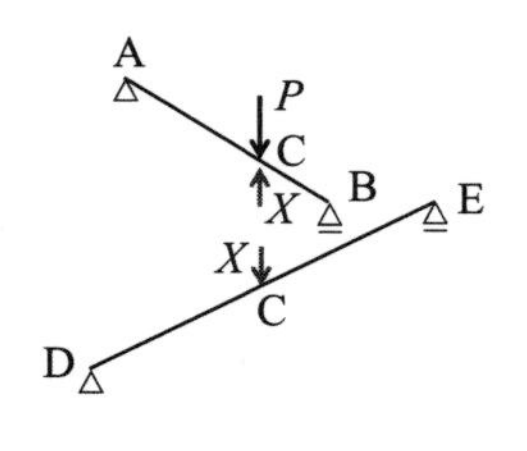

第9章　不静定構造物の計算

本章では，不静定構造物の計算方法として，はじめに**不静定次数**について説明し，次いで，**たわみ角法**を用いた解法について説明する。不静定はりに対するたわみの微分方程式を用いた解法については，**第6章**を参照されたい。また，不静定はりに対する単位荷重の定理等を用いる余力法を用いた解法については，**第8章**を参照されたい。

9.1　不静定次数

はりやトラスの反力は，与えられた外力に対して，鉛直方向の力のつり合い，水平方向の力のつり合い，曲げモーメントのつり合いという3個のつり合い式からすべての反力が求まる場合と求まらない場合がある。

9.1.1　はりの場合

例えば，**図9.1**に示す各種はりについて，反力の総数とつり合い式といった条件式の総数の関係を整理すると，**表9.1**のようになる。

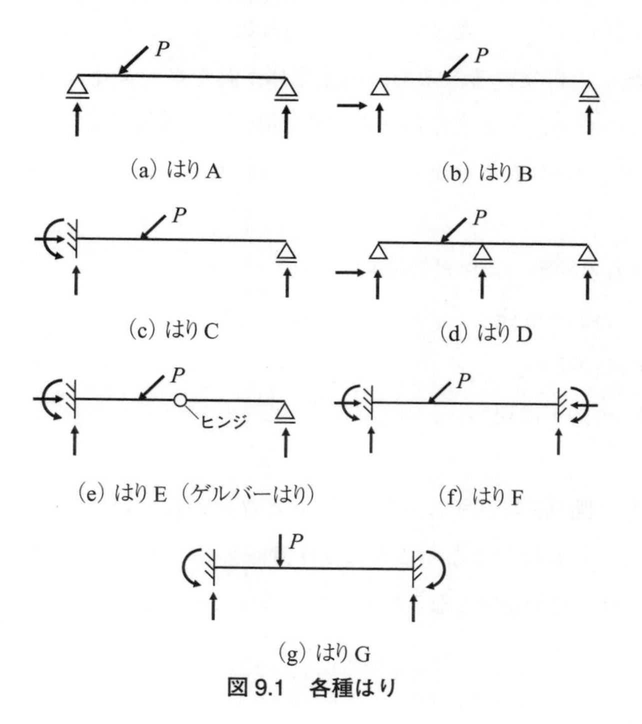

図9.1　各種はり

表 9.1 各種はりの反力ならびに条件式の総数

はりの種類	反力の総数	条件式の総数	反力の総数－条件式の総数
はり A	2	3	−1
はり B	3	3	0
はり C	4	3	1
はり D	4	3	1
はり E	4	3+1*	0
はり F	6	3	3
はり G	4	2**	2

* ヒンジで曲げモーメントが0という条件を追加
** つり合い式として鉛直方向の力のつり合いと曲げモーメントのつり合いを考慮

表 9.1 において，「反力の総数－条件式の総数」が0よりも小さくなるもの（はり A）については，外力によってはりが水平方向に移動してしまうことから，**外的不安定**とされる。また，**表 9.1** において，「反力の総数－条件式の総数」が0となるものについては，未知数である反力の総数と条件式の総数が等しいことから，すべての反力が決定する。これらのはりは，**外的静定**とされ，**静定はり**①と呼ばれる。さらに，「反力の総数－条件式の総数」が0より大きくなるものについては，反力の総数が条件式の総数よりも多いことから，条件式のみからはすべての反力が決定しない。このようなはりは，**外的不静定**とされ，**不静定はり**②と呼ばれる③。また，**表 9.1** に示す各種はりのうち，はり A を除いて，**外的安定**とされる。

① Statically Determinate Beam

② Statically Indeterminate Beam

③ 不静定の場合は，さらに変位・変形の適合条件（幾何学的条件）を加え，未知数と条件式の数を同数にして解く。

以上を整理すると，**表 9.1** の「反力の総数－条件式の総数」が，**外的不静定次数** n_e と呼ばれるもので，構造全体が動かないように支えられているかどうかを評価する指標となる。n_e を用いて，外的不安定，外的静定，外的不静定の条件を整理すると，次のようになる。

n_e＝反力の総数－条件式の総数

$n_e<0$　外的不安定

$n_e=0$　外的静定

$n_e>0$　外的不静定

ただし，**図 9.2** に示すように，$n_e=0$ となるからといって，必ずしも外的安定となるわけではないことには注意が必要である。つまり，$n_e=0$ となることは，外的安定となるための必要条件であって，十分条件ではない。

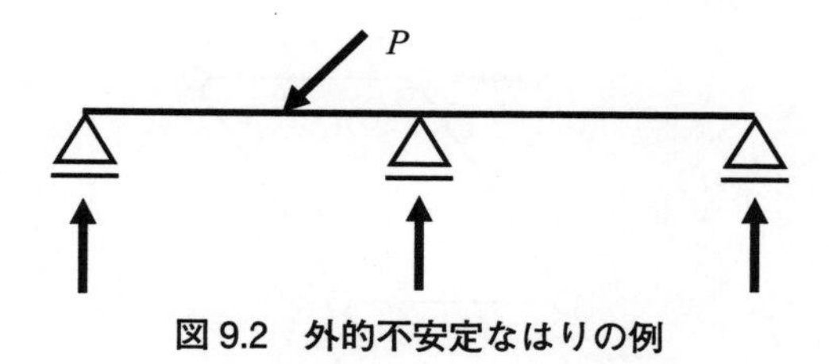

図 9.2　外的不安定なはりの例

9.1.2　トラスの場合

次に，**図 9.3** に示す各種トラスについて，はりの場合と同様に考えてみる。トラスの場合の外的不静定次数 n_e は，反力の総数を r として，

$$n_e = r - 3 \tag{9.1}$$ [④]

④ ここでは，トラスの反力の個数を 3 個として考えている。

となる。これより，外的不安定なものはトラス A であり，外的静定なものはトラス B，トラス D，トラス E である。残るトラス C とトラス F は外的不静定となる。

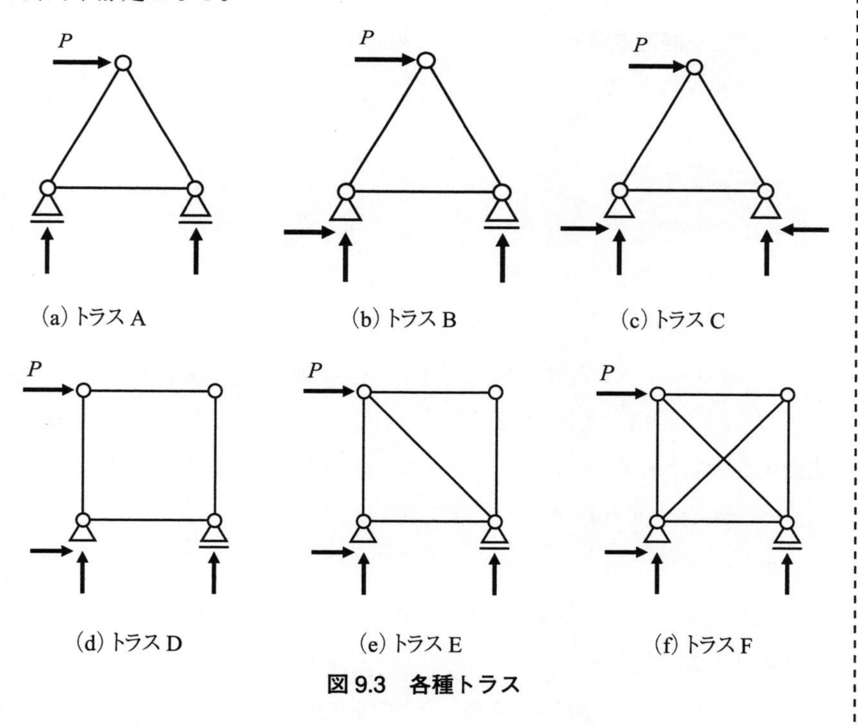

(a) トラス A　(b) トラス B　(c) トラス C

(d) トラス D　(e) トラス E　(f) トラス F

図 9.3　各種トラス

ここで，トラス D は，外的静定ではあるものの，**図 9.4** のように変形することから，構造自体が不安定である。このような構造は**内的不安定**とされる。一方，トラス E とトラス F については，三角形のユニットで構造が形成されていることから，構造自体が安定であり，**内的安定**とされる。

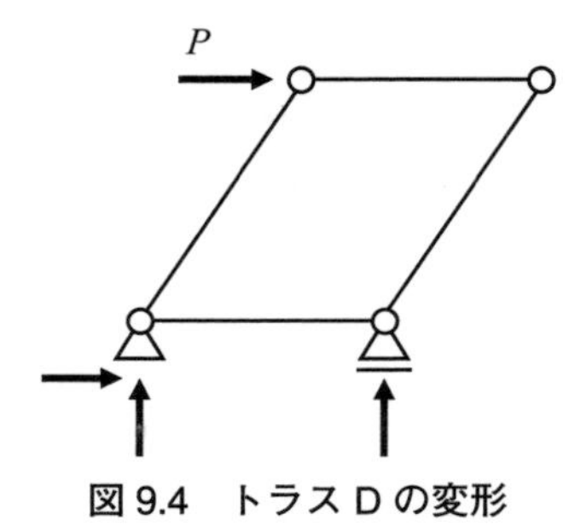

図 9.4　トラス D の変形

しかし，トラスEについては節点法などを用いて，力のつり合いから，すべての部材の軸力（内力）が決定されるのに対して，トラスFについてはすべての部材の軸力が決定されない。前者のトラスEは**内的静定**とされ，力のつり合いのみですべての軸力が決定されることから，**静定トラス**と呼ばれる。後者のトラスFは**内的不静定**とされ，力のつり合いのみですべての軸力が決定されないことから，**不静定トラス**と呼ばれる。

トラスの内的不安定，内的静定，内的不静定といった状態を評価する指標は，**内的不静定次数** n_i と呼ばれ，その条件は次のようになる。

$$n_i = q + 3 - 2j \tag{9.2}$$

$n_i < 0$　内的不安定

$n_i = 0$　内的静定

$n_i > 0$　内的不静定

ここで，q はトラスの部材の総数，j はトラスの節点の総数である。

さらに，式（9.1）と式（9.2）を足し合わせたものが，トラスの**不静定次数** n とされ，トラスの静定，不静定といった状態を評価する指標となる。

$$n = n_e + n_i = q + r - 2j \tag{9.3}$$ [⑤]

⑤
式（9.3）で，未知数は各部材の軸力と反力であり，$q+r$ が未知数の総数となる。また，各節点では，2個の力のつり合い式が成立することから，$2j$ は条件式の総数である。よって，式（9.3）では，未知数の総数と条件式の総数の大小を比較している。

q：トラスの部材の総数
r：反力の総数
j：トラスの節点の総数

式（9.3）を用いて，**図 9.3** に示す各種トラスの不静定次数を求めると，**表 9.2** のようになる。

表 9.2　各種トラスの不静定次数

トラスの種類	部材の総数 q	反力の総数 r	節点の総数 j	不静定次数 n	外的	内的
トラスA	3	2	3	−1	不安定	—
トラスB	3	3	3	0	静定	静定
トラスC	3	4	3	1	不静定	静定
トラスD	4	3	4	−1	静定	不安定
トラスE	5	3	4	0	静定	静定
トラスF	6	3	4	1	静定	不静定

9.2　たわみ角法

たわみ角法[6]とは，ラーメン構造物などの骨組構造物に対する解析法の1つである。未知量として部材端のたわみ角（回転角）および部材の回転角（部材角）がとられるため，**変位法**[7]の一種である。それぞれの部材において，材端モーメントと材端たわみ角および部材角との関係式が組み立てられ，各節点における曲げモーメントのつり合い条件および水平方向の力（せん断力）のつり合い条件から，未知量が計算される。

たわみ角法のメリットとして，以下が挙げられる。

・　節点変位ではなく，たわみ角および部材角が自由度として使用されるため，骨組構造物全体の自由度の数は減少する。その結果，有限要素法などの一般的な構造解析手法と比較して，つり合い方程式の解法が容易となる。

・　つり合い方程式は行列形式となる（$[K]\{u\} = \{P\}$，ここで，$[K]$ は剛性行列，$\{u\}$ は変位ベクトル，$\{P\}$ は外力ベクトル）。通常，$[K]$ は対称行列になり，$\{u\}$ は節点のたわみ角と部材角で構成される。

・　平面フレームでは，$\{u\}$ の座標変換は不要となり，コンピュータによる計算負担が軽減される。

一方，デメリットとして，以下が挙げられる。

・　一般に，節点の自由度は3個であるものの，たわみ角法では軸方向変位が無視される。代わりに，部材端のたわみ角と部材の回転角は部材の変形を表すための自由度になる。このため，部材の軸力は，軸方向変位が無視されることから，フレーム全体のつり合いから自動的には決定されない。

・　各部材の角度に相互作用があるため，特に，複雑な構造でつり合い方程式を見つけることが困難な場合がある。

従来，構造力学の教科書では，手計算に基づく解法が実用的に重要であり，初学者の力学的理解を深めるためにも役立ったことから，変位法の1つとしてたわみ角法が解説されてきた。しかし，計算機の出現が，骨組構造物の解法に対する利用状況を大きく変えており，手計算に基づく古典的な解法の実用上の重要性は低くなりつつある。近年では，たわみ角法に代わり，マトリクス構造解析法がよく用いられている。

⑥　Slope-Deflection Method

⑦　変位法
変位とたわみ角（回転角）を未知量とする解析法のこと。一方，応力や断面力等の内力を未知量とする解析法は応力法と呼ばれる。

9.2.1　たわみ角法の定式化

図 9.5 に示すように，長さ l の単純はりが両端でそれぞれ M_{ij}，M_{ji} の曲げモーメントを受けて，変位ならびに変形した状況を考える。ただし，はりの曲げ剛性 EI は，はりの全長で一定とする。ここで，左端ならびに右端の支点をそれぞれ節点 i ならびに節点 j とし，M_{ij}，M_{ji} を節点モーメントと呼ぶ。w_i と w_j は節点変位，θ_i と θ_j は節点のたわみ角，F_i と F_j は節点の反力であり，**図 9.5** に示す方向を正の向きとする。このとき，両端の節点の相対変位（$w_j - w_i$）によって生じる**部材角** R は，変位が微小であることから次のように表される。

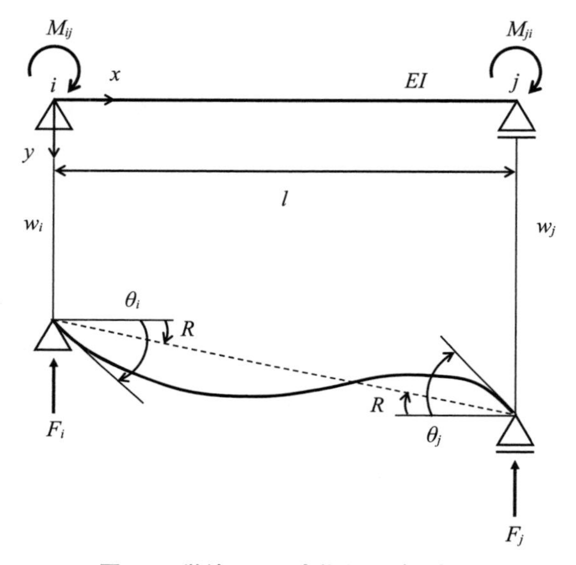

図 9.5　単純はりの変位ならびに変形

$$R = \frac{w_j - w_i}{l}$$

また，節点の反力 F_i，F_j は曲げモーメントならびに力のつり合いから，次のように表される。

$$F_i = -\frac{M_{ij} + M_{ji}}{l}$$

$$F_j = -F_i = \frac{M_{ij} + M_{ji}}{l}$$

いま，**図 9.6** に示すように，左端の支点 i から x の位置で，せん断力 V と曲げモーメント M が発生しているとし，曲げモーメントのつり合いを考える。

$$M = M_{ij} + F_i x = M_{ij} - \frac{M_{ij} + M_{ji}}{l} x$$

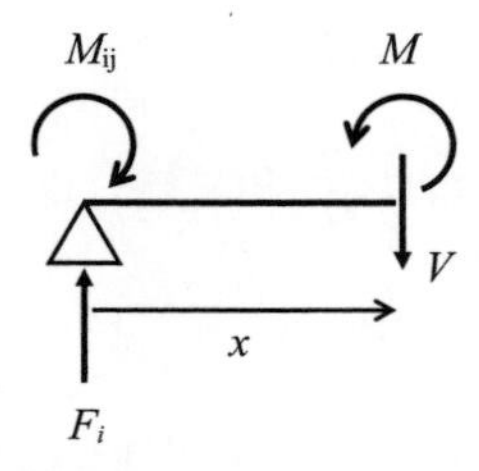

図 9.6　曲げモーメントのつり合い

ここで，曲げモーメントとたわみの関係式である $M = -EIw''$ を用いると，

$$EIw'' = -M_{ij} + \frac{M_{ij} + M_{ji}}{l} x$$

となり，これを座標 x で順次積分すると，次のようになる。

$$EIw' = -M_{ij} x + \frac{M_{ij} + M_{ji}}{2l} x^2 + C_1 \tag{9.4}$$

$$EIw = -\frac{1}{2} M_{ij} x^2 + \frac{M_{ij} + M_{ji}}{6l} x^3 + C_1 x + C_2 \tag{9.5}$$

ここで，C_1，C_2 は積分によって生じる未定係数である。

式（9.4）と式（9.5）に含まれる未定係数 C_1，C_2 の決定は，**図 9.5** に示す単純はりの境界条件から決定する。$x=0$ で変位を 0 とし，$x=l$ で両端の相対変位（$w_j - w_i$）が生じているとすると，境界条件は $x=0$ で $w=0$ ならびに $x=l$ で $w=w_j-w_i$ となる。ここから，未定係数 C_1，C_2 は，それぞれ次のように決定される。

$$C_1 = EI\frac{w_j - w_i}{l} + \frac{l}{6}\left(2M_{ij} - M_{ji}\right) = EIR + \frac{l}{6}\left(2M_{ij} - M_{ji}\right)$$

$$C_2 = 0$$

これらを式（9.4）と式（9.5）に代入すると，

$$\theta = w' = R + \frac{1}{EI}\left[-M_{ij}x + \frac{M_{ij} + M_{ji}}{2l} x^2 + \frac{l}{6}\left(2M_{ij} - M_{ji}\right)\right] \tag{9.6}$$

$$w = Rx + \frac{1}{EI}\left[-\frac{M_{ij}}{2} x^2 + \frac{M_{ij} + M_{ji}}{6l} x^3 + \frac{l}{6}\left(2M_{ij} - M_{ji}\right)x\right] \tag{9.7}$$

となる。さらに，**図 9.5** に示す単純はりの支点におけるたわみ角は，$x=0$ で $\theta=\theta_i$ ならびに $x=l$ で $\theta=\theta_j$ であることから，これらを式（9.6）に代入すると，

$$\theta_i = R + \frac{l}{6EI}\left(2M_{ij} - M_{ji}\right)$$

$$\theta_j = R + \frac{l}{6EI}\left(2M_{ji} - M_{ij}\right)$$

となり，これらを M_{ij}，M_{ji} について解くと，以下となる。

$$M_{ij} = \frac{2EI}{l}\left(2\theta_i + \theta_j - 3R\right) \tag{9.8}$$

$$M_{ji} = \frac{2EI}{l}\left(2\theta_j + \theta_i - 3R\right) \tag{9.9}$$

さて，**図 9.5** に示す単純はりに代わり，はりの両端の支持条件がより一般的な**図 9.7** に示す両端固定はりを考える。

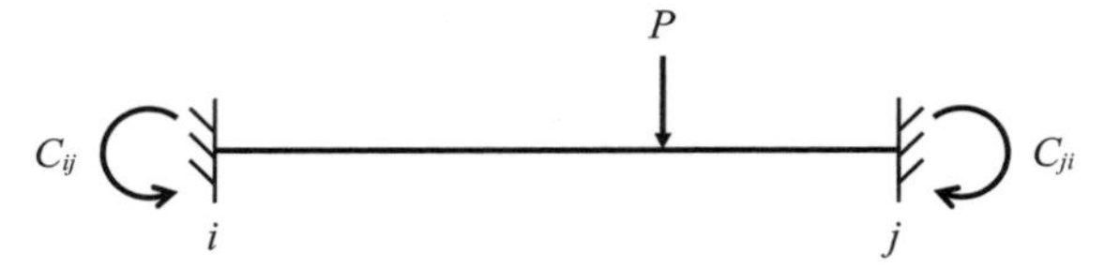

図 9.7　両端固定はりにおける曲げモーメント

ここで，**図 9.7** に示す C_{ij}，C_{ji} は部材が両端で固定支持されたはりと考えたときに部材上の荷重によって生じる固定端モーメント（**荷重項**）であり，荷重条件に応じて値が異なる。固定端モーメント（荷重項）の一例を**表 9.3** に示す。

式（9.8）と式（9.9）に，**図 9.7** に示す固定端モーメント（荷重項）をその向きを考慮して，足し合わせると次のようになる（M_{ij} と M_{ji} の正の向きは時計の回転方向）。

$$M_{ij} = \frac{2EI}{l}\left(2\theta_i + \theta_j - 3R\right) - C_{ij} \tag{9.10}$$

$$M_{ji} = \frac{2EI}{l}\left(2\theta_j + \theta_i - 3R\right) + C_{ji} \tag{9.11}$$

式（9.10）と式（9.11）が，たわみ角法における基礎方程式となる。

さらに，基礎方程式は，基準剛度 $K_0 = I_0 / l_0$ ならびに剛度 $K = I/l$ を導入して，例えば，式（9.10）を

$$M_{ij} = \frac{K}{K_0}\left\{2\times\left(2EK_0\theta_i\right) + \left(2EK_0\theta_j\right) + \left(-6EK_0R\right)\right\} - C_{ij}$$

と変形することで，式（9.10）と式（9.11）は，

$$M_{ij}=k\left(2\varphi_i+\varphi_j+\psi_{ij}\right)-C_{ij} \tag{9.12}$$

$$M_{ji}=k\left(\varphi_i+2\varphi_j+\psi_{ij}\right)+C_{ji} \tag{9.13}$$

と表される。ここで，$k=K/K_0$（剛比）であり，$\varphi_i=2EK_0\theta_i$，$\varphi_j=2EK_0\theta_j$，$\psi_{ij}=-6EK_0R$ である。

表 9.3　固定端モーメント（荷重項）の一例[⑧]

荷重条件	C_{ij}	C_{ji}
P, i, j, $l/2$, $l/2$	$\dfrac{Pl}{8}$	$\dfrac{Pl}{8}$
P, i, j, a, b, l	$\dfrac{Pab^2}{l^2}$	$\dfrac{Pa^2b}{l^2}$
p, i, j, l	$\dfrac{pl^2}{12}$	$\dfrac{pl^2}{12}$

⑧
表 9.3 に示した以外の固定端モーメント（荷重項）については，例えば以下の文献などを参考のこと。ただし，文献によって，記号の正負の取り方が異なるため，注意が必要。
土木学会：構造力学公式集，丸善，1986.

9.2.2　たわみ角法（集中荷重を受ける両端固定はり）

例題 9.1

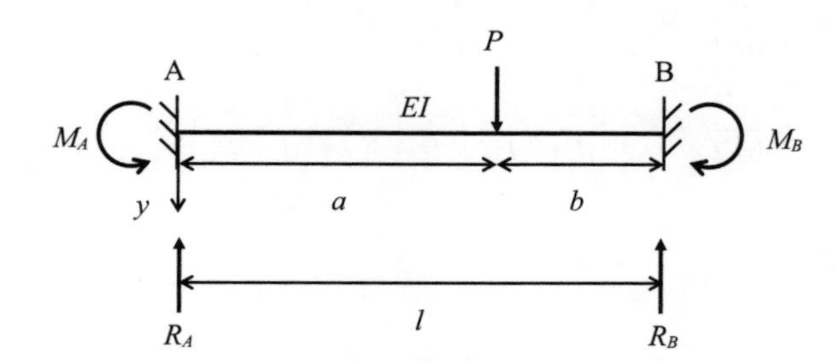

図 9.8　両端固定はり

図 9.8 に示す集中荷重 P を受ける両端固定はりに，たわみ角法を適用し，反力 R_A，M_A，R_B，M_B を求める。ただし，はりの曲げ剛性 EI は，はりの全長で一定とする。

いま，**図 9.8** に示す両端固定はりを**図 9.9** に示す2つの単純はりに分けて重ね合わせを考える。

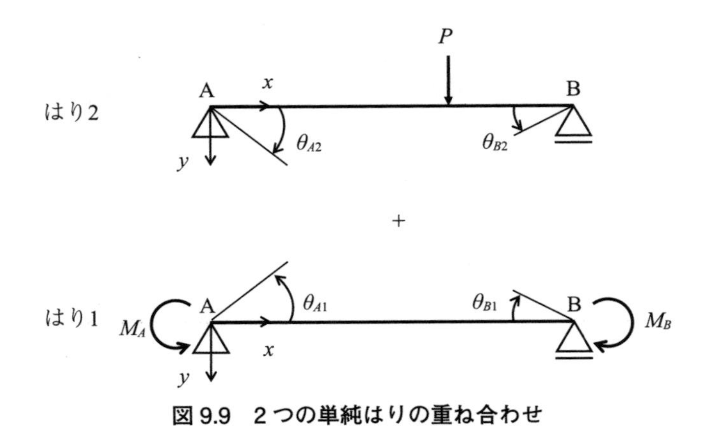

図 9.9　2つの単純はりの重ね合わせ

ここで，θ_{A1} と θ_{B1} は**図 9.8** に示す反力 M_A，M_B によって点Aと点Bに生じるたわみ角であり，θ_{A2} と θ_{B2} は集中荷重 P によって生じる点Aと点Bに生じるたわみ角である。たわみ角はいずれも時計回りを正とする。

はじめに，はり1について，**図 9.10** を参考に，部材角 R が0であることに注意して，式（9.6）と式（9.7）を用いると，はり1のたわみ角 θ_1 ならびたわみ w_1 は次のようになる。

$$\theta_1 = w_1' = \frac{l^2}{6EI}\left[M_{ij}\left(\frac{2}{l}-\frac{6x}{l^2}+\frac{3x^2}{l^3}\right)-M_{ji}\left(\frac{1}{l}-\frac{3x^2}{l^3}\right)\right]$$
$$= \frac{l^2}{6EI}\left[-M_A\left(\frac{2}{l}-\frac{6x}{l^2}+\frac{3x^2}{l^3}\right)-M_B\left(\frac{1}{l}-\frac{3x^2}{l^3}\right)\right]$$

$$w_1 = \frac{l^2}{6EI}\left[M_{ij}\left(\frac{2x}{l}-\frac{3x^2}{l^2}+\frac{x^3}{l^3}\right)-M_{ji}\left(\frac{x}{l}-\frac{x^3}{l^3}\right)\right]$$
$$= \frac{l^2}{6EI}\left[-M_A\left(\frac{2x}{l}-\frac{3x^2}{l^2}+\frac{x^3}{l^3}\right)-M_B\left(\frac{x}{l}-\frac{x^3}{l^3}\right)\right]$$

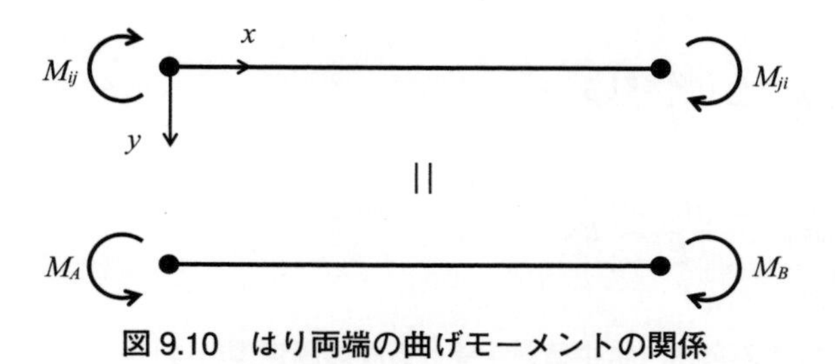

図 9.10 はり両端の曲げモーメントの関係

よって，**図 9.9** に示す θ_{A1} と θ_{B1} は，θ_1 でそれぞれ $x=0$，$x=l$ として，

$$\theta_{A1}=\theta_1(x=0)=-\frac{l^2}{6EI}(2M_A+M_B)$$

$$\theta_{B1}=\theta_1(x=l)=\frac{l^2}{6EI}(M_A+2M_B)$$

となる。

次に，はり 2 については，集中荷重を受ける単純はりであることから，**図 9.9** に示す θ_{A2} と θ_{B2} は，以下のように求まる。

$$\theta_{A2}=\frac{ab}{6EIl}(a+2b)P$$

$$\theta_{B2}=-\frac{ab}{6EIl}(2a+b)P$$

いま，**図 9.8** に示す両端固定はりでは，両端のたわみ角が 0 となることから，点 A と点 B のそれぞれについて，たわみ角の和から，

$$\theta_{A1}+\theta_{A2}=0\leftrightarrow\frac{l^2}{6EI}(2M_A+M_B)=\frac{ab}{6EIl}(a+2b)P$$

$$\theta_{B1}+\theta_{B2}=0\leftrightarrow\frac{l^2}{6EI}(M_A+2M_B)=\frac{ab}{6EIl}(2a+b)P$$

となる。これらを連立して，M_A と M_B について解くと，

$$M_A=\frac{ab^2}{l^2}P$$

$$M_B=\frac{a^2b}{l^2}P$$

が得られる。ここで得られた M_A と M_B が，**図 9.7** に示す C_{ij} と C_{ji} に対応する。また，反力 R_A，R_B は，力と曲げモーメントのつり合いから，次のように得られる。

問題 9.1

下図に示す集中荷重 P を受ける不静定はりに，たわみ角法を適用し，点 B のたわみ角 θ_B，反力 R_A，M_A，R_B を求めなさい。ただし，はりの曲げ剛性 EI は，はりの全長で一定とする。

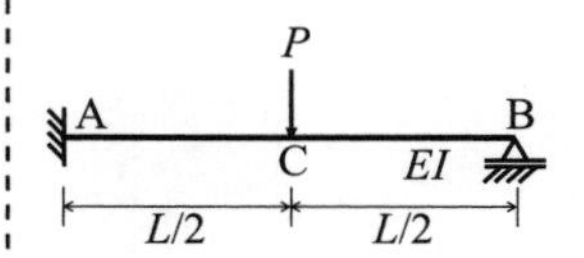

$$R_A = \frac{b^2\left(3a+b\right)}{l^3}P$$

$$R_B = \frac{a^2\left(a+3b\right)}{l^3}P$$

9.2.3　たわみ角法（集中荷重を受ける両端固定連続はり）

例題 9.2

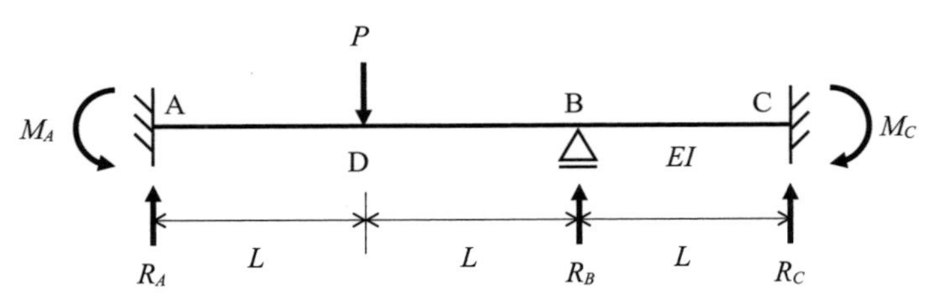

図 9.11　両端固定連続はり

図 9.11 に示す集中荷重 P を受ける両端固定連続はりに，たわみ角法を適用し，反力 R_A，M_A，R_B，R_C，M_C を求める。ただし，はりの曲げ剛性 EI は，はりの全長で一定とする。

いま，**図 9.11** に示す両端固定連続はりを**図 9.12** に示す 2 つのはりに分ける。

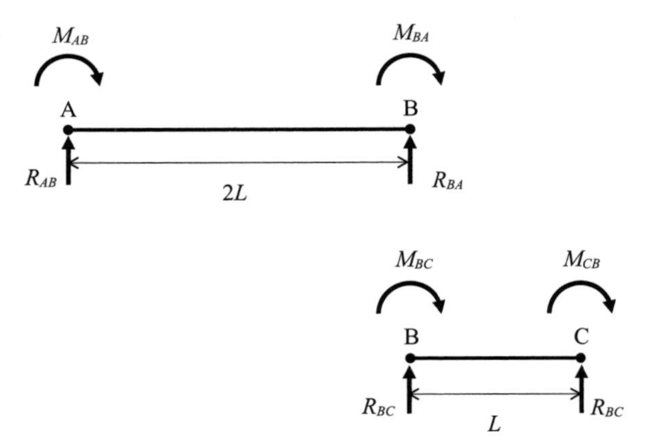

図 9.12　2 つのはりへの分解

ここで，はり AB について，

長さ：$2L$

たわみ角：$\theta_A = 0, \theta_B \neq 0$

部材角：$R = 0$

荷重項：$C_{AB}=C_{BA}=\dfrac{P\times 2L}{8}$（AB 間に集中荷重があるため）

基礎方程式（式（9.10），式（9.11））：

$$M_{AB}=\frac{2EI}{2L}\left(2\theta_A+\theta_B-R\right)-\frac{2PL}{8}=\frac{2EI}{2L}\times\theta_B-\frac{2PL}{8}$$

$$M_{BA}=\frac{2EI}{2L}\left(2\theta_B+\theta_A-R\right)+\frac{2PL}{8}=\frac{2EI}{2L}\times 2\theta_B+\frac{2PL}{8}$$

であり，はり BC について，

長さ：L

たわみ角：$\theta_B\neq 0, \theta_C=0$

部材角：$R=0$

荷重項：$C_{BC}=C_{CB}=0$（BC 間に荷重がないため）

基礎方程式（式（9.10），式（9.11））：

$$M_{BC}=\frac{2EI}{L}\left(2\theta_B+\theta_C-R\right)=\frac{2EI}{L}\times 2\theta_B$$

$$M_{CB}=\frac{2EI}{L}\left(2\theta_C+\theta_B-R\right)=\frac{2EI}{L}\times\theta_B$$

である。

支点 B における曲げモーメントの条件から，θ_B が次のように求まる。

$$M_{BA}+M_{BC}=0\leftrightarrow\frac{2EI}{2L}\times 2\theta_B+\frac{2PL}{8}+\frac{2EI}{L}\times 2\theta_B=0$$

$$\therefore\theta_B=-\frac{PL^2}{24EI}$$

よって，**図 9.12** に示す各曲げモーメントは，上式から，

$$M_{AB}=\frac{2EI}{2L}\times\theta_B-\frac{2PL}{8}=-\frac{7PL}{24}$$

$$M_{BA}=\frac{2EI}{2L}\times 2\theta_B+\frac{2PL}{8}=\frac{PL}{6}$$

$$M_{BC}=\frac{2EI}{L}\times 2\theta_B=-\frac{PL}{6}$$

$$M_{CB}=\frac{2EI}{L}\times\theta_B=-\frac{PL}{12}$$

と求まる。また，はり AB とはり BC について，それぞれ力と曲げモーメントのつり合いを考えると，

$$R_{AB} = \frac{9P}{16}, \quad R_{BA} = \frac{7P}{16}$$

$$R_{BC} = -R_{CB} = \frac{P}{4}, \quad R_{BA} = \frac{7P}{16}$$

と求まる。以上を整理すると，反力 R_A, M_A, R_B, R_C, M_C は次のようになる。

$$R_A = R_{AB} = \frac{9P}{16}$$

$$R_B = R_{BA} + R_{BC} = \frac{11P}{16}$$

$$R_C = R_{CB} = -\frac{P}{4}$$

$$M_A = -M_{AB} = \frac{7PL}{24}$$

$$M_C = M_{CB} = -\frac{PL}{12}$$

具体的な数値として，$P = 40$ kN，$L = 8$ m とすると，$R_A = 22.5$ kN，$R_B = 27.5$ KN，$R_C = -10$ kN，$M_A = 93.3$ kNm，$M_C = -26.7$ kNm であり，断面力図は**図 9.13**，**図 9.14** のようになる。また，参考として，マトリクス法を用いて求めた変形図を**図 9.15** に示す。

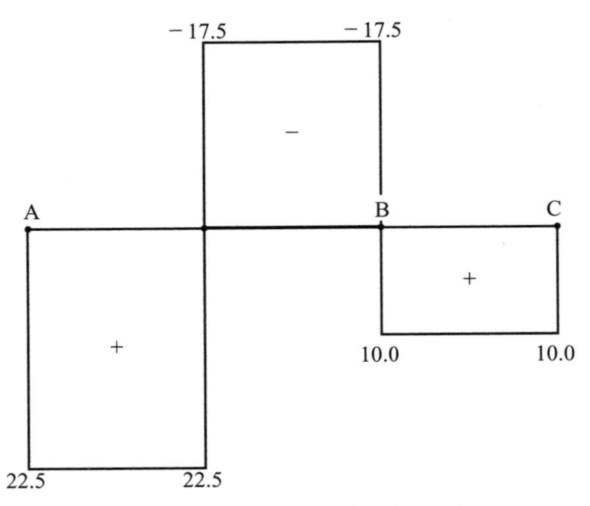

図 9.13　せん断力図（単位：KN）

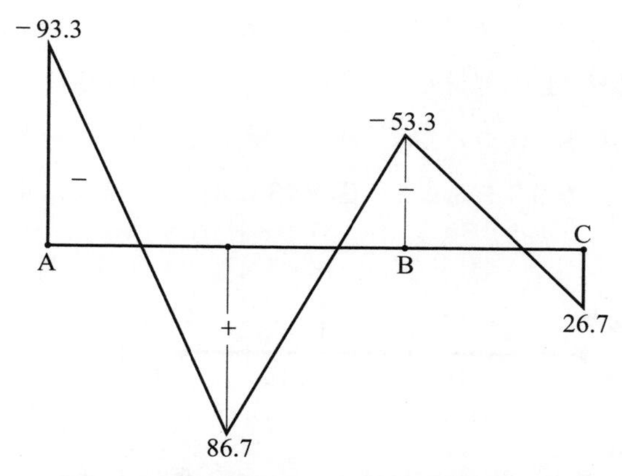

図 9.14　曲げモーメント図（単位：KNm）

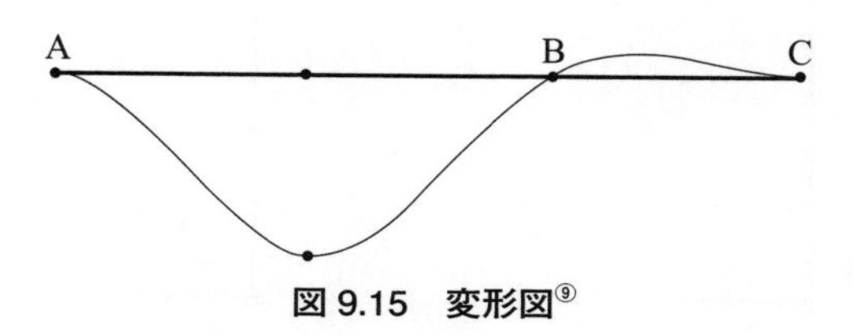

図 9.15　変形図[⑨]

⑨
図 9.15 の変形図は，マトリクス法から求めたものであるので注意。

9.2.4　たわみ角法（集中荷重を受けるラーメン構造）

例題 9.3

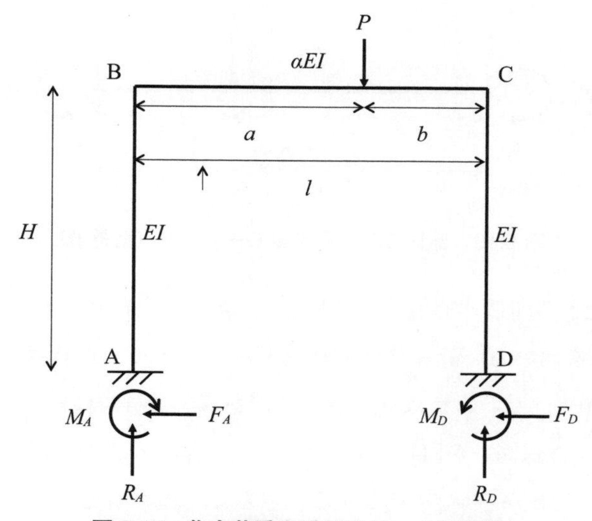

図 9.16　集中荷重を受けるラーメン構造

図 9.16 に示す集中荷重 P を受けるラーメン構造に，たわみ角法を適用し，反力を求める。ただし，高さは H，部材 BC の長さは l，部材 AB と部材 CD の曲げ剛性は EI，部材 BC の曲げ剛性は αEI とする。

はじめに，**図 9.16** に示すラーメン構造を，**図 9.17** に示すようにはりと柱に分ける。ここで，F_A と F_D は，それぞれ点Aと点Dに生じる水平反力であり，部材ABと部材CDの曲げモーメントのつり合いを考慮している。また，部材BCについては，集中荷重を受けることから，固定端モーメントとして，**表 9.3** をふまえ，**図 9.18** に示す C_{BC} と C_{CB} を考慮する。

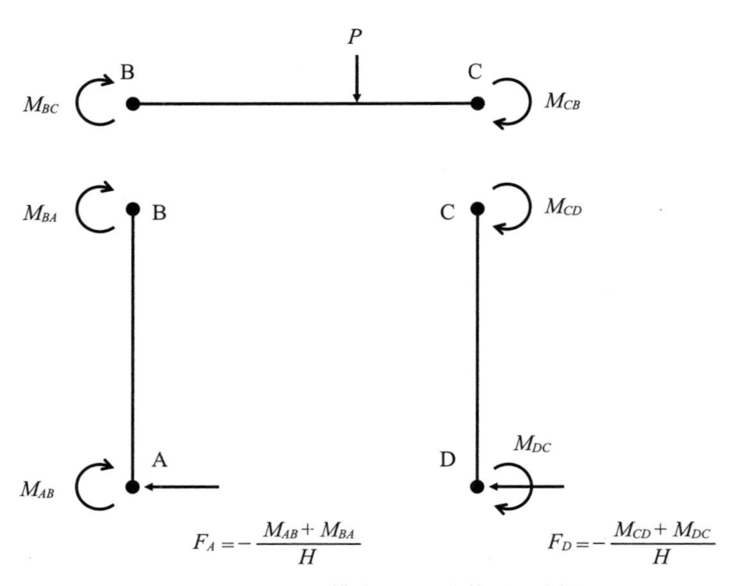

図 9.17 ラーメン構造のはりと柱への分解

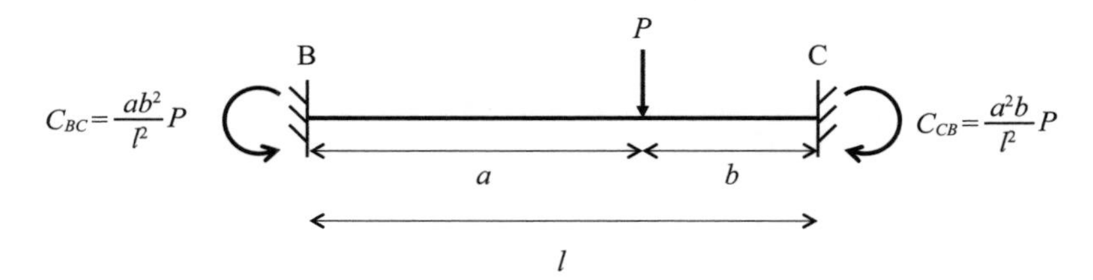

図 9.18 部材BCの固定端モーメント（荷重項）

いま，たわみ角法を適用するにあたり，基礎方程式として式（9.12）と式（9.13）を用いる。計算条件を整理すると，点Aと点Dは固定されていることから，たわみ角は $\varphi_A=\varphi_D=0$ である。部材角については，部材ABと部材CDは高さが同じであることから $\psi_{AB}=\psi_{CD}$ であり，部材BCは回転しないことから $\psi_{BC}=0$ となる。さらに，基準剛度を $K_0=I/H$ とすると，剛比は $k=\alpha H/l$ となる。以上をふまえ，各部材に対して基礎方程式である式（9.12）と式（9.13）を適用すると，次のようになる。

$$M_{AB}=\varphi_B+\psi_{AB}$$

$$M_{BA}=2\varphi_B+\psi_{AB}$$

$$M_{BC}=k(2\varphi_B+\varphi_C)-C_{BC}$$
$$M_{CB}=k(2\varphi_C+\varphi_B)+C_{CB}$$
$$M_{CD}=2\varphi_C+\psi_{AB}$$
$$M_{DC}=\varphi_C+\psi_{AB}$$

ここで，未知数は $\varphi_B,\varphi_C,\psi_{AB}$ の3個であり，点Bにおける曲げモーメントのつり合い，点Cにおける曲げモーメントのつり合い，水平反力（せん断力）のつり合いを考慮して決定する。

$$M_{BA}+M_{BC}=0$$
$$M_{CB}+M_{CD}=0$$
$$F_A+F_D=0$$

上式に，**図 9.17** に示す水平反力と曲げモーメントの関係も考慮して整理すると，

$$\begin{bmatrix} 2(k+1) & k & 1 \\ k & 2(k+1) & 1 \\ 1 & 1 & 4/3 \end{bmatrix}\begin{Bmatrix} \varphi_B \\ \varphi_C \\ \psi_{AB} \end{Bmatrix}=\begin{Bmatrix} C_{BC} \\ -C_{CB} \\ 0 \end{Bmatrix}=\begin{Bmatrix} ab^2P/l^2 \\ -a^2bP/l^2 \\ 0 \end{Bmatrix}$$

となり，これを $\varphi_B,\varphi_C,\psi_{AB}$ について解き，整理すると，

$$\begin{Bmatrix} \varphi_B \\ \varphi_C \\ \psi_{AB} \end{Bmatrix}=\begin{Bmatrix} \dfrac{ab\{(5b-3a)+4k(a+2b)\}}{2l^2(6k+1)(k+2)}P \\ -\dfrac{ab\{(5a-3b)+4k(2a+b)\}}{2l^2(6k+1)(k+2)}P \\ \dfrac{3ab(a-b)}{2l^2(6k+1)}P \end{Bmatrix}$$

が得られる。よって，上式を曲げモーメントに代入すると，各部材における節点の曲げモーメントは，

$$M_{AB}=\frac{ab\{(3a-b)+k(7a+5b)\}}{2l^2(6k+1)(k+2)}P$$

$$M_{BA}=-M_{BC}=\frac{ab\{4b+k(11a+13b)\}}{2l^2(6k+1)(k+2)}P$$

$$M_{CB}=-M_{CD}=\frac{ab\{4a+k(13a+11b)\}}{2l^2(6k+1)(k+2)}P$$

$$M_{DC}=-\frac{ab\{(3b-a)+k(5a+7b)\}}{2l^2(6k+1)(k+2)}P$$

となる。また，水平反力についても，

$$F_D = -F_A = \frac{M_{AB} + M_{BA}}{H} = \frac{3ab}{2lH(k+2)}P$$

となり，点Aと点Dに生じる鉛直反力 R_A，R_D については，力と曲げモーメントのつり合い式である，

$$R_A + R_D = P$$

$$R_A l - bP + M_{AB} + M_{DC} = 0$$

から，

$$R_A = \frac{b}{l}P - \frac{M_{AB} + M_{DC}}{l} = \frac{b\{a(b-a) + l^2(6k+1)\}}{l^3(6k+1)}P$$

$$R_B = \frac{a}{l}P + \frac{M_{AB} + M_{DC}}{l} = \frac{a\{b(a-b) + l^2(6k+1)\}}{l^3(6k+1)}P$$

となる。

図 9.16 に示す集中荷重 P を受けるラーメン構造の具体的な計算例として，$H = 16$ m，$l = 20$ m，$a = 12$ m，$b = 8$ m，$P = 10$ kN，$\alpha = 2$ とする。節点の曲げモーメントは，

$$M_{AB} = 7119 \text{ kNm}$$

$$M_{BA} = -M_{BC} = 12880 \text{ kNm}$$

$$M_{CB} = -M_{CD} = 13786 \text{ kNm}$$

$$M_{DC} = -6214 \text{ kNm}$$

となる。また，水平反力は，

$$F_A = -1250 \text{ kN}$$

$$F_D = 1250 \text{ kN}$$

であり，鉛直反力は，

$$R_A = 3955 \text{ kN}$$

$$R_D = 6045 \text{ kN}$$

となる。部材 BC の曲げモーメントについては，**図 9.19** をふまえ，以下の関係式を用いると，

$$M = M_{BC} + R_A x \qquad (0 \le x \le a)$$

$$\overline{M} = -M_{CB} + R_D \bar{x} \qquad (0 \le \bar{x} \le b)$$

曲げモーメント図，せん断力図，軸力図のそれぞれは**図 9.20**，**図 9.21**，**図 9.22** のようになる。また，参考として，マトリクス法を用いて求めた変形図を**図 9.23** に示す。

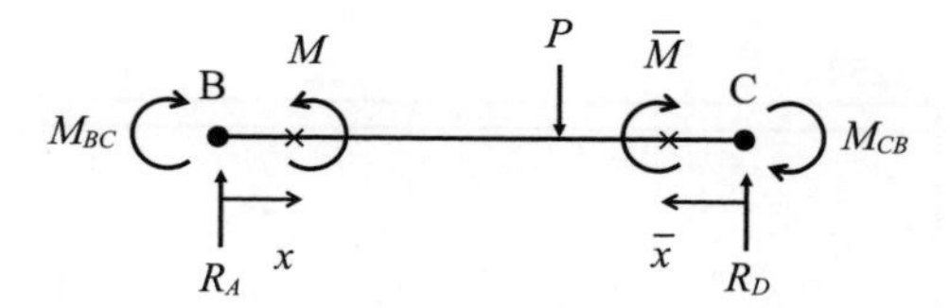

図 9.19　部材 BC の曲げモーメント

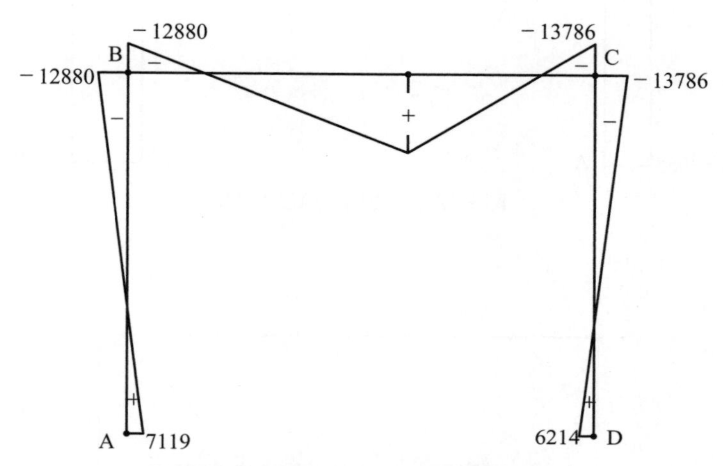

図 9.20　曲げモーメント図（単位：kNm）

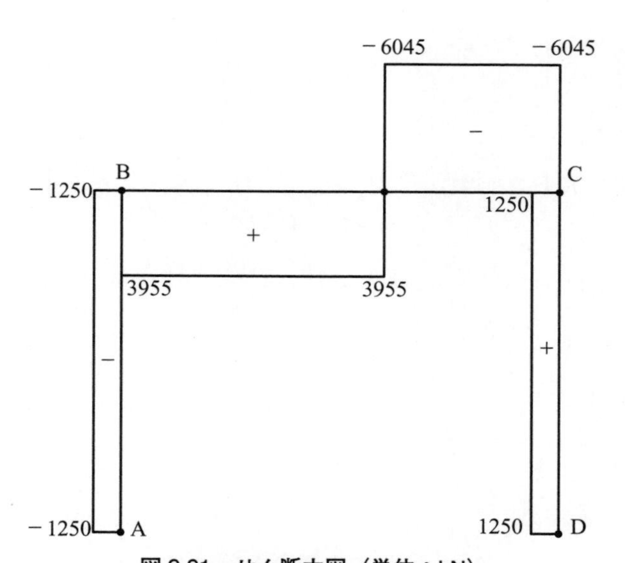

図 9.21　せん断力図（単位：kN）

問題 9.2

下図に示すラーメン構造について，たわみ角法を適用して，反力を求め，曲げモーメント図を描きなさい。

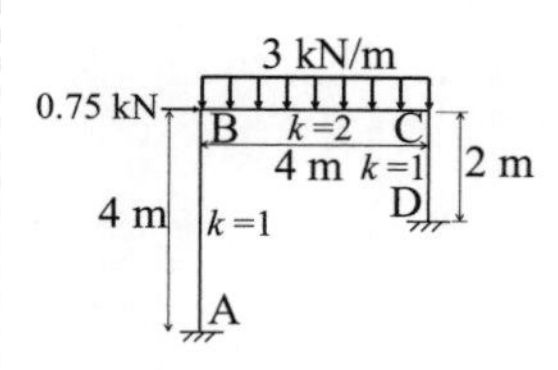

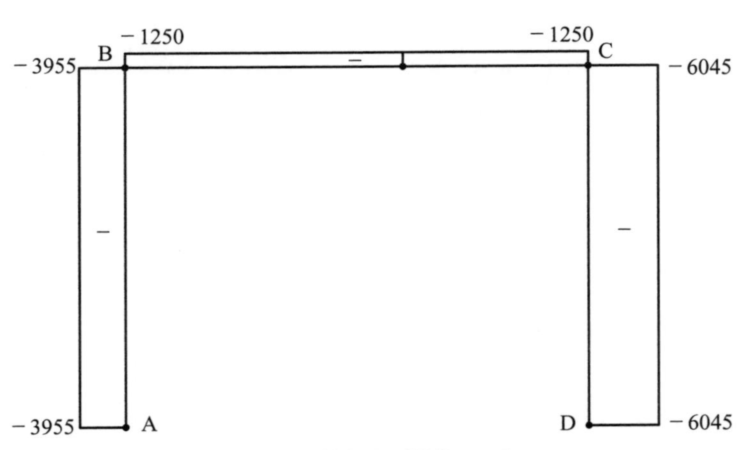

図 9.22　軸力図（単位：kN）

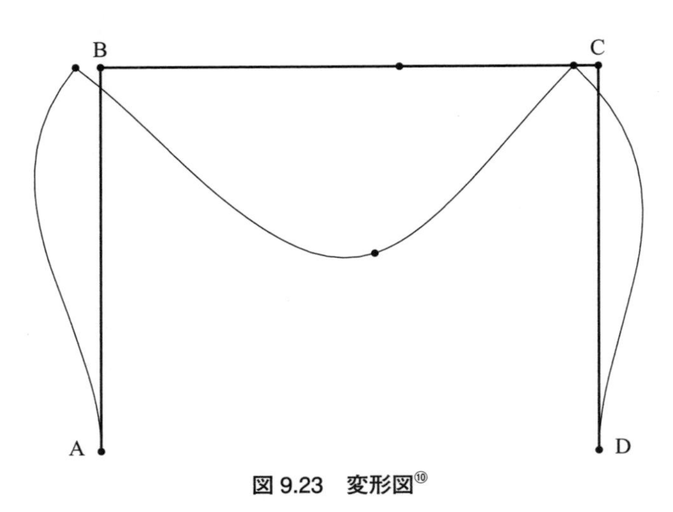

図 9.23　変形図⑩

⑩
図 9.23 の変形図は，マトリクス法から求めたものであるので注意。

第10章　柱と座屈

本章では，長い柱や薄い板に軸圧縮力が作用した場合に，荷重作用方向と直角方向に突然変形する現象，すなわち座屈について説明する。ただし，ここで紹介する座屈は，形状や境界条件によって決定される固有値であるため，実際に圧縮を受ける構造部材の終局強度と異なる。圧縮を受ける鋼構造部材の終局強度については，**第12章**で説明する。また，短い柱は座屈が生じないが，偏心した圧縮荷重を受けると引張応力が生じる場合がある。ここでは，短い柱の応力状態についても紹介する。ただし，本章では，圧縮荷重や圧縮応力を主に取り扱うため，圧縮力や圧縮応力を正の値として表す。

10.1　柱と座屈

柱構造は，上部構造を支えるため，一般に，圧縮力を受ける構造になる。柱が短ければ，圧縮力が増加すると柱は押しつぶされて崩壊する。この現象は圧縮破壊（あるいは圧壊）と呼ばれる。一方，圧縮力を受ける長い柱の場合，最初は，荷重の作用方向に柱が縮むが，圧縮力を増加させると，ある荷重で突然，荷重の方向と直角方向に曲がり始める。この現象は，**座屈**[①]と呼ばれ，圧縮力を受ける構造では極めて重要な現象である。ただし，実際の構造物は，完全にまっすぐな状態でないこと，溶接で組み立てられた場合，部材内部に内部応力が生じていること，ならびに圧縮荷重が図心に作用していない場合があることなどから，本章で計算する座屈荷重（座屈強度）に達しないことが知られている。これは，本章で取り扱う座屈現象（弾性座屈）が，形状や境界条件を与えて固有値として得られる値（オイラーの弾性座屈）であり，実際の構造の**初期不整**（初期変形と初期残留応力）や偏心荷重を考慮していないためである。圧縮力が作用した鋼構造部材の終局強度については，**第12章**で説明する。

① Buckling
実構造において荷重を受けて変形し，除荷されても変形がもとに戻らない場合がある。残留した変形が作用荷重に対して直角方向に変形している場合には，座屈変形と呼ばれるが，残留した変形が作用荷重方向であれば，座屈変形ではなく単に残留変形である。

10.2　短い柱

短い柱の断面（断面積 A）の図心に圧縮力 P が作用した場合，断面に生じる応力は一様（**図 10.1（a）**）になり次式で求められる。

$$\sigma = P/A \tag{10.1}$$

しかし，圧縮力 P が図心からずれて作用した場合，すなわち**偏心荷重**を受ける場合，断面に生じる応力は一様でなくなる。図心から偏心荷重までのずれ量は，**偏心距離**と呼ばれる。

偏心荷重を受けた場合の応力の分布について説明する。**図 10.1（b）**に示すように，x 軸に沿って偏心距離 e_x に偏心荷重 P が載荷され場合，柱には圧縮荷重 P だけでなく曲げモーメント $M = P \times e_x$ が付加されることになる。したがって，柱部材の y 軸まわりの断面2次モーメント I_y を用いて，柱部材に生じる応力は次式で求められる。

$$\sigma = \frac{P}{A} + \frac{Pe_x}{I_y}x \tag{10.2}$$

ここでは圧縮応力を正の値にしているので注意を要する。

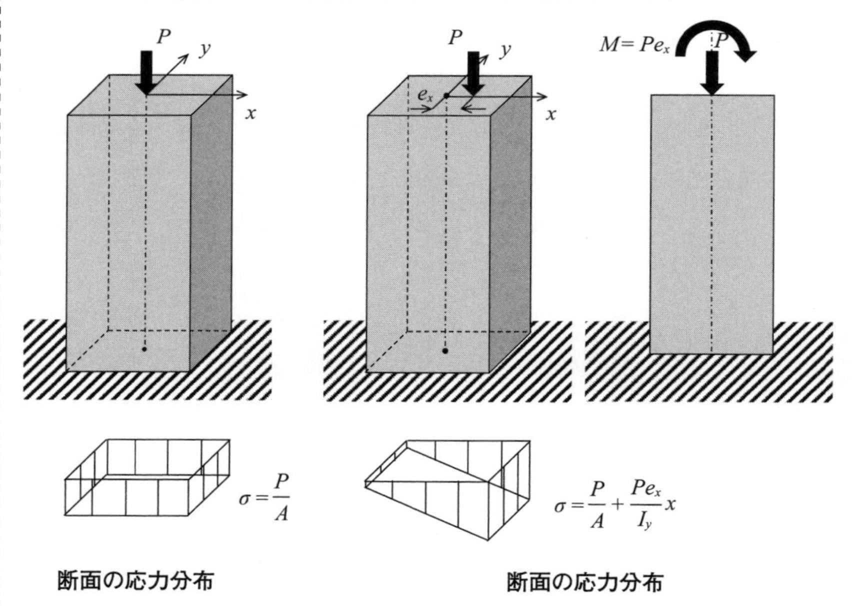

（a）図心載荷　　（b）x 軸に沿った偏心載荷

図 10.1　圧縮力を受ける柱

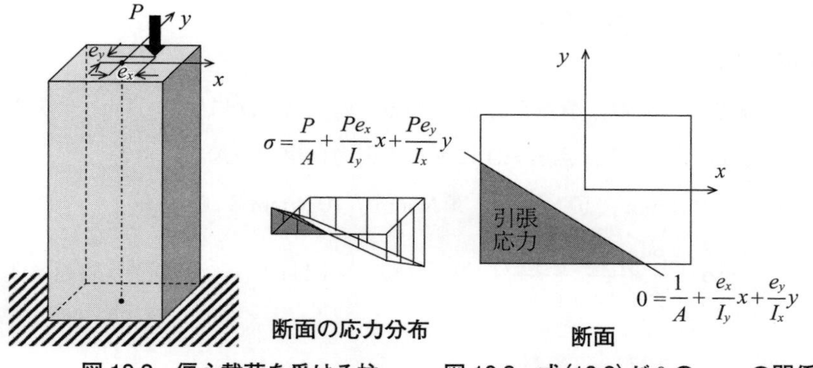

図 10.2　偏心載荷を受ける柱　　**図 10.3　式(10.3)が 0 の x, y の関係**

次に，**図 10.2** に示すように，x 軸に沿って偏心距離 e_x，y 軸に沿って偏心距離 e_y に偏心荷重 P が載荷され場合，柱には曲げモーメント $P\times e_x$ と $P\times e_y$ が付加されることになる。したがって，柱部材に生じる応力は，I_y，I_x を用いて次式で計算できる。

$$\sigma=\frac{P}{A}+\frac{Pe_x}{I_y}x+\frac{Pe_y}{I_x}y \tag{10.3}$$

式（10.3）の値が 0 になる，x，y の関係は**図 10.3** のように直線になる。したがって，**図 10.3** の直線が引張応力領域と圧縮応力領域の境界になる。コンクリートは，圧縮強度に比べて引張強度は著しく弱い材料である。したがって，コンクリートの柱の断面に引張応力が作用するかどうかは重要な問題になる。

次に，偏心荷重が作用しても柱の断面に生じる応力がすべて圧縮となる条件を考える。柱の断面の各縁までの距離 x，y を与えて式（10.3）が 0 となる e_x，e_y の位置，すなわち柱断面に引張応力が発生しない載荷位置 e_x，e_y の境界を求めると，断面に応じて**図 10.4** のようなハッチングで示す形状になる。この境界線の内部の位置に圧縮力が作用した場合，柱断面には，圧縮応力しか作用しないことになる。この部分を核（core）と呼ぶ。長方形断面に対して，幅方向の一方向のみの偏心を考えると，核は長方形の幅の**中央の 1/3 の範囲**[②]になる。

② Middle Third

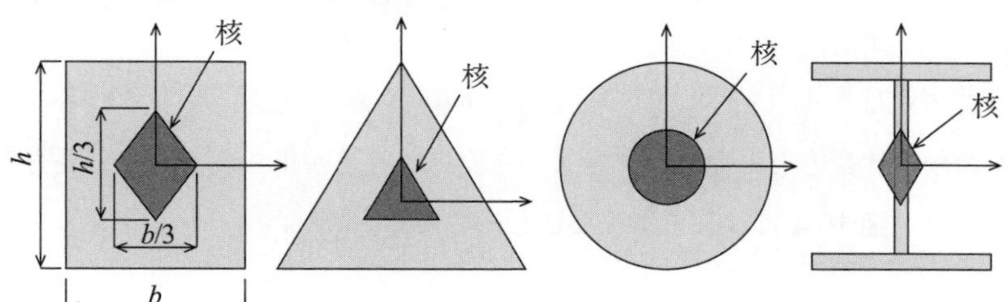

図 10.4　各断面に対する核

問題 10.1

次の短柱の点Aの応力を求めなさい。また，最大の圧縮応力の値とその位置を求めなさい。

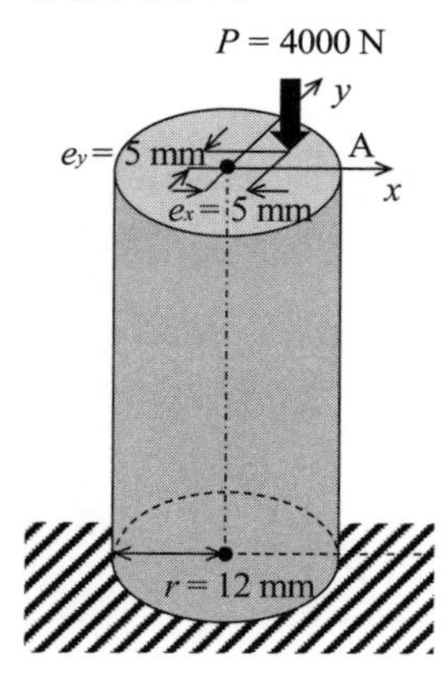

問題 10.2

次の正三角形断面の核を求めなさい。

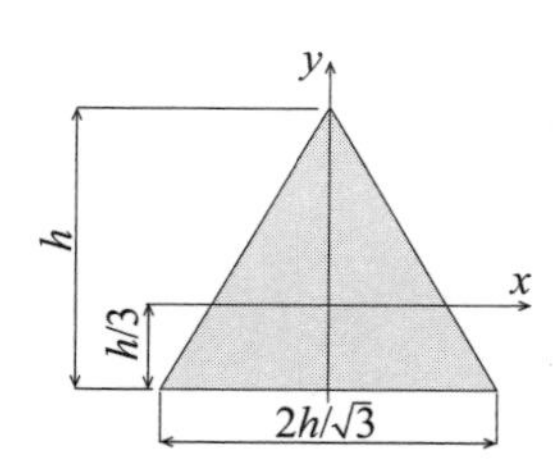

10.2.1 短柱に生じる応力の計算

例題 10.1

図 10.5 に示す偏心荷重が作用した短柱の点A〜Dに生じる応力を求める。式（10.3）から，点A〜Dに生じる応力は次式を用いて計算して，それぞれ−10 N/mm^2，10 N/mm^2，30 N/mm^2，10 N/mm^{2}になる。

$$\sigma = \frac{P}{A} + \frac{Pe_x}{I_y}x + \frac{Pe_y}{I_x}y = 10 + 0.833x + 1.111y \tag{10.4}$$

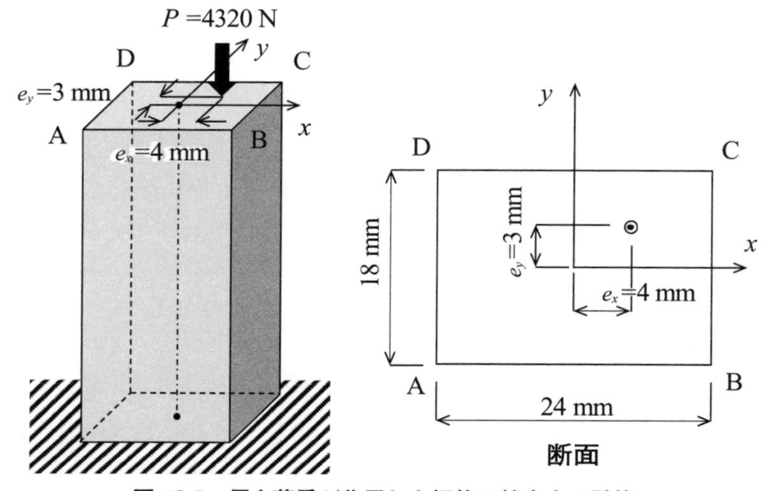

図 10.5 偏心荷重が作用した短柱の核応力の計算

10.2.2 核の計算

例題 10.2

図 10.6 に示す長方形の核を求める。$(x, y) = (0, -h/2)$ と $(x, y) = (0, h/2)$ を式（10.3）に代入して $\sigma=0$ とすると，e_y はそれぞれ，$h/6$，$-h/6$ になる。同様に，$(x, y) = (-b/2, 0)$ と $(x, y) = (b/2, 0)$ を式（10.3）に代入して $\sigma=0$ とすると，e_x はそれぞれ，$b/6$，$-b/6$ になる。また，長方形の1つの角 $(x, y) = (b/2, h/2)$ を式（10.3）に代入して $\sigma=0$ とすると，e_x と e_y の関係が次式のように求まる。

$$\frac{e_x}{b} + \frac{e_y}{h} = -\frac{1}{6} \tag{10.5}$$

この式は，点 $(-b/6, 0)$ と $(0, -h/6)$ を結ぶ直線になっていることがわかる。長方形の他の角に対しても同様な直線が得られるので，長方形の核は，**図 10.4** に示したようなひし形になる。

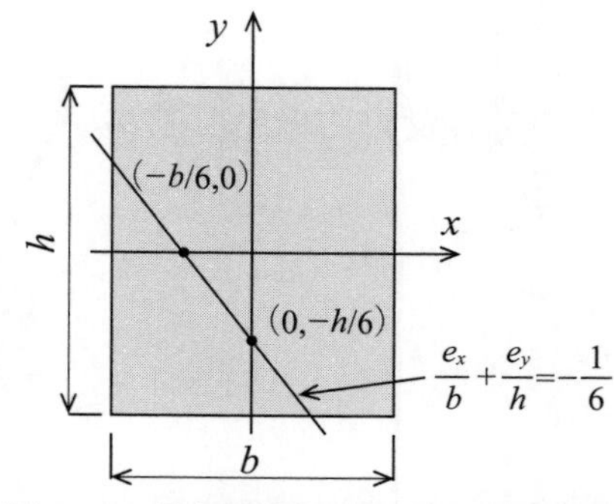

図 10.6　長方形断面と式（10.5）の直線

問題 10.3

次の円形断面の核を求めなさい。

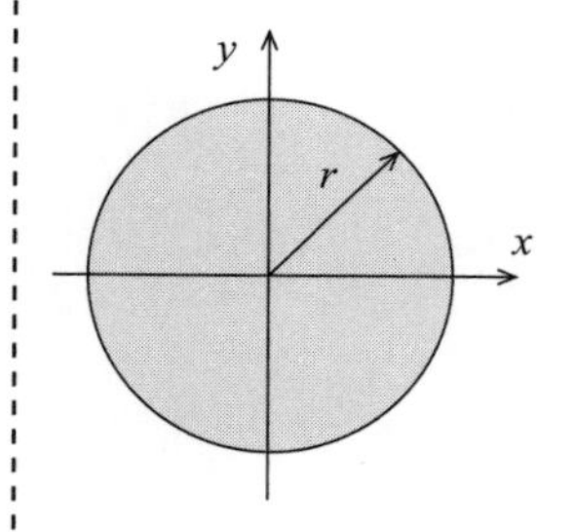

10.3　長い柱

長い柱の図心に圧縮力が作用すると，最初は柱が縮むが，ある荷重に達すると柱が突然横方向（荷重の作用方向と直角方向）に変形する。この荷重を**座屈荷重**[3] P_{cr} と呼ぶ。ここでは，柱の座屈荷重（あるいは座屈応力）を導出する。柱の座屈荷重は，柱全体が変形するので，**全体座屈**[4]と呼ばれている。また，座屈荷重は，柱だけではなく圧縮を受けるトラス部材の設計にも関わってくる。

③　Buckling Load
④　Overall Buckling

10.3.1　座屈荷重

座屈荷重は，**図 10.7** に示すように，座屈変形が生じた後のつり合い状態を考えて導出される。図に示すように，座屈後の変形量を w とすると，**第 6 章**で学んだたわみの微分方程式が利用できる。つまり，圧縮力を受ける場合の座屈荷重は次式の支配方程式から導出される。

$$\frac{d^4w}{dx^4}+\alpha^2\frac{d^2w}{dx^2}=0 \quad \left(\alpha^2=\frac{P}{EI}\right) \tag{10.6}$$

この微分方程式の一般解と 2 階微分は，それぞれ次式で与えられる。

$$w=A_1\cos(\alpha x)+A_2\sin(\alpha x)+A_3x+A_4 \tag{10.7}$$

$$\frac{d^2w}{dx^2}=-A_1\alpha^2\cos(\alpha x)-A_2\alpha^2\sin(\alpha x) \tag{10.8}$$

ここで，A_1 ～ A_4 は境界条件を与えて決定される未定係数である。

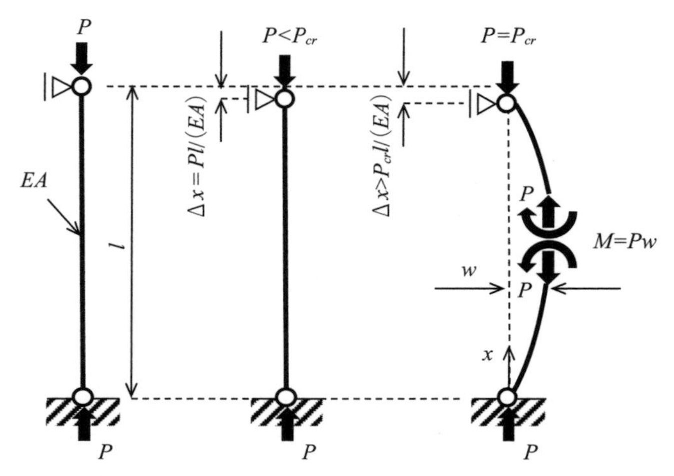

図10.7　圧縮を受ける両端ピン支持された柱の変形と力のつり合い

図10.7のように，上下がピン支持された場合，$x=0$，lで，たわみ（横方向の変位）と曲げモーメントが0となる条件（$w=0$，$d^2w/dx^2=0$）から，次の4元1次連立方程式が導出される。

$$\begin{cases} A_1+A_4=0 \\ -\alpha^2 A_1=0 \\ A_1\cos(\alpha l)+A_2\sin(\alpha l)+A_3 l+A_4=0 \\ -A_1\alpha^2\cos(\alpha l)-A_2\alpha^2\sin(\alpha l)=0 \end{cases} \tag{10.9}$$

この連立方程式が，$w=0$以外の解を持つには，係数行列の行列式が0になる必要がある。

$$\begin{vmatrix} 1 & 0 & 0 & 1 \\ -\alpha^2 & 0 & 0 & 0 \\ \cos(\alpha l) & \sin(\alpha l) & l & 1 \\ -\alpha^2\cos(\alpha l) & -\alpha^2\sin(\alpha l) & 0 & 0 \end{vmatrix}=0 \tag{10.10}$$

したがって，座屈荷重は次のように与えられる。

$$\sin(\alpha l)=0 \quad \Rightarrow \quad \alpha l=n\pi \quad \Rightarrow \quad P=\frac{(n\pi)^2 EI}{l^2} \tag{10.11}$$

ここで，nは座屈波形のモードになり，無数に存在するが，最も小さい場合（$n=1$）がクリティカルになる。したがって，座屈荷重P_{cr}は，次式で求められる。

$$P_{cr}=\frac{\pi^2 EI}{l^2} \tag{10.12}$$

この式は**オイラーの弾性座屈荷重**と呼ばれている。ここで，柱の断面に対する断面２次モーメント I は，最小の断面２次モーメント（最小主断面２次モーメント）を用いる。

固定端の境界条件は，たわみとたわみ角が０（$w=0$，$dw/dx=0$），ヒンジの境界条件は，たわみと曲げモーメントが０（$w=0$，$d^2w/dx^2=0$），自由端の境界条件は，曲げモーメントとせん断力が０（$d^2w/dx^2=0$，$d^3w/dx^3+\alpha^2 dw/dx=0$）であるので，それらの条件から支持条件の違いによる座屈荷重 P_{cr} が導出できる。

10.3.2　細長比パラメータと有効座屈長

座屈荷重 P_{cr} を断面積 A で除した値は**座屈応力**[⑤] σ_{cr} と呼ばれ，次式で与えられる。

⑤ Buckling Stress

$$\sigma_{cr}=\frac{P_{cr}}{A}=\frac{\pi^2 EI}{Al^2}=\frac{\pi^2 E}{\lambda^2} \qquad \left(\lambda=\frac{l}{r},\quad r=\sqrt{\frac{I}{A}}\right) \tag{10.13}$$

r は断面２次半径であり，λ は細長比と呼ばれている。オイラーの弾性座屈荷重が適用できる範囲は，λ が 100 以上の場合になる。

この式から，細長比 λ が小さくなれば，座屈荷重が無限に増加するが，実際には**完全弾塑性体**（**第 12 章**で説明する）であると仮定し，降伏応力 σ_Y 以上の応力に達しないとして，座屈応力は次式で与えられている。

$$\frac{\sigma_{cr}}{\sigma_Y}=\begin{cases}1.0 & (\bar{\lambda}\le 1.0)\\ \dfrac{1}{\bar{\lambda}^2} & (\bar{\lambda}>1.0)\end{cases} \qquad \left(\bar{\lambda}=\frac{1}{\pi}\sqrt{\frac{\sigma_Y}{E}}\cdot\frac{l}{r}\right) \tag{10.14}$$

この式の $\bar{\lambda}$ は細長比パラメータと呼ばれている。

支持条件の違いによる座屈荷重 P_{cr} の導出方法については **10.3.1** で紹介したが，それらの違いは有効とする柱の長さを変化させて計算される。式（10.12）～式（10.14）の l の代わりに**有効座屈長** $l_k=kl$（k は**有効座屈係数**）を用いることで，支持条件の異なる座屈荷重 P_{cr} や座屈応力が同一の式を用いて求められる。各支持条件に対する，有効座屈係数は**表 10.1** に示している。

表 10.1 各支持条件に対する有効座屈係数

支持条件と変曲点の位置	P, l, $l_k=2l$, $R_A=P$	P, l, $l_k=l$, $R_A=P$	P, l, $l_k=0.7l$, 変曲点, $R_A=P$	P, 変曲点, l, $l_k=0.5l$, 変曲点, $R_A=P$
有効座屈係数	$k=2$	$k=1$	$k=0.7$	$k=0.5$
支持条件	一端自由 - 他端固定	両端ヒンジ	一端ヒンジ - 他端固定	両端固定

10.3.3 座屈荷重の計算

例題 10.3

図 10.8 に示す，長柱の座屈荷重を計算する。**図 10.8（a）** は，一端ヒンジ - 他端固定条件なので，有効座屈係数は $k=0.7$ となる。また，弱軸に対する断面 2 次モーメントは $I_y=216$ mm^4 になる。したがって，座屈荷重 $P_{cr}=3.5$kN になる。

図 10.8（b） は，柱の途中にも境界条件を有する長柱になるが，上下の 2 つの長柱に対する座屈荷重をそれぞれ計算し，小さい方の座屈荷重が全体の座屈荷重になる。柱 AB の支持条件は一端ヒンジ - 他端固定条件（$k=0.7$）になり，柱 BC は両端ヒンジ（$k=1$）になる。したがって，柱 AB，BC の曲げ剛性 EI，柱の長さ，および有効座屈係数を用いて，柱 AB の座屈荷重は $P_{cr}=0.91\,\pi^2EI/l^2$ になり，柱 BC の座屈荷重は $P_{\mathrm{cr}}=\pi^2EI/l^2$ になる。したがって，**図 10.8（a）** の長柱の座屈強度は，柱 AB の座屈強度になる。

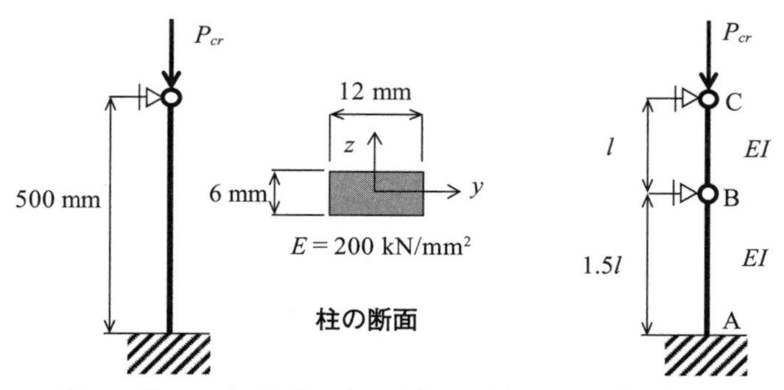

（a）一端ヒンジ - 他端固定の長柱　（b）中間に境界条件を有する長柱

図 10.8 圧縮を受ける長柱

問題 10.4

次の長柱の座屈荷重を求めなさい。

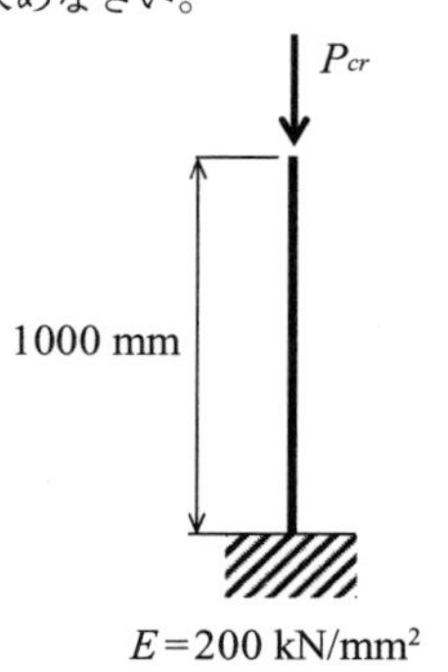

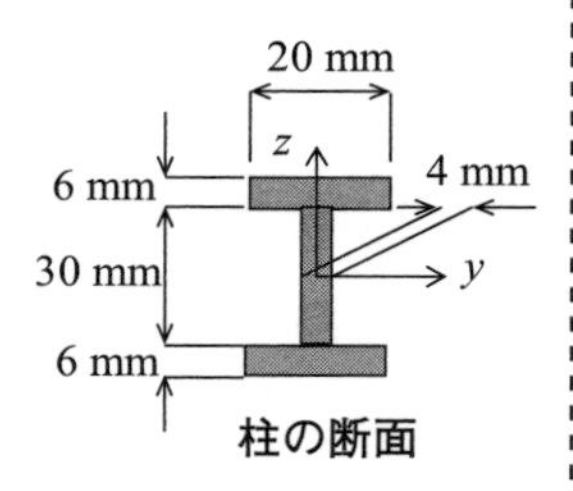

問題 10.5

次のヒンジを介して連続している長柱に対して，柱 AB と柱 BC が同じ荷重で座屈する場合の，柱 AB の長さに対する柱 BC の長さの比 γ を求めなさい。

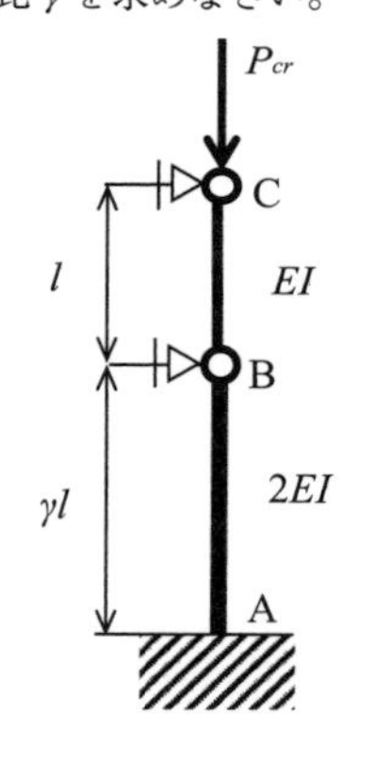

問題 10.6

第 4 章の**図 4.17** の部材 U_1 に対して，座屈するか照査しなさい。$E=200$GPa，$I=200000$ mm^4 とする。

10.4 板の座屈

10.4.1 板の座屈応力

鋼製の柱は，鋼板を溶接で組み立てて製作されている。コンクリート製の柱と比べて鋼製の柱は，柱が全体座屈（オイラーの弾性座屈）する前に，一部の鋼板が部分的に座屈する場合がある。部材を構成する板の部分的な座屈であるので**局部座屈**[⑥]と呼ばれている。ここでは，4 辺が単純支持された板が局部座屈する際の座屈応力を導出する。

⑥ Local Buckling

はりの場合と同様に板の座屈も，座屈変形を起こした後のつり合い状態を考えて導出される。板の面外のたわみ w の微分方程式は次のように与えられる。

$$D\left(\frac{d^4w}{dx^4}+2\frac{d^4w}{dx^2dy^2}+\frac{d^4w}{dy^4}\right)=q \quad \left(D=\frac{Et^3}{12\left(1-\nu^2\right)}\right) \tag{10.15}$$

ここに，E はヤング係数，t は板厚，ν はポアソン比，D は板の曲げ剛性。

図 10.9 に示すように，座屈後の変形量を w とすると，圧縮力を受ける場合板の座屈応力は次式の支配方程式から導出される。

$$D\left(\frac{d^4w}{dx^4}+2\frac{d^4w}{dx^2dy^2}+\frac{d^4w}{dy^4}\right)+\sigma t\frac{d^2w}{dx^2}=0 \tag{10.16}$$

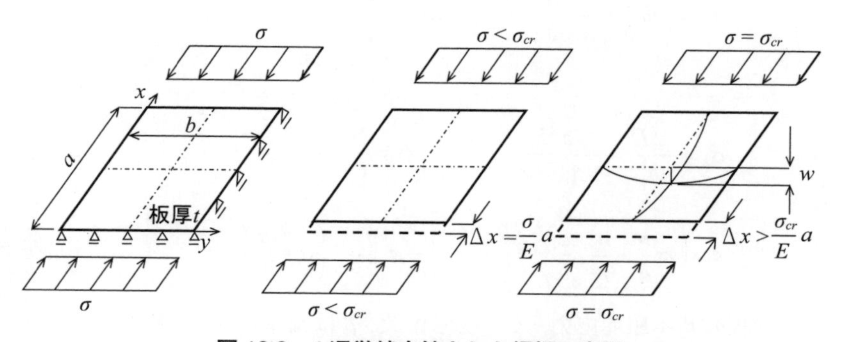

図 10.9 4 辺単純支持された鋼板の変形

4 辺が単純支持された場合の，微分方程式の一般解と x，y に対する各階の微分は，それぞれ次式で与えられる。

$$w=A_{mn}\sin\left(\frac{m\pi x}{a}\right)\sin\left(\frac{n\pi y}{b}\right) \tag{10.17}$$

$$\frac{d^4w}{dx^4}=\left(\frac{m\pi}{a}\right)^4 A_{mn}\sin\left(\frac{m\pi x}{a}\right)\sin\left(\frac{n\pi y}{b}\right) \tag{10.18}$$

$$\frac{d^4w}{dy^4}=\left(\frac{n\pi}{b}\right)^4 A_{mn}\sin\left(\frac{m\pi x}{a}\right)\sin\left(\frac{n\pi y}{b}\right) \tag{10.19}$$

$$\frac{d^4w}{dx^2dy^2}=\left(\frac{m\pi}{a}\right)^2\left(\frac{n\pi}{b}\right)^2 A_{mn}\sin\left(\frac{m\pi x}{a}\right)\sin\left(\frac{n\pi y}{b}\right) \tag{10.20}$$

$$\frac{d^2w}{dx^2}=-\left(\frac{m\pi}{a}\right)^2 A_{mn}\sin\left(\frac{m\pi x}{a}\right)\sin\left(\frac{n\pi y}{b}\right) \tag{10.21}$$

ここに，a，b は板の長さと幅，A_{mn} は未定係数。

式（10.18）～（10.21）を式（10.16）へ代入すると次式になる。

$$\left[D\left\{\left(\frac{m\pi}{a}\right)^2+\left(\frac{n\pi}{b}\right)^2\right\}^2-\sigma t\left(\frac{m\pi}{a}\right)^2\right]A_{mn}\sin\left(\frac{m\pi x}{a}\right)\sin\left(\frac{n\pi y}{b}\right)=0 \tag{10.22}$$

未定係数 A_{mn} は0でないので，この式を満足する条件は以下になる。

$$D\left\{\left(\frac{m\pi}{a}\right)^2+\left(\frac{n\pi}{b}\right)^2\right\}^2-\sigma t\left(\frac{m\pi}{a}\right)^2=0 \tag{10.23}$$

したがって，式（10.23）を変形して板の座屈応力 σ_{cr} は次のように与えられる。

$$\sigma_{cr}=\left(m\frac{b}{a}+\frac{n^2}{m}\cdot\frac{a}{b}\right)^2\frac{\pi^2 D}{tb^2}=k\sigma_e \tag{10.24}$$

ここに，

$$\sigma_e=\frac{\pi^2 D}{tb^2}=\frac{\pi^2 E}{12(1-\nu^2)}\cdot\frac{1}{\beta^2}\qquad\left(\beta=\frac{b}{t}\right) \tag{10.25}$$

$$k=\left(m\frac{b}{a}+\frac{n^2}{m}\cdot\frac{a}{b}\right)^2=\left(m\frac{1}{\alpha}+\frac{n^2}{m}\alpha\right)^2\qquad\left(\alpha=\frac{a}{b}\right) \tag{10.26}$$

σ_e は板の基本座屈応力，k は座屈係数，β は幅厚比，α は縦横比（アスペクト比）と呼ばれている。$n=1$ の場合，k と α の関係は，**図 10.10** に示すように，m の値が変化しても，k の最小値は4.0になる。したがって，**第12章**で説明する板の設計圧縮強度においては，縦横比 α に関わらず圧縮応力を受ける4辺単純支持板に対する座屈係数は4が用いられる。板の境界条件や応力状態に対応する座屈係数 k は**図 10.11** に示している。

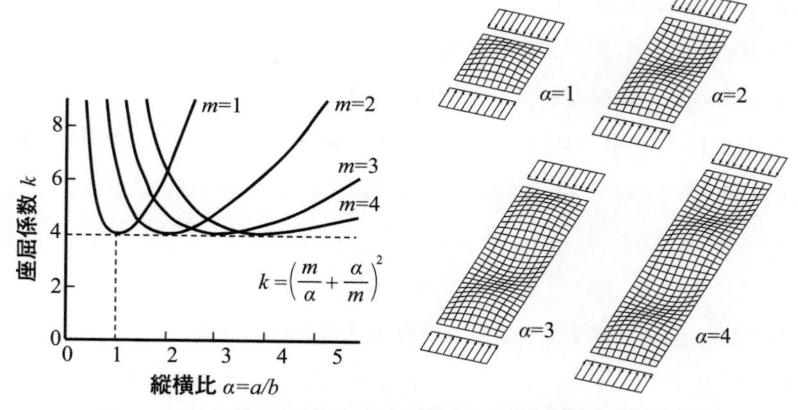

図 10.10　4 辺単純支持された鋼板の座屈係数と縦横比の関係

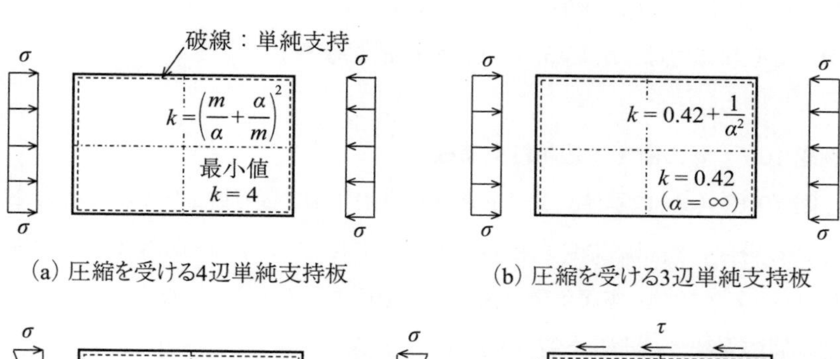

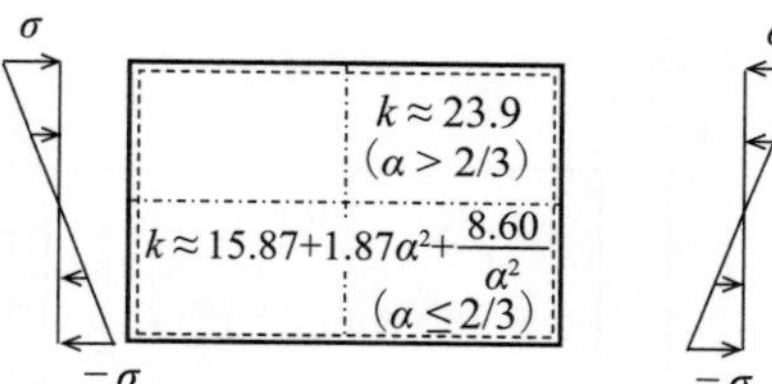

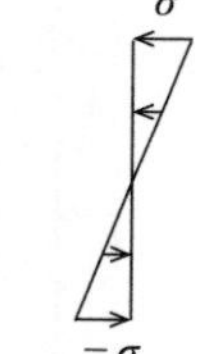

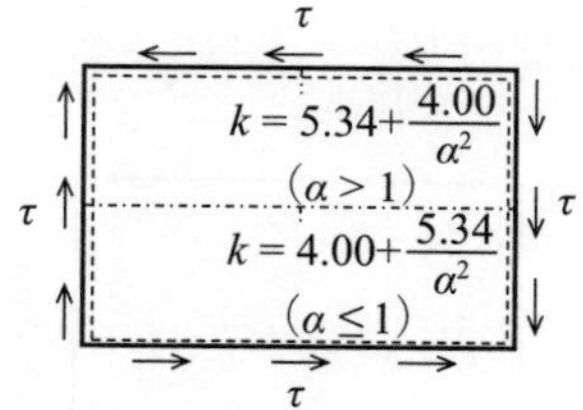

(c) 面内曲げを受ける4辺単純支持板　　(d) せん断を受ける4辺単純支持板

図 10.11　種々の板の境界条件や応力状態に対応する座屈係数

10.4.2　板の座屈応力の計算[⑦]

例題 10.4　圧縮を受ける 4 辺単純支持板

図 10.12（a） に示す，4 辺単純支持された鋼板（両縁支持板）の座屈応力を求める。鋼板であるので，ヤング係数は $E=200$ kN/mm^2，ポアソン比 $\nu=0.3$ になる。この鋼板の縦横比は $\alpha=2$ なので，座屈係数は $k=4$ になる。したがって，座屈波形は 2 次モード（$m=2$）になる。$\beta=111.1$ なので，基準座屈応力は $\sigma_e=14.64$ N/mm^2 になり，座屈応力は，$\sigma_{cr}=k\sigma_e=58.6$ N/mm^2 になる。

⑦　道路橋示方書では，圧縮を受ける鋼板の幅厚比 $\beta=b/t$ が境界条件や鋼種によって定められているので，本節の計算例や計算問題のように幅に対して非常に薄い鋼板は，鋼橋には用いることができない。

問題 10.7

以下の種々の応力が作用した鋼板に対して，座屈するかどうか答えなさい。

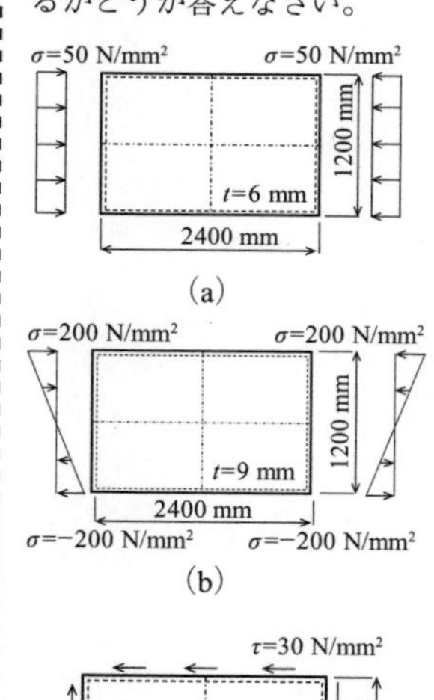

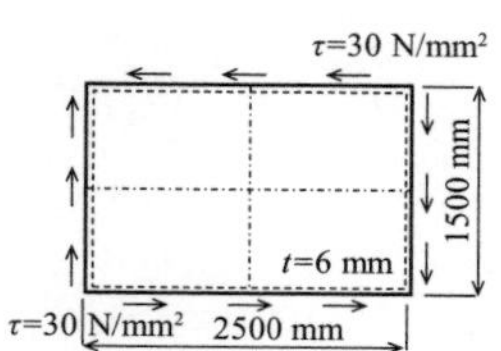

(c)

例題 10.5　圧縮を受ける 3 辺単純支持板

図 10.12（b） に示す，3 辺単純支持された鋼板（自由突出板）の座屈応力を求める。鋼板の形状が**図 10.12（a）** と同じであるので，基本座屈応力は**図 10.12（a）** の場合と同じ $\sigma_e = 14.64\ \text{N/mm}^2$ になる。この鋼板の縦横比は $\alpha = 2$ なので，座屈係数は**図 10.11（b）** より $k = 0.67$ になる。したがって座屈応力は，$\sigma_{cr} = k\sigma_e = 9.8\ \text{N/mm}^2$ になる。

例題 10.6　面内曲げモーメントを受ける 4 辺単純支持板

図 10.12（c） に示す，4 辺単純支持された鋼板が面内の曲げモーメントを受ける場合の座屈応力を求める。基本座屈応力は $\sigma_e = 14.64\ \text{N/mm}^2$，縦横比は $\alpha = 2$ なので，座屈係数は**図 10.11（c）** より $k \approx 23.9$ になる。したがって座屈応力は，$\sigma_{cr} = k\sigma_e = 349.9\ \text{N/mm}^2$ になる。

例題 10.7　せん断を 4 辺単純支持板

図 10.12（d） に示す，4 辺単純支持された鋼板が面内のせん断応力を受ける場合の座屈応力を求める。基本座屈応力は $\sigma_e = 14.64\ \text{N/mm}^2$，縦横比は $\alpha = 2$ なので，座屈係数は**図 10.11（d）** より $k = 6.34$ になる。したがって座屈応力は，$\tau_{cr} = k\sigma_e = 92.8\ \text{N/mm}^2$ になる。

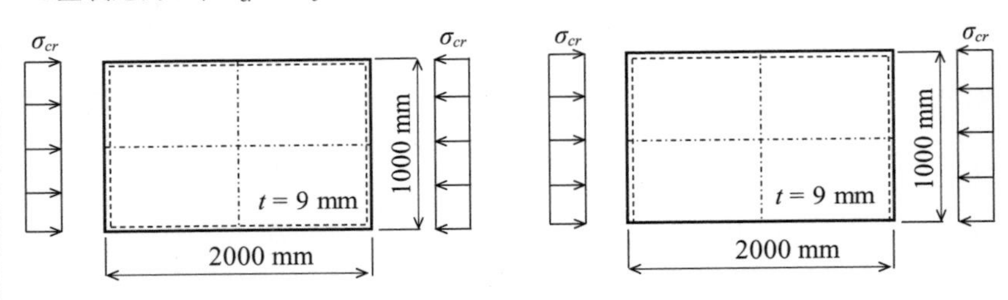

(a) 圧縮を受ける4 辺単純支持板　(b) 圧縮を受ける3 辺単純支持板

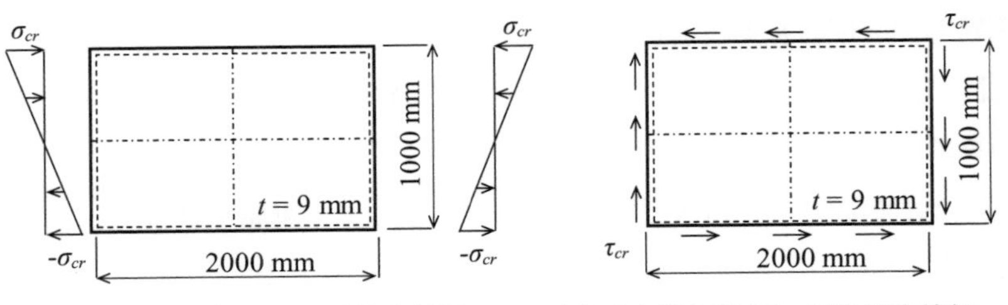

(c) 面内曲げを受ける4 辺単純支持板　(d) せん断を受ける4 辺単純支持板

図 10.12　種々の荷重を受ける鋼板

第11章　鉄筋コンクリート

本章では，**鉄筋コンクリート**[①]構造の概説を紹介する。コンクリート構造物は鉄筋コンクリートと**プレストレストコンクリート**[②]に大別されるが，ここでは建設構造物に最も多い鉄筋コンクリート構造物を設計する上で重要となる基本事項を記載している。鉄筋コンクリート構造に使用されるコンクリートの特性，その補強材として配置される鉄筋について紹介する。また，鉄筋コンクリート構造を設計する際に重要となる応力計算方法を述べる。さらに，近年体系化されてきた**性能照査型設計**[③]において重要となる鉄筋コンクリートはりの終局強度計算方法を示す。

11.1　鉄筋コンクリート構造

11.1.1　コンクリート材料

(1) 強度と特性

コンクリートは**セメント**[④]，**粗骨材**[⑤]，**細骨材**[⑥]，水などを**配合**[⑦]して構成した材料である。その性質は圧縮力に強いが引張力に弱い。したがって，コンクリート強度は圧縮強度を指すのが一般的である。構造力学や鋼構造工学では引張力を正（+）としているが，コンクリート材料を用いた構造物の設計では引張に対して有効としないケースが多いので，圧縮力を正（+）としている。

コンクリート強度は，材齢，養生条件，試験体の形状や寸法，および載荷速度などによって異なるが，**表 11.1** に示すような標準試験方法を定めている。わが国で用いられている強度試験体は ϕ 100×200 mm あるいは ϕ 150×300 mm の円柱体が一般的である。試験する日まで標準養生（20℃ ±3℃の水中で養生）を行うこととしている。コンクリート強度は材齢経過とともに増加し，普通ポルトランドセメントを用いた一般の構造物を対象とするときは，材齢 28 日での試験強度を基準としている。また，早強セメントを用いたコンクリートでは材齢 7 日などの強度で評価している。

① Reinforced Concrete
鉄筋で補強したコンクリート部材。

② Prestressed Concrete
PC 鋼線や PC 鋼棒などの緊張材により圧縮力を導入したコンクリート部材。

③ Performance-Based Design
安全性，使用性，耐久性などの指標を照査する設計法である。特に安全性の照査においては，従来の許容応力度設計法と異なり，終局強度を用いて設計を行う手法である。

④ Cement
建設物に用いるポルトランドセメント，アルミナセメントなどの水硬性材料

⑤ 粗骨材：5 mm 以上の砂利や砕石

⑥ 細骨材：5 mm 以下の砂や砕砂

⑦ コンクリートの配合のことを建築分野では調合と呼んでいる。

表 11.1　コンクリート強度試験法

項目	圧縮強度 f_c	割裂引張強度 f_t	曲げ引張強度 f_b
形状と載荷方法	P (直径D) P	P P (長さl) (直径D)	$P/2$ $P/2$ h $l/3$ $l/3$ $l/3$ b l
寸法	$\phi\,100\times200$ mm $\phi\,150\times300$ mm		$100\times100\times380$ mm $150\times150\times380$ mm ($l=300$ mm)
計算	$f'_c=\dfrac{P}{\pi D^2/4}$	$f_t=\dfrac{2P}{\pi Dl}$	$f_b=\dfrac{P}{bh^2}l$
規定	JIS A 1108 JIS A 1132	JIS A 1113 JIS A 1132	JIS A 1106 JIS A 1132

コンクリートの圧縮強度試験を行っても，強度の結果にはばらつきが生じる。ばらつきが正規分布すると仮定して，実際の圧縮強度が特性値f'_{ck}（設計で基準とする圧縮強度）を下回る確率が5% 以下となるように配合強度f'_{cr}（圧縮強度試験の平均値）を設定する必要がある。

コンクリートの引張強度は圧縮強度に比べて小さく，割裂引張強度は圧縮強度の 1/10 ～ 1/12，曲げひび割れ強度で 1/5 ～ 1/7 程度である。

(2) 応力度とひずみの関係

構造部材の応力状態や終局の破壊状態などを求めるためにコンクリートの**応力とひずみの関係**⑧を知ることは極めて重要である。応力とひずみの関係はコンクリート強度，骨材の種類，作用する応力状態，荷重の載荷速度などによって相違する。⑧の説明図は一軸応力状態での応力とひずみの関係を示している。通常の圧縮強度（$f'_c=60$ N/mm^2 程度以下）のコンクリートでは，[1] の領域（$f'_c/3$ 程度以下）では応力とひずみはほぼ線形的な挙動を示す。[2] の領域は上に凸の塑性的な挙動を示し，徐々にひずみの増加割合が大きくなる。この段階ではコンクリート内部の骨材間の結合が緩み，ひび割れが形成される。やがてこれらのひび割れが連続的に生じる状態となる。[3] は応力の最大値（すなわち，圧縮強度）の点であり，これを超えた [4] の応力の下降する領域は部材の終局段階といえる。これらはコンクリート構造物の終局挙動を検討する上で重要である。

⑧　コンクリートの応力とひずみの関係

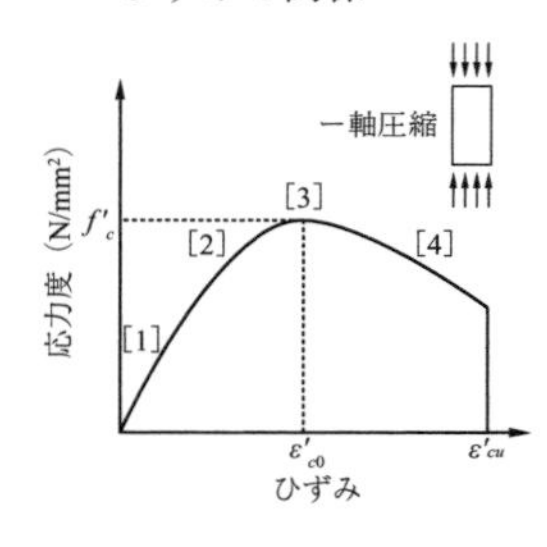

⑨　高強度コンクリートの応力とひずみの関係

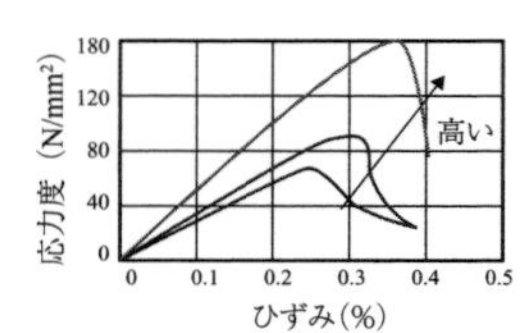

高強度コンクリート⑨における応力とひずみの関係において，最大応力時のひずみは圧縮強度の増加によって 0.2% から 0.35% 程度まで増加す

る。構造部材中での応力状態，荷重の載荷条件などは複雑であるが，構造解析や設計においては一般に一軸圧縮応力載荷時に求められる応力－ひずみ曲線を用いている。なお，**クリープ変形**[⑩]などの時間依存性は別途考慮することとしている。部材耐力の計算では**図 11.1** の曲線がよく用いられている。終局ひずみ ε'_{cu} は強度の増加とともに低減させているが，これは部材耐力から逆算される強度と供試体強度との差が大きくなることや，高強度コンクリートはぜい性的に破壊されることなどを考慮している。

⑩　クリープ変形とは，構造物に持続的な応力が作用すると，時間の経過とともにひずみが増大する現象をいう。プレストレストコンクリート部材の設計や鋼コンクリート合成桁の設計においては，これを考慮する必要がある。

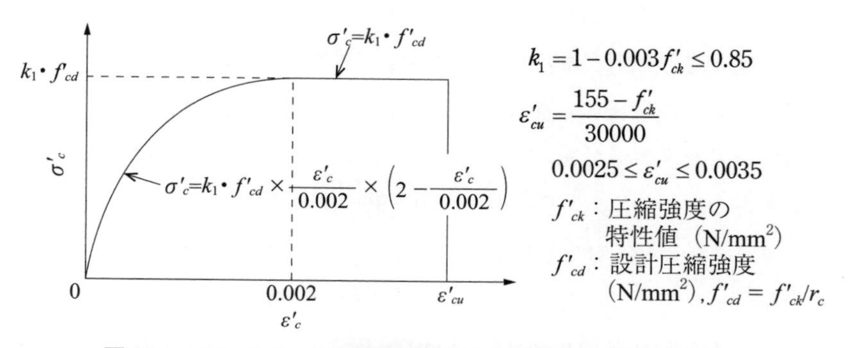

図 11.1　コンクリート部材の設計に用いる応力－ひずみ曲線
（出典：土木学会コンクリート標準示方書 設計編［2022 年度制定］）

(3) ヤング係数

使用限界状態における応力や変形，構造部材の不静定力の計算においては，コンクリートの**ヤング係数**[⑪]が必要となる。ヤング係数には⑪の説明図に示すような初期接線弾性係数，割線弾性係数，接線弾性係数がある。コンクリートの応力とひずみの関係は非線形であるが，使用状態のように応力レベルが低い領域の検討においてはほぼ直線性があると考えて，一般に設計におけるヤング係数は，圧縮強度の 1/3 における点と 50 μ の点を結ぶ割線弾性係数が用いられることが多い。なお，標準的な設計値としては，**表 11.2** に示すものが採用されている。

⑪　コンクリートのヤング係数は，コンクリートの応力－ひずみ曲線の勾配から各種求められる。

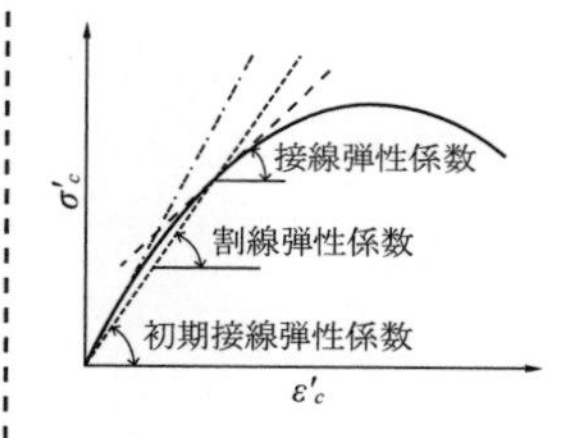

表 11.2　コンクリートのヤング係数

圧縮強度の特性値 f'_{ck}〔N/mm^2〕	18	24	30	40	50	60	70	80
ヤング係数 E_c〔N/mm^2〕	22	25	28	31	33	35	37	38

（出典：土木学会コンクリート標準示方書 設計編［2022 年度制定］）

11.1.2　補強鉄筋

(1)　強度と特性

補強鉄筋の要求性能としては，降伏点強度が大きいこと，延性が大きいこと，曲げ加工などが容易なこと，コンクリートとの付着性に優れていることなどが求められ，主な性質は JIS（日本工業規格）に定められている，**表 11.3** に鉄筋の機械的性質の規格をまとめて示す。

また，腐食環境条件の厳しい場所のコンクリート構造物では，耐食性の高いステンレス鉄筋やエポキシ樹脂塗装鉄筋が使用されることがある。鉄筋は丸鋼と異形棒鋼がある。異形棒鋼は通常は**異形鉄筋**[⑫]と呼ばれることが多く，⑫の説明図に示すように表面に凹凸を設けており，製造会社によってその形状が異なる。異形鉄筋はコンクリートとの付着強度を高める効果があるため，コンクリート中への鉄筋の定着に有利である。また，コンクリートのひび割れを分散させる効果がある。異形鉄筋の直径は平均的な公称周長を定めて規定している。公称直径 d に近い数値を丸めて鉄筋の呼び名とし，呼び名 D4（$d = 4.23$ mm）～ D51（$d = 50.8$ mm）の鉄筋が JIS に規定されている。これらの寸法規格を**表 11.4** に示す。

⑫ Deformed Reinforcing Bar
丸鋼と代表的な異形鉄筋を以下に示す。

丸鋼

直径

異形鉄筋（異形棒鋼）

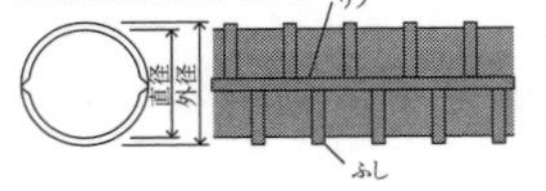

表 11.3　鉄筋の機械的性質

種類	種類の記号	降伏点（N/mm²）	引張強さ（N/mm²）	伸び（%）
丸鋼	SR 235	235 以上	380 ～ 520	20 あるいは 22 以上
	SR295	295 以上	440 ～ 600	18 あるいは 19 以上
異形棒鋼	SD 295 A	295 以上	440 ～ 600	16 あるいは 17 以上
	SD 295 B	295 ～ 390	440 以上	16 あるいは 17 以上
	SD 345	345 ～ 440	490 以上	18 あるいは 19 以上
	SD 390	390 ～ 510	560 以上	16 あるいは 17 以上
	SD 490	490 ～ 625	620 以上	12 あるいは 13 以上

表 11.4 鉄筋の寸法諸元（JIS G 3112）

呼び名	公称直径 d (mm)	公称周長 u (cm)	公称断面積 A_s (cm^2)	単位質量 (kg/m)	ふしの平均間隔の最大値 (mm)	ふしの高さの最小値 (mm)	ふしのすき間の和の最大値 (mm)
D4	4.23	1.3	0.1405	0.110	3.0	0.2	3.3
D5	5.29	1.7	0.498	0.173	3.7	0.2	4.3
D6	6.35	2.0	0.3167	0.249	4.4	0.3	5.0
D10	9.53	3.0	0.7133	0.560	6.7	0.4	7.5
D13	12.7	4.0	1.267	0.995	8.9	0.5	10.0
D16	15.9	5.0	1.986	1.56	11.1	0.7	12.5
D19	19.1	6.0	2.865	2.25	13.4	1.0	15.0
D22	22.2	7.0	3.871	3.04	15.5	1.1	17.5
D25	25.4	8.0	5.067	3.98	17.8	1.3	20.0
D29	28.6	9.0	6.424	50.4	20.0	1.4	22.5
D32	31.8	10.0	7.942	6.23	22.3	1.6	25.0
D35	34.9	11.0	9.566	7.51	24.4	1.7	27.5
D38	38.1	12.0	11.40	8.95	26.7	1.9	30.0
D41	41.3	13.0	13.40	10.5	28.9	2.1	32.5
D51	50.8	16.0	20.27	15.9	35.6	2.5	40.0

（参考）1. ふしの間隔は，その公称直径の 70％以下とし，算出値を小数点以下 1 桁に丸める。
2. ふしのすき間の合計は，公称周長の 20％以下とし，算出値を小数点以下 1 桁に丸める。リブとふしとが離れている場合，およびリブがない場合にはふしの欠損部の幅を，また，ふしとリブとが接続している場合にはリブの幅を，それぞれふしのすき間とする。
3. ふしの高さは次表によるものとし，算出値を小数点以下 1 桁に丸める。

寸　法	ふしの高さ	
	最　小	最　大
呼び名 D13 以下	公称直径の 4.0％	最小値の 2 倍
呼び名 D13 を超え D19 未満	公称直径の 4.5％	最小値の 2 倍
呼び名 D19 以上	公称直径の 5.0％	最小値の 2 倍

4. ふしと軸線との角度は 45° 以上とする。

鉄筋の最も重要な品質は降伏点強度である。**表 11.3** に示したように降伏点 235 ～ 490 N/mm^2 のものが規定されている。通常 SD295 もしくは SD345 が使われることが多い。鉄筋はその製造方法，表面形状，降伏点強度に応じて記号化して表されている。例えば SD 345 は以下の仕様で製造されている。

SD：熱間圧延異形棒鋼（SR は熱間圧延丸鋼，再生棒鋼の場合はこの後に R をつけて SDR と記す）

345：降伏点強度 345 ～ 440 N/mm^2

⑬　鉄筋の応力とひずみの関係

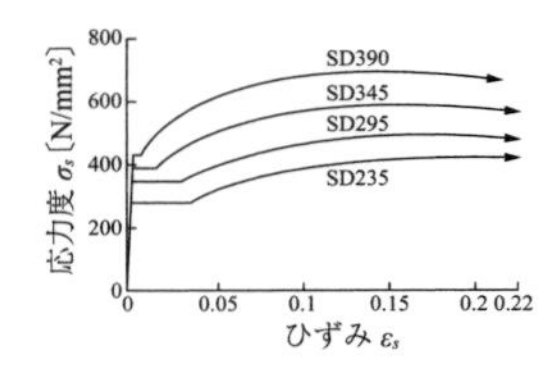

⑭　ひずみ硬化とは、鋼材の力学性状の1つであり，鋼材が降伏後に応力度がほぼ一定状態を迎え，ひずみが進行した後，応力度が上昇する現象。

⑮　設計に用いる鉄筋の応力とひずみの関係（完全弾塑性）

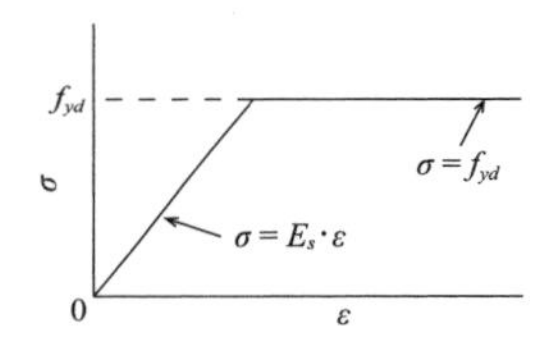

⑯　変形の適合条件とは，断面内におけるひずみ分布などのことであり，ここでは，断面に一様な圧縮ひずみが発生する（鉄筋とコンクリートのひずみは等しい）ことである。

(2) 応力度とひずみの関係

鉄筋の応力とひずみの関係⑬は降伏点まで線形関係であり，この点を過ぎるとひずみのみが増加する降伏棚領域に入り，ある時点から再び応力が増加するひずみ**硬化領域**⑭となる。ヤング係数は $1.90 \sim 2.10 \times 10^5$ N/mm^2 程度であり，設計上のヤング係数として 2.00×10^5 N/mm^2 の値を用いている。降伏点のひずみは鉄筋の種類によって異なるが 0.0015 ～ 0.002 程度である。降伏点は引張強度の 65 ～ 80% の範囲にある。ひずみ硬化時のひずみは約 0.02 で降伏点の約 10 倍，鉄筋破断時のひずみは 0.2 ～ 0.3 程度であり，降伏点の約 100 倍の変形性能を有することがわかる。設計では安全側に，ひずみ硬化を無視した**完全弾塑性**⑮の応力とひずみの関係を用いている。

11.1.3　鉄筋コンクリート柱

コンクリート材料は引張力には弱いが圧縮力には強いので，主に橋脚やビルの柱部材などに適用されることが多い。中心軸圧縮力を受ける鉄筋コンクリートは，断面の図心に圧縮力が作用して一様な圧縮ひずみが生じていると考えて計算する。

構造物あるいは部材の力学的挙動を計算する場合には，一般につり合い条件と**変形の適合条件**⑯，および破壊条件を含む材料の応力とひずみ関係（構成則）が必要であり，これらの条件を適切に与えれば計算は可能となる。

本章で用いる記号⑰は，基本的には土木学会コンクリート標準示方書に準拠しており，これら記号の標準的な力学上の意味を⑰の表に示す。また，ひずみ，応力度，強度，軸力などは，構造力学のルールにしたがい引張を（+）とする。しかしながら，慣用的な計算において圧縮を（+）とする場合は記号に ‘（ダッシュ）をつけて区別している。例えば，コンクリートの圧縮ひずみ，圧縮応力，圧縮強度は，それぞれ，ε'_c，σ'_c，f'_c と表現している。

図 11.2 に示す長方形断面が，中心軸圧縮力を受ける場合の終局耐力 を計算する。簡単のため，鉄筋は上下とも断面積が等しく対称に配置されているものとする。

コンクリートの応力とひずみ関係⑱は，2 次放物線と直線で式（11.1）のようにモデル化し，圧縮応力が最大値に達するときのひずみ ε'_0 を 0.002，終局ひずみを ε'_u とする。また，**鉄筋の応力とひずみ関係**⑲は，式

（11.2）のように完全弾塑性のバイリニアでモデル化する。

$$\left.\begin{aligned}&\sigma'_c = k_1 f'_c\left\{2\times\left(\frac{\varepsilon'_c}{\varepsilon'_0}\right)-\left(\frac{\varepsilon'_c}{\varepsilon'_0}\right)^2\right\} && \varepsilon'_c \leq \varepsilon'_0\\ &\sigma'_c = k_1 f'_c && \varepsilon'_0 < \varepsilon'_c \leq \varepsilon'_u\\ &f'_c \leq 50\ \text{N/mm}^2\ \text{の場合,}\ k_1 = 0.85,\ \varepsilon'_u = 0.0035\end{aligned}\right\} \tag{11.1}$$

$$\sigma'_s = E_s \varepsilon'_s \leq f'_{sy} \tag{11.2}$$

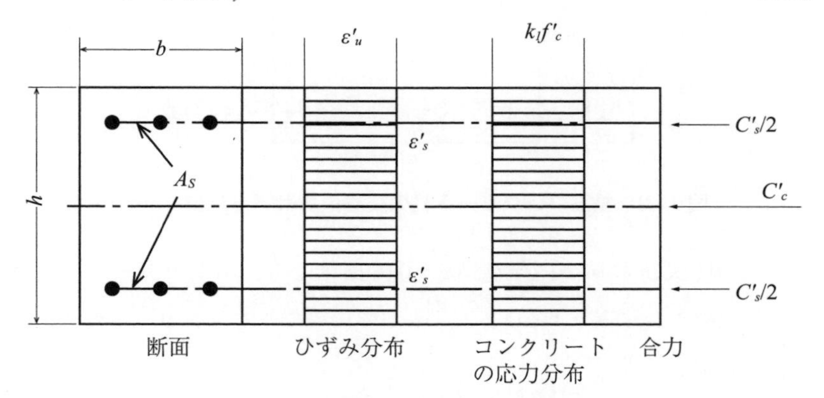

図 11.2　断面のひずみと応力分布

柱断面内のひずみが一様分布するとして鉄筋の圧縮ひずみ ε'_s はコンクリートの圧縮ひずみ ε'_u と等しいと仮定する。したがって，特に高強度でないかぎり，鉄筋は降伏するので，軸方向についての力のつり合い条件から，式（11.3）のように終局耐力 N'_{u0} が求められる。ここでは，外力としての圧縮力 N'_{u0} と鉄筋およびコンクリートの圧縮応力（内力）が等しくなると仮定できる。

$$N'_{u0} = C'_c + C'_s = k_1 f'_c bh + A_s f'_{sy} \tag{11.3}$$

ここで，C'_c：コンクリートの圧縮応力の合力，C'_s：鉄筋の圧縮力，f'_c：コンクリートの圧縮強度，A_s：鉄筋の総断面積，f'_{sy}：鉄筋の降伏点。なお，式（11.3）においては，鉄筋が座屈しないことを前提とするために，**帯鉄筋やらせん鉄筋**[⑳]などのせん断補強鉄筋を適切な間隔で配置しなければならない。これらの横方向鉄筋を密に配置すると，鉄筋の拘束効果によってコンクリートの圧縮強度，終局ひずみが増加し，圧縮力に対する耐力ならびに変形性能が向上する。

例題 11.1

図 11.3 に示す断面の中心軸圧縮終局耐力を計算しなさい。ただし，コンクリートの圧縮強度 f'_c は 30 N/mm²，鉄筋の降伏点 f_{sy} は 300 N/mm²，お

⑰　本章で用いる記号一覧

記号	力学上の意味
σ	応力度
f	強度
ε	ひずみ
E	ヤング係数
A	断面積
添字	**力学上の意味**
C	圧縮
T	引張
c	コンクリート
s	鉄筋
y	降伏
u	終局

⑱　コンクリートの応力とひずみの関係

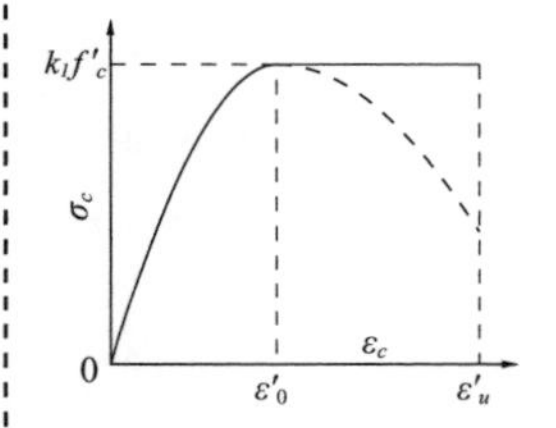

⑲　鉄筋の応力とひずみの関係

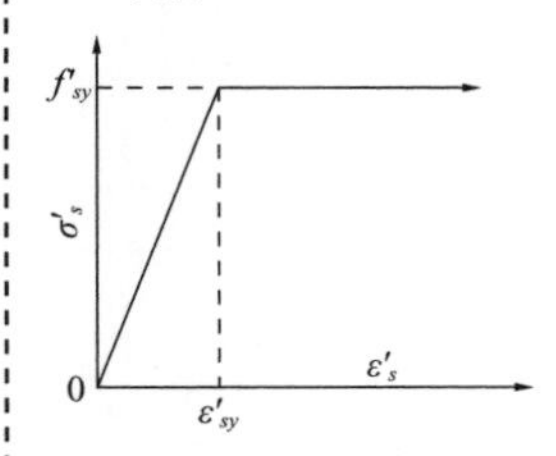

⑳　帯鉄筋とらせん鉄筋

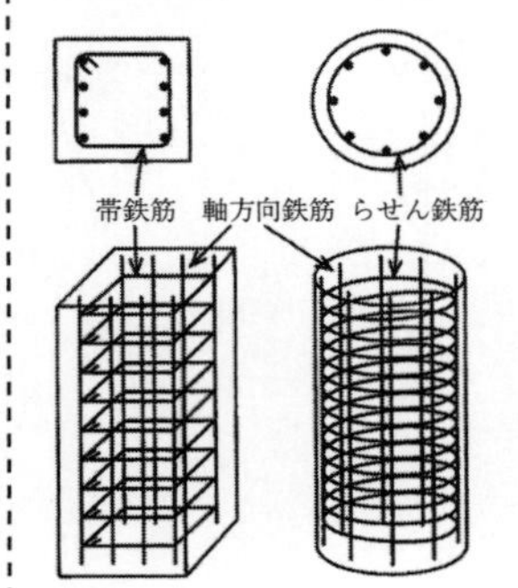

問題 11.1

断面寸法 500 mm×500 mm，鉄筋合計断面積 A_s=6000 mm^2 の矩形断面の中心軸圧縮部材について，その終局耐力を計算しなさい。ただし，コンクリートの圧縮強度 f'_c = 50 N/mm^2，鉄筋の降伏点 f_{sy} = 300 N/mm^2。鉄筋のヤング係数 E_s = 2.0 × 10^5 N/mm^2 とする。

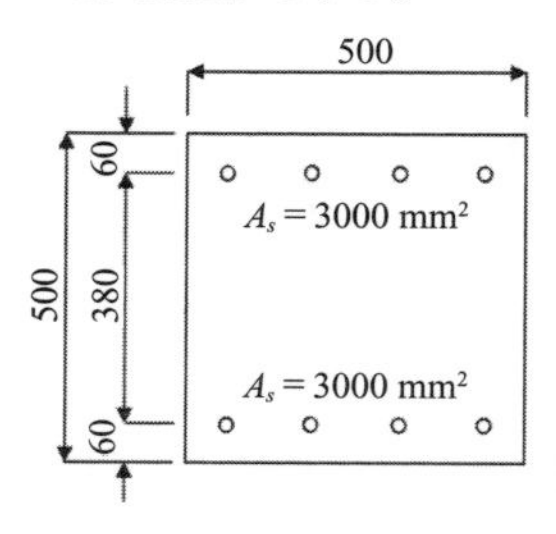

よび鉄筋のヤンク係数 E_s は 2.0×10^5 N/mm^2 とする。

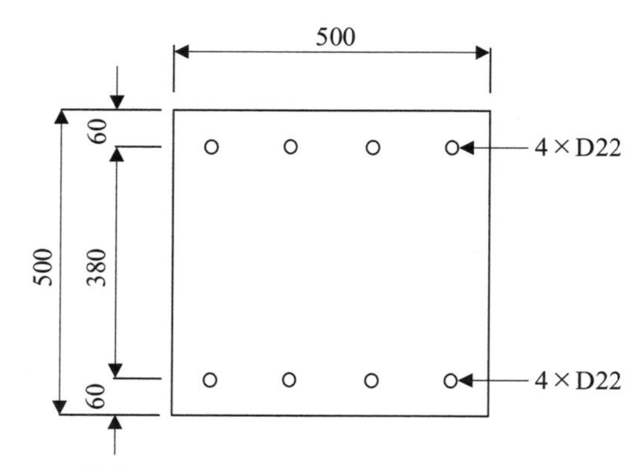

図 11.3　鉄筋コンクリート柱の終局強度計算（単位：mm）

鉄筋の降伏ひずみは $\varepsilon'_{sy}=f'_{sy}/E_s=0.0015$ となり，コンクリートの圧縮応力最大時のひずみ $\varepsilon'_0=0.002$ よりも小さいので，コンクリート最大応力状態を想定して式（11.3）によって耐力が計算できる。

表 11.4 より，鉄筋（4×D22）の断面積は 1548 mm^2 であり，全体鉄筋断面積 A_s = 3096 mm^2 となり，中心軸圧縮破壊耐力は以下で計算できる。

$$
\begin{aligned}
N'_{u0} &= 0.85 f'_c bh + A_s f'_{sy} \\
&= 0.85\times30\times500\times500+3096\times300 \\
&= 7.30\times10^6\ \mathrm{N}
\end{aligned}
$$

11.1.4　鉄筋コンクリートはり

鉄筋コンクリート部材の力学において，曲げ部材の挙動を理解することは最も基本である，**図 11.4** に示す 2 点集中荷重を受ける単純はりを例にして説明する。この試験体は引張側に鉄筋 D16 が 2 本配置されており，せん断補強筋（スターラップ）が適度に配置されている。この実験結果の**鉛直変位**[21]挙動から，この鉄筋コンクリートはりが曲げ破壊に至るまで，**3 つの段階**[22]に大別できる。

㉑　支間中央の鉛直変位実験結果

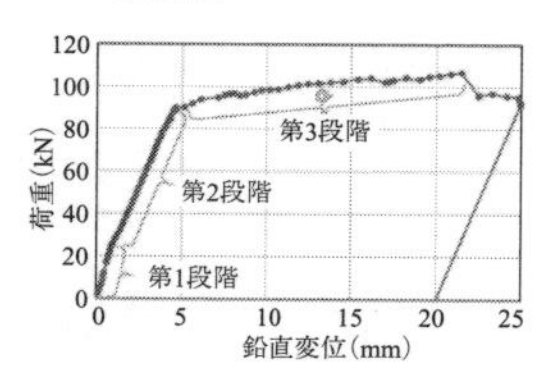

第 1 段階は，荷重が十分小さく，曲げひび割れが発生していない段階である。コンクリートは弾性状態であり，全断面有効として抵抗できる。そのため剛性は最大となり，たわみやひずみも小さい。

第 2 段階は，曲げひび割れは発生しているが，引張鉄筋の応力はまだ降伏点に達しない段階である。曲げひび割れにより，引張側のコンクリートの抵抗力はほぼ消失し，曲げに抵抗する有効なコンクリート断面が下から順次減少していく。そのため中立軸は上昇し，荷重の増加にともなうたわみおよびコンクリートの圧縮応力と鉄筋の引張応力が増加していくこととなる。ただし，コンクリートと鉄筋の応力度は弾性範囲内であるため，部材は全体として弾性的で安定な挙動を示し，この段階は鉄筋コンクリートの通常の供用状態として設計計算を行ってよい。

第３段階は，引張鉄筋の降伏から破壊に至るまでの段階である。鉄筋のひずみは急激に増加して，中立軸もさらに上昇する。これにともなって，コンクリートのひずみも急激に増加して塑性領域に至り，断面の剛性低下により，たわみも急増する。引張鉄筋が降伏した後は，はりの耐荷力は上昇せず，塑性変形だけが増加して，やがて曲げ破壊に至る。

㉒　曲げ破壊に至るまでの３つの段階

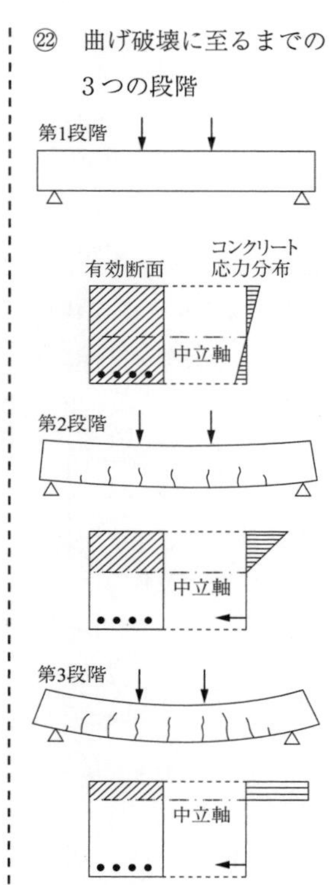

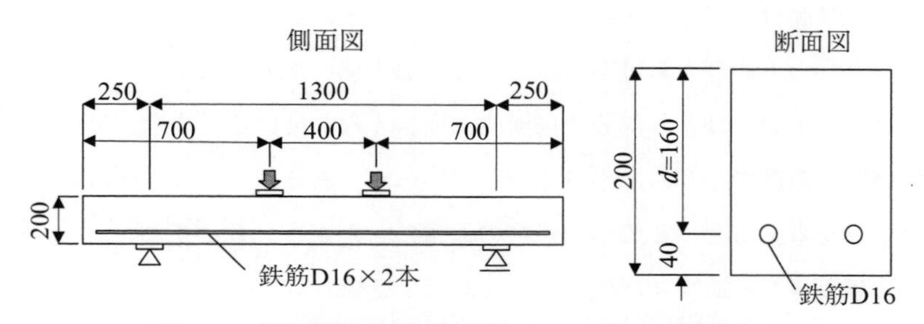

図 11.4　集中荷重を受ける鉄筋コンクリート単純はり

11.2　曲げ応力度の計算

11.2.1　計算上の仮定

鉄筋コンクリートはりの曲げ応力度の計算は，一般に以下の４つの仮定を前提としている。

(1)　仮定１：コンクリートおよび鉄筋は弾性状態にある。

鉄筋コンクリート構造物の設計において，一般には前項の第２段階の状態であり，曲げ破壊荷重よりも十分小さい荷重状態に対して行う。

また，鉄筋の応力度は $0.6f_{sy}$（f_{sy}：降伏点）以下の弾性範囲であり，コンクリートの圧縮応力度も $f'_c/3 \sim f'_c/2$ 程度以下である。したがって，応力とひずみの関係はフックの法則から，式（11.4)，(11.5）の通り直線で近似できる範囲にあると仮定する。

$$\sigma'_c = E_c \varepsilon'_c \tag{11.4}$$

$$\sigma_s = E_s \varepsilon_s \tag{11.5}$$

ここで，σ'_c，E_c および ε'_c は，それぞれ，コンクリートの圧縮応力度，ヤング係数および圧縮ひずみであり，σ_s，E_s および ε_s は，それぞれ，鉄筋の引張応力度，ヤング係数および引張ひずみである。

(2) 仮定2：コンクリートと鉄筋は付着が存在してずれは生じない。

コンクリートと鉄筋が付着により一体化しているものとする。荷重が増加して付着が切れると微小なずれが生じるが，一般にはこれを無視して，ずれは生じないものと仮定している。このように完全な付着した一体化状態では，鉄筋とコンクリートのひずみは等しいことになる。

(3) 仮定3：断面のひずみ分布は**平面保持の仮定**[23]が成り立つ

曲げ変形を受けるはりの変形の適合条件として，載荷による変形後の断面も平面保持するものと仮定する。変形前に平面であった断面は曲げ変形後も平面を保つということであり，断面内でひずみは直線分布すると考える。実挙動はひび割れが生じている部分のひずみが大きくなり，引張側のコンクリートのひずみは不連続であり，引張側に配置されている鉄筋もコンクリートのひび割れ部分で局所的に大きくなっている。また，ひび割れていない範囲のひずみは小さくなっているが，ある程度の長さ区間の平均ひずみを考えると，この平面保持の仮定にしたがうと考えてよい。

(4) 仮定4：引張側コンクリートの抵抗を無視する。

曲げを受ける鉄筋コンクリートはりは，一般的な使用状態において曲げひび割れが生じている。中立軸付近の引張側コンクリートには引張応力が存在しているが，その値は小さく断面の曲げ抵抗に及ぼす影響は少ないので，コンクリートの引張側はすべて無視できるものと仮定する。

11.2.2　曲げ応力度の計算

図11.4に示した**単鉄筋矩形はり**[24]が，曲げモーメントMを受けたときのコンクリートおよび鉄筋の応力度を計算する。平面保持の仮定から断面内のひずみは式（11.6）で与えられる。

$$\varepsilon_s = \varepsilon'_c \frac{d-x}{x} \tag{11.6}$$

式（11.4）〜(11.6）を用いて，**ヤング係数比**[25]を$n\,(=E_s/E_c)$）とすれば，コンクリートの圧縮応力C'_cおよび鉄筋の引張応力T_sは，式（11.7）で表される。

$$\left.\begin{aligned} C'_c &= \frac{1}{2}bx\sigma'_c \\ T_s &= A_s\sigma_s = A_sE_s\varepsilon_s = A_sE_s\varepsilon'_c\frac{d-x}{x} = A_sn\sigma'_c\frac{d-x}{x} \end{aligned}\right\} \tag{11.7}$$

軸方向の力のつり合いとモーメントのつり合い条件を考える。外力と

㉓　平面保持の仮定

変形後も平面を保持して，ひずみ分布が線形になるという仮定。

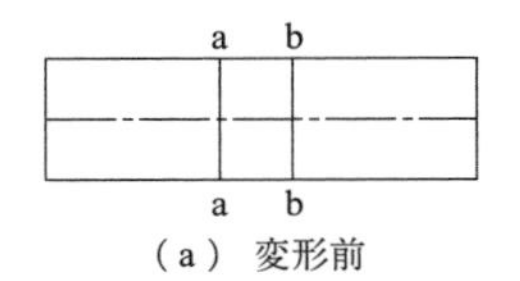

（a）変形前

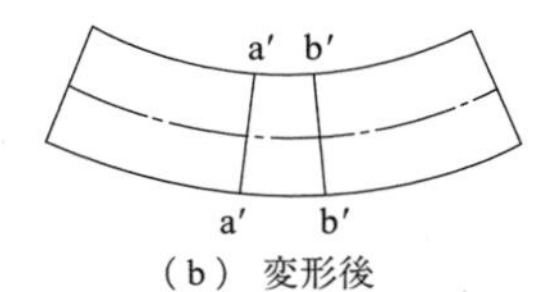

（b）変形後

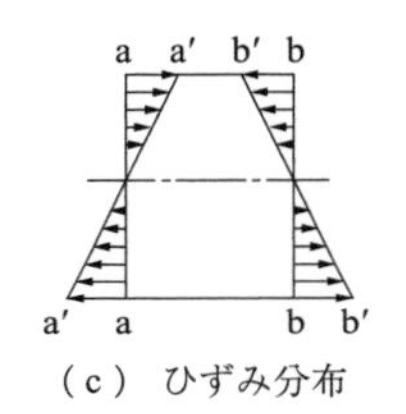

（c）ひずみ分布

㉔　単鉄筋矩形はり

引張を受ける側にのみ鉄筋を配置した長方形断面のはり。

㉕　ヤング係数比

鉄筋のヤング係数E_sとコンクリートのヤング係数E_cの比率をヤング係数比nと呼ぶ。E_sはほぼ一定値であるが，E_cは圧縮強度によって変化する。

$E_c = 3.0\times10^4$ N/mm^2，$E_s = 2.0\times10^5$ N/mm^{2}の場合，$n≒7$となる。ただし，クリープやひび割れなどを考慮する場合は，$n≒15$程度を設計に用いる場合がある。

しての軸力は作用していないので，軸方向の力のつり合条件は，式(11.8)で表され，これを解くことにより，式(11.9)のように中立軸高さxが求められる。

$$C'_c - T_s = 0 \tag{11.8}$$

$$\frac{1}{2}\sigma'_c bx - nA_s\sigma'_c\frac{d-x}{x} = 0$$

$$bx^2 + 2nA_s x - 2nA_s d = 0$$

$$x = \frac{-nA_s + \sqrt{(nA_s)^2 + 2nA_s bd}}{b} \tag{11.9}$$

引張鉄筋の**鉄筋比**[26]を$p(=A_s/\mathrm{bd})$，$x/d=k$とすれば式(11.9)は次のように表現できる。

$$k = -np + \sqrt{(np)^2 + 2np} \tag{11.10}$$

また，C'_cとT_sの間の距離をz（モーメントアーム長），$j=1-k/3$とすれば，$j=z/d$と表現することができる。

モーメントのつり合い条件は，外力として作用するモーメントMと，コンクリートおよび鉄筋の応力度（内力）によるモーメントがつり合うことである。軸力が作用しない場合，モーメントのつり合いはどの点で考えてもよいので，鉄筋断面の重心位置に関するモーメントのつり合い条件は式(11.11)で与えられる。

$$M = C'_c\left(d - \frac{x}{3}\right) = \frac{1}{2}bx\sigma'_c\left(d - \frac{x}{3}\right) \tag{11.11}$$

したがって，上縁コンクリートの圧縮応力σ'_cは，式(11.12)から求められ，鉄筋の応力σ_sは式(11.13)で表される。

$$\sigma'_c = \frac{2M}{bx\left(d - \frac{x}{3}\right)} \tag{11.12}$$

$$\sigma_s = \frac{M}{A_s\left(d - \frac{x}{3}\right)} \tag{11.13}$$

例題 11.2

図 11.5に示す**複鉄筋矩形はり**[27]に曲げモーメント$M=4.00\times10^8$ N·mmが作用する場合，上縁コンクリート，圧縮側鉄筋の応力度，引張側鉄筋の応力度を計算しなさい。ただし，ヤング係数比nは7.0とし，$A'_s=1146$

㉖　鉄筋比
鉄筋コンクリート部材断面bdにおける鉄筋の断面積A_sの比

㉗　複鉄筋矩形はり
引張のみならず圧縮側にも鉄筋を配置した長方形断面のはり。

mm^2（4×D19），$A_s = 3177$ mm^2（4×D35）とする。

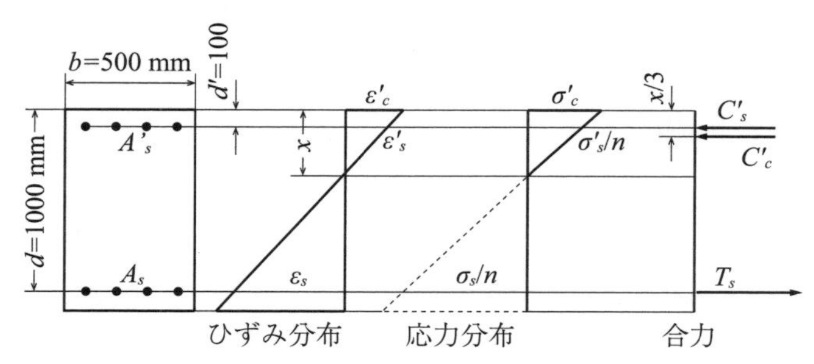

図 11.5　複鉄筋矩形はりのひずみと応力分布

問題 11.2

下図示す複鉄筋矩形はりに曲げモーメント $M = 8.00 \times 10^8$ N·mm が作用する場合，上縁コンクリート，圧縮側鉄筋の応力度，引張側鉄筋の応力度を計算しなさい。ただし，ヤング係数比 n は 8.0 とし，$A'_s = 2000$ mm^2，$A_s = 4500$ mm^2 とする。

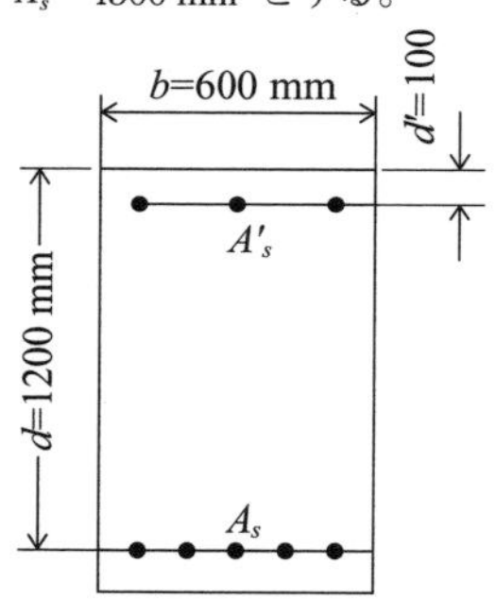

平面保持の仮定を用いて，断面内のひずみおよび応力を計算する。

$$\varepsilon'_s = \varepsilon'_c \frac{x - d'}{x}$$

$$\varepsilon'_s = \varepsilon'_c \frac{d - x}{x}$$

$$\sigma'_s = E_s \varepsilon'_s = E_s \varepsilon'_c \frac{x - d'}{x} = E_s \frac{E_c}{E_c} \varepsilon'_c \frac{x - d'}{x} = n\sigma'_c \frac{x - d'}{x}$$

$$\sigma_s = E_s \varepsilon_s = E_s \varepsilon'_c \frac{d - x}{x} = E_s \frac{E_c}{E_c} \varepsilon'_c \frac{d - x}{x} = n\sigma'_c \frac{d - x}{x}$$

水平方向の力のつり合い条件を用いて，中立軸高さ x を計算する。コンクリート圧縮応力の合力，圧縮鉄筋の圧縮力および引張鉄筋の引張力を，それぞれ C'_c，C'_s および T_s とすれば

$$C'_c = \frac{1}{2} b x \sigma'_c$$

$$C'_s = A'_s \sigma'_s = A'_s n \sigma'_c \frac{x - d'}{x}$$

$$T_s = A_s \sigma_s = A_s n \sigma'_c \frac{d - x}{x}$$

つり合い条件式 $C'_c + C'_s - T_s = 0$ から，以下の2次方程式が得られ，これを解いて x が求められる。

$$bx^2 + 2n(A_s + A'_s)x - 2n(A_s d + A'_s d') = 0$$

$$x = \frac{-n(A_s + A'_s) + \sqrt{n^2 (A_s + A'_s)^2 + 2nb(A_s d + A'_s d')}}{b}$$

$$x = \frac{-7.0 \times (3177 + 1146) + \sqrt{(7.0)^2 \times (3177 + 1146)^2 + 2 \times 7.0 \times 500 \times (3177 \times 1000 + 1146 \times 100)}}{500}$$

$= 249\ \text{mm}$

引張鉄筋図心に関するモーメントのつり合い条件を用いて，各応力を算定する。

$$M = C'_c\left(d - \frac{x}{3}\right) + C'_s(d - d') = \frac{1}{2}bx\sigma'_c\left(d - \frac{x}{3}\right) + nA'_c\sigma'_c\left(\frac{x - d'}{x}\right)(d - d')$$

$$\sigma'_c = \frac{2M}{bx\left(d - \frac{x}{3}\right) + 2nA'_s\left(\frac{x - d'}{x}\right)(d - d')}$$

$$= \frac{2 \times 4.00 \times 10^8}{500 \times 249 \times \left(1000 - \frac{249}{3}\right) + 2 \times 7.0 \times 1146 \times \left(\frac{249 - 100}{249}\right) \times (1000 - 100)}$$

$$= 6.51\ \text{N/mm}^2$$

先に求めた応力の関連式を用いれば，圧縮鉄筋および引張鉄筋の応力が求まる。

$$\sigma'_s = n\sigma'_c\frac{x - d'}{x} = 7.0 \times 6.51\frac{249 - 100}{249} = 27.3\ \text{N/mm}^2$$

$$\sigma_s = n\sigma'_c\frac{d - x}{x} = 7.0 \times 6.51\frac{1000 - 249}{249} = 137\ \text{N/mm}^2$$

例題 11.3

図 11.6 に示す単鉄筋 T 型断面はりに曲げモーメント $M = 8.0 \times 10^8\ \text{N·mm}$ が作用する場合，上縁コンクリートの圧縮応力度，および引張側鉄筋の応力度を計算しなさい。ただし，ヤング係数比 n は 8.0 とし，引張側鉄筋の断面積 $A_s = 9120\ \text{mm}^2$ (8XD38) とする。

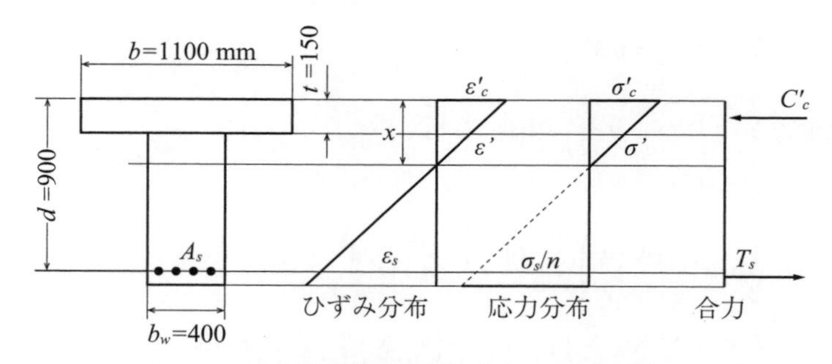

図 11.6 単鉄筋 T 型断面はりのひずみと応力分布

T 型断面であっても，中立軸がフランジ内にある場合には，力学的にはフランジ幅と等しい幅を持った矩形断面とみなせる。それで，まず中立軸はフランジ内にあるものと仮定して，式 (11.9) により，フランジ幅と等しい幅を持つ矩形断面としての x を算定する。

問題 11.3

下図に示す寸法 (mm) の単鉄筋 T 型断面はりに，曲げモーメント $M = 2.0 \times 10^9\ \text{N·mm}$ が作用する場合，上縁コンクリートの圧縮応力度，および引張側鉄筋の応力度を計算しなさい。ただし，ヤング係数比 n は 7.0 とし，引張側鉄筋の断面積 $A_s = 20000\ \text{mm}^2$ とする。

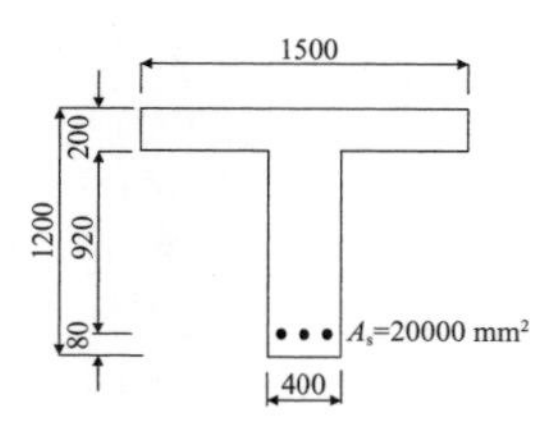

$$x = \frac{-nA_s + \sqrt{(nA_s)^2 + 2nA_s bd}}{b}$$

$$= \frac{-8.0 \times 9120 + \sqrt{(8.0 \times 9120)^2 + 2 \times 8.0 \times 9120 \times 1100 \times 900}}{1100}$$

$$= 286\ \text{mm} > t = 150\ \text{mm}$$

この場合，矩形断面としての x はフランジ厚さ t よりも大きいので，中立軸はフランジ内にはないことがわかる。したがって，中立軸はウェブ内にあり，力学的にも T 型断面であるとして曲げ応力を計算する。

例題 11.2 の場合と同様に，平面保持の仮定を用いて断面内の応力を計算する．

$$\sigma' = \sigma'_c \frac{x-t}{x}$$

$$\sigma_s = n\sigma'_c \frac{d-x}{x}$$

コンクリートの圧縮力および鉄筋の引張力は次のように表される。ここで，C'_{c1} は幅 b × 高さ x の断面積に作用する（仮想の）圧縮力であり，C'_c よりも大きい値である。C'_{c2} は C'_{c1} から差し引いて C'_c を得るための，幅（$b - b_w$）× 高さ（$x - t$）の断面積に作用する（仮想の）圧縮力である。

$$C'_c = C'_{c1} - C'_{c2} = \frac{1}{2}bx\sigma'_c - \frac{1}{2}(b-b_w)(x-t)\sigma'$$

$$= \frac{1}{2}bx\sigma'_c - \frac{1}{2}(b-b_w)(x-t)\frac{x-t}{x}\sigma'_c$$

$$T_s = A_s\sigma_s = nA_s\sigma'_c \frac{d-x}{x}$$

水平方向の力のつり合い条件式は以下の通りである。

$$C'_c - T_s = 0$$

$$\frac{1}{2}bx\sigma'_c - \frac{(b-b_w)(x-t)^2}{2x}\sigma'_c - nA_s\sigma'_c\frac{d-x}{x} = 0$$

$$b_w x^2 + 2\{t(b-b_w) + nA_s\}x - (b-b_w)t^2 - 2nA_s d = 0$$

2 次方程式に例題の数値を代入して解けば，$x = 307$ mm が得られる。

引張鉄筋図心に関するモーメントのつり合い条件式は次の通りであり，これを解いて，コンクリートおよび鉄筋の応力が求められる。

$$M = C'_{c1}\left(d - \frac{x}{3}\right) - C'_{c2}\left(d - t - \frac{x-t}{3}\right)$$

$$=\frac{1}{2}bx\sigma'_c\left(d-\frac{x}{3}\right)-\frac{1}{2}(b-b_w)(x-t)\sigma'\left(d-\frac{x}{3}-\frac{2t}{3}\right)$$

$$\sigma'_c=\frac{2M}{bx\left(d-\frac{x}{3}\right)-\frac{(b-b_w)(x-t)^2\left(d-\frac{x}{3}-\frac{2t}{3}\right)}{x}}$$

$$=\frac{2\times8.0\times10^8}{1100\times307\times\left(900-\frac{307}{3}\right)-\frac{(1100-400)(307-150)^2\left(900-\frac{307}{3}-\frac{2\times150}{3}\right)}{307}}$$

$$=6.95\ \mathrm{N/mm^2}$$

$$\sigma_s=n\sigma'_c\frac{d-x}{x}=8.0\times6.95\times\frac{900-307}{307}=107\ \mathrm{N/mm^2}$$

11.3　はりの終局強度

11.3.1　計算上の仮定

断面の終局曲げモーメントを計算する場合の基本的な考え方は，**11.2 節**で述べた曲げ応力算定の場合とほぼ同じである。すなわち，終局段階においてもコンクリートと鉄筋の付着は完全であり，平面保持の仮定は成り立つものとし，引張側コンクリートの抵抗は無視する。

ただし，曲げ終局破壊時においては，コンクリートの圧縮応力レベルは高く，**図 11.1** に示したコンクリート部材の設計に用いる応力－ひずみ曲線で塑性領域にある状態に至っており，弾性体と仮定することはできない。曲げ破壊の条件としては，鉄筋のひずみも降伏ひずみを超えた状態に至っており，圧縮を受ける上縁コンクリートのひずみが**終局ひずみ**[28] $\varepsilon'u$ $=0.0035$ に達したときに曲げ破壊に至るものと仮定する。

㉘　**図 11.1** に示すコンクリート部材の設計に用いる応力－ひずみ曲線に示す通り，圧縮コンクリートの終局ひずみ ε'_u は 0.0035 が最大値であり，これ以上になると圧壊に至る。

11.3.2　等価応力ブロック法

終局曲げモーメントの計算において，曲げ破壊時における圧縮コンクリートの圧縮力 C'_c，および，その作用位置 y_c について考察する。なお，ここでは一般的なコンクリートの強度（$f'_c \leqq 50\ \mathrm{N/mm^2}$）を想定して，$k_1=0.85$，終局ひずみ $\varepsilon'_u=0.0035$ と設定する。

中立軸の高さを x とすれば，中立軸から距離 y の位置におけるひずみは次式で表される。

$$\varepsilon'_c = \varepsilon'_u \frac{y}{x} \tag{11.14}$$

コンクリートの応力－ひずみ関係式（11.1）において，$\sigma'_c = f(\varepsilon'_c)$ とすれば幅 b の矩形断面における圧縮応力の合力 C'_c は以下のように求められる。

$$C'_c = \int_0^x b\sigma'_c dy = \int_0^{\varepsilon'_u} b\sigma'_c \left(\frac{x}{\varepsilon'_u}\right) d\varepsilon_c = 0.688 f'_c bx \tag{11.15}$$

さらに，微小面積 $b \cdot dy$ に作用する圧縮応力 σ'_c の中立軸に関するモーメントの積分は，C'_c の中立軸に関するモーメントと等しいことから，圧縮力 C'_c の作用位置 y_c が以下のように求められる。

$$C'_c(x - y_c) = \int_0^x b\sigma'_c y dy = \int_0^{\varepsilon'_u} b\sigma'_c \left(\frac{x}{\varepsilon'_u}\right)^2 \varepsilon'_c d\varepsilon'_c \tag{11.16}$$

$$y_c = 0.416x$$

式（11.15），（11.16）の関係は，曲げ破壊時においても成り立つものと考える。実施設計においては，計算の簡略化のため，**図 11.7** に示すような矩形の応力分布を仮定するのが一般的である．このように簡略化した応力分布モデルを等価応力ブロックと呼んでいる。

土木学会コンクリート標準示方書では，等価応力ブロックの幅（$k_1 f'_c$）と高さ（βx）を式（11.17）のように示している。

$$\left.\begin{aligned} k_1 &= 1 - 0.003 f'_c \leq 0.85 \\ \varepsilon' u &= (155 - f'_c)/30000 \leq 0.0035 \\ \beta &= 0.52 + 80\varepsilon'_u \end{aligned}\right\} \tag{11.17}$$

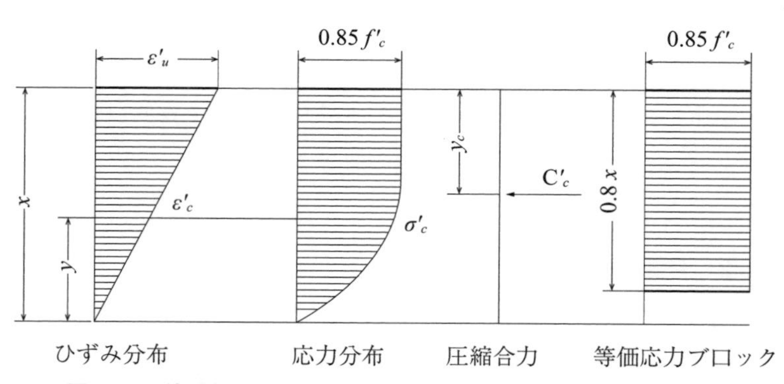

図 11.7 終局状態における圧縮コンクリートのひずみと応力度

11.3.3　終局曲げモーメントの計算

図 11.8 に示す単鉄筋矩形断面の終局曲げモーメント M_u を計算する。ここで，コンクリートの圧縮強度を f'_c，鉄筋の降伏点を f_{sy}，ヤング係数を E_s とする。また，平面保持の仮定により断面のひずみが直線分布することとし，圧縮側コンクリートが終局ひずみ ε'_u に到達し，鉄筋も降伏ひずみ $\varepsilon_{sy}(=f_{sy}/E_s)$ に至っている状態を想定すると，式（11.18）のように表すことができる。

$$\varepsilon_s = \varepsilon'_u \frac{d-x}{x}$$

$$\sigma_s = E_s\varepsilon_s = E_s\varepsilon'_u \frac{d-x}{x} \qquad \varepsilon_s \leq \varepsilon_{sy} \tag{11.18}$$

$$= f_{sy} \qquad \varepsilon_s > \varepsilon_{sy}$$

ここで，鉄筋は降伏しているものと仮定するので，中立軸の高さを x として，コンクリートの圧縮力 C'_c および鉄筋の引張力 T_s は次式で求められる。

$$\left.\begin{aligned} C'_c &= 0.668f'_c bx \\ T_s &= A_s\sigma_s = A_s f_{sy} \end{aligned}\right\} \tag{11.19}$$

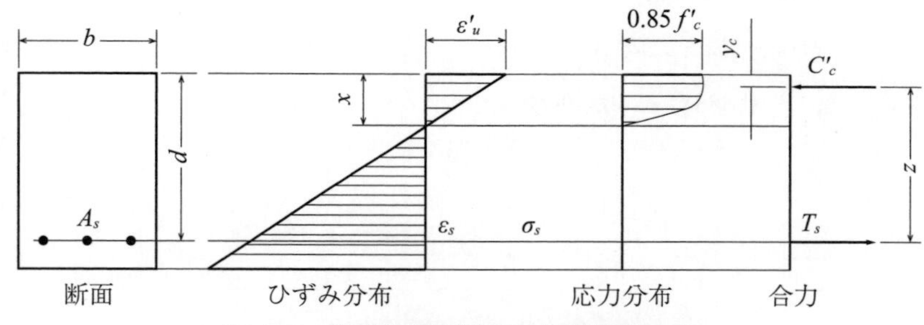

図 11.8　単鉄筋矩形断面の終局状態モデル

軸方向の力のつり合い条件 $C'_c - T_s = 0$ より，x が求められる。

$$x = \frac{A_s f_{sy}}{0.688 f'_c b} \tag{11.20}$$

C'_c の作用点，あるいは T_s の作用点に関する曲げモーメントのつり合い条件から，終局曲げモーメント M_u は下式で与えられる。

$$\left.\begin{aligned} M_u &= T_s z = A_s f_{sy}(d-0.416x) \\ M_u &= C'_c z = 0.688f'_c bx(d-0.416x) \end{aligned}\right\} \tag{11.21}$$

この式は鉄筋が降伏していることを前提としたものである。引張側の鉄筋を増やすと鉄筋が降伏する以前に圧縮側のコンクリートが終局ひずみに達するケースがある。このような場合を**曲げ圧縮破壊**と呼ぶが，これは微小な曲げ変形で破壊に至り，地震時などの吸収エネルギーが小さく構造物として，望ましい破壊状況ではない。曲げ部材は引張鉄筋が降伏に至ることを前提とした**曲げ引張破壊**を起こすように設計することを原則としている。

曲げ引張破壊と曲げ圧縮破壊の境界では，鉄筋が降伏すると同時に，圧縮縁コンクリートが終局ひずみに達する。このような場合を**つり合い破壊**と呼ぶ。つり合い破壊が生じるような断面の鉄筋比を**つり合い鉄筋比** P_b と呼ぶ。

図 11.9 の単鉄筋断面がつり合い破壊する場合，圧縮側の上縁コンクリートが終局ひずみ $\varepsilon'_u = 0.0035$ に達し，引張鉄筋のひずみが ε_{sy}（$=f_{sy}/E_s$）に至っていると考えて，中立軸 x は式（11.22）で求められる。

$$x = \frac{\varepsilon'_u}{\varepsilon'_u + \varepsilon_{sy}} d \tag{11.22}$$

力のつり合いから，次式のようにつり合い破壊の鉄筋比 P_b が求められる。

$$C'_c - T_s = 0$$

$$0.688f'_c bx - A_s f_{sy} = 0$$

$$0.688f'_c bx - p_b bd f_{sy} = 0$$

$$p_b = \frac{0.688 f'_c}{f_{sy}} \frac{x}{d} = \frac{0.688 f'_c}{f_{sy}} \frac{\varepsilon'_u}{\varepsilon'_u + \varepsilon_{sy}} \tag{11.23}$$

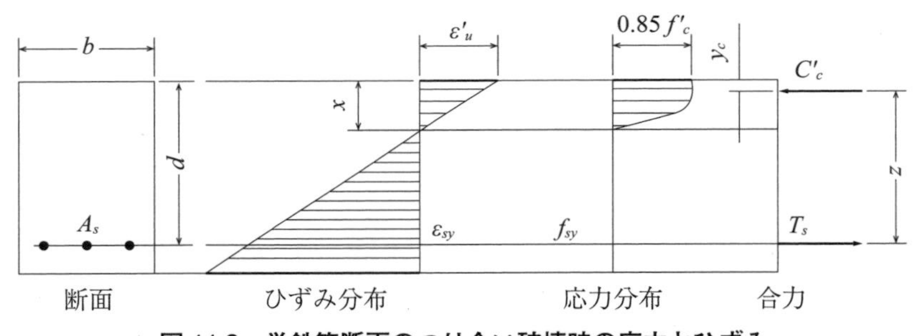

図 11.9　単鉄筋断面のつり合い破壊時の応力とひずみ

問題 11.4

下図に示す寸法（mm）の複鉄筋矩形断面の終局曲げモーメントを計算しなさい。ただし，コンクリートの圧縮強度 f'_c を 50 N/mm² 鉄筋の降伏点 f_{sy}，f'_{sy} を 350 N/mm²，およびヤンク係数 E_s を 2.0×10^5 N/mm² とする。

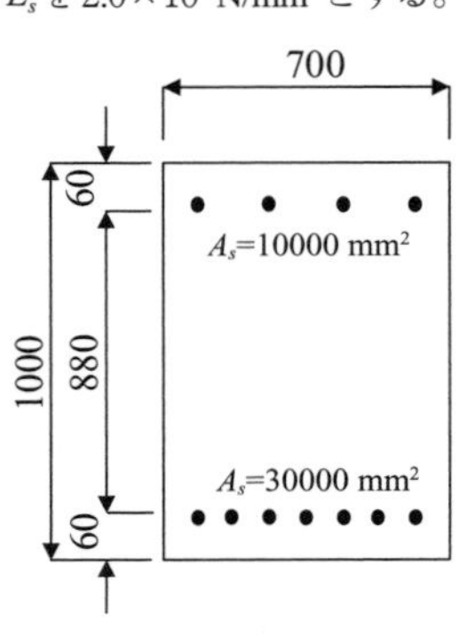

例題 11.4

図 11.10 に示す複鉄筋矩形断面の終局曲げモーメントを計算せよ。ただし，コンクリートの圧縮強度 f'_c を 30 N/mm² 鉄筋の降伏点 f_{sy}，f'_{sy} を 300 N/mm²，およびヤンク係数 E_s を 2.0×10^5 N/mm² とする。

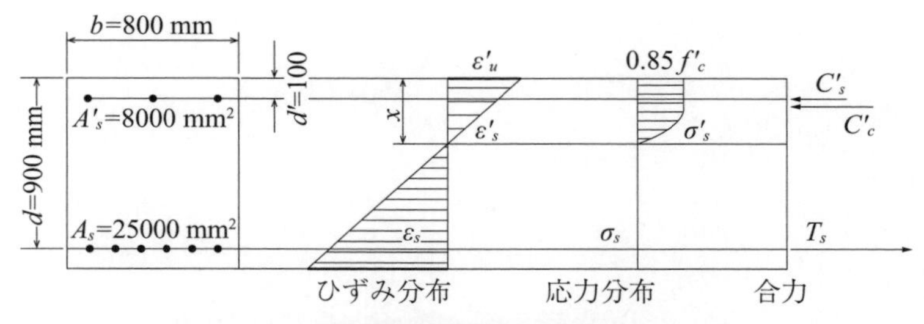

図 11.10　複鉄筋矩形断面の終局曲げモーメント

複鉄筋断面であるから，上述の単鉄筋のつり合い鉄筋比を用いて破壊形式を判定することはできない。ここでは，この断面は曲げ引張破壊を起こし，圧縮鉄筋も降伏するものと仮定する。すなわち，$\sigma_s = f_{sy}$，$\sigma'_s = f'_{sy}$ と仮定する。

平面保持の仮定を用いて，断面内のひずみを計算する。

$$\varepsilon_s = \varepsilon'_u \frac{d - x}{x}$$

$$\varepsilon'_s = \varepsilon'_u \frac{x - d'}{x}$$

水平方向の力のつり合い条件は次式の通りである。これを解いて中立軸位置 x を求める。

$$C'_c + C'_s - T_s = 0$$

$$0.688 f'_c bx + A'_s f'_{sy} - A_s f_{sy} = 0$$

$$x = \frac{A_s f_{sy} - A'_s f'_{sy}}{0.688 f'_c b} = \frac{(25000 - 8000) \times 300}{0.688 \times 30 \times 800} = 309 \text{ mm}$$

終局曲げモーメント M_u は，以下のつり合い条件式から求めることができる。

$$\begin{aligned} M_u &= C'_c(d - 0.416x) + C'_s(d - d') \\ &= 0.688 f'_c bx(d - 0.416x) + A'_s f'_{sy}(d - d') \\ &= 0.688 \times 30 \times 800 \times 309 \times (900 - 0.416 \times 309) + 8000 \times 300 \times (900 - 100) \\ &= 5.86 \times 10^9 \text{ N}\cdot\text{mm} \end{aligned}$$

第 12 章 鋼構造

鋼構造として，鉄道橋，道路橋，鉄塔，水門などがある。鋼構造は，薄い鋼板を溶接などで組み立てて製作されるため，圧縮力を受ける場合は，部材あるいは部材を構成する板要素に，**第 10 章**で説明した座屈が生じる場合がある。ただし，実際の鋼構造物は，溶接で接合された場合には溶接による**残留応力**①や**初期変形**②，荷重が図心に作用しないなどの影響で，**第 10 章**の座屈強度よりも小さな荷重や応力で，終局を迎えることが知られている。

本章では，圧縮力を受ける部材や板の終局強度（耐荷力）について説明する。また，鋼橋では，鋼桁にコンクリート床版が結合された合成桁が用いられることが多いので，曲げモーメントが作用した場合の合成桁の断面の応力分布の計算方法について説明する。最後に，曲げモーメントを受ける鋼部材に対して，**塑性ヒンジ**③が生じて崩壊する過程について説明し，崩壊荷重の計算方法を紹介する。

① Residual Stress

② Initial Deformation
残留応力と初期変形の両者を合わせて**初期不整**（Initial Imperfection）と呼ばれている。

③ Plastic Hinge

12.1 鋼構造

鋼構造は，**図 12.1** に示すように，鉄道橋，道路橋，鉄塔，水門などに利用されている。鋼構造は主に，工場で部材が製作され，現場で部材同士を接合して完成する。1950 年台以前は，鋼板や形鋼がリベットによって接合されていたが，1960 年以降は，工場で部材を溶接で組み立て，現場で部材同士を高力ボルト摩擦接合されている。現場で部材同士を溶接で接合する場合もあるが，風や振動，天候の影響により，溶接の品質が損なわれないように，接合部を防護することが必要になる。ここでは，鋼構造の接合については紹介しないが，接合については，鋼構造の専門書が参考になる。

本章では，鋼部材の圧縮強度，合成桁の断面の応力分布の計算，**崩壊荷重**④の求め方について説明する。

④ 一般に，崩壊荷重は，鋼桁の実験を行う際の最大荷重の参考値として求められる。

(a) 鉄道橋 (b) 道路橋

(c) 鉄塔 (d) 水門

図 12.1 鋼構造物の例

12.2 鋼部材の圧縮強度

第 10 章では，圧縮力を受ける部材に対して，全体座屈と，板の局部座屈について説明した。しかし，実際の鋼構造物の終局強度は，**第 10 章**の座屈応力（座屈荷重）よりも小さくなる。ここでは，道路橋示方書に規定される全体座屈（**図 12.2 (a)**），局部座屈（**図 12.2 (b)**）に対する基準耐圧縮強度について説明する。圧縮強度の計算では，**第 10 章**の場合と同様に，圧縮を正の値として示す。

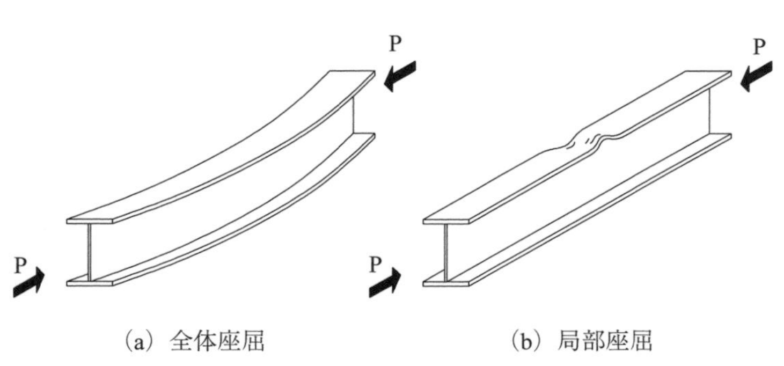

(a) 全体座屈 (b) 局部座屈

図 12.2 圧縮力を受ける部材の座屈

12.2.1　圧縮を受ける柱の基準圧縮強度曲線（全体座屈）

柱の座屈強度は，降伏応力を基準に，細長比パラメータ $\bar{\lambda}$（ここでは，圧縮を受ける場合に対して λ_c として示す）を用いて，式（10.14）から計算したが，実際には，初期不整があるため，道路橋示方書では，溶接箱形断面以外の場合と溶接箱形断面の場合に対して，それぞれ**柱の基準圧縮強度曲線**（軸方向圧縮応力度の制限値）が次式で規定されている。

(1) 溶接箱形断面以外の場合

$$\frac{\sigma_u}{\sigma_Y}=\begin{cases}1.0 & (0\le\lambda_c\le 0.2,\ 0.29^{1)}) \\ 1.109-0.545\lambda_c & (0.2,\ 0.29^{1)}<\lambda_c\le 1.0) \\ \dfrac{1.0}{0.733+\lambda_c{}^2} & (1.0<\lambda_c)\end{cases} \tag{12.1}$$

注：1）SBHS500 および SBHS500W

ここに，$\lambda_c=\dfrac{1}{\pi}\cdot\sqrt{\dfrac{\sigma_Y}{E}}\cdot\dfrac{l}{r}$，　$r=\sqrt{\dfrac{I}{A}}$

σ_Y は降伏応力，E はヤング係数，l は部材の有効座屈長，r は断面2次半径，I は断面2次モーメント，A は有効断面積。

(2) 溶接箱形断面の場合

$$\frac{\sigma_u}{\sigma_Y}=\begin{cases}1.0 & (0\le\lambda_c\le 0.2,\ 0.34^{1)}) \\ 1.059-0.258\lambda_c-0.19\lambda_c{}^2 & (0.2,\ 0.34^{1)}<\lambda_c\le 1.0) \\ 1.427-1.039\lambda_c+0.223\lambda_c{}^2 & (1.0<\lambda_c)\end{cases} \tag{12.2}$$

注：1）SBHS500 および SBHS500W

12.2.2　横倒れ座屈に対する基準耐荷力曲線（全体座屈）

横倒れ座屈は，**図 12.3** に示すように曲げモーメントが作用した鋼桁に対して，曲げの圧縮応力が作用するフランジが軸直角方向に座屈する現象である。圧縮を受ける板は，本来，弱軸方向に変形して座屈する場合が，座屈応力が最も小さくなるが，鋼桁の圧縮フランジはウェブによって弱軸方向に変形できないため，フランジの強軸方向に座屈することによって横倒れ座屈が生じる。

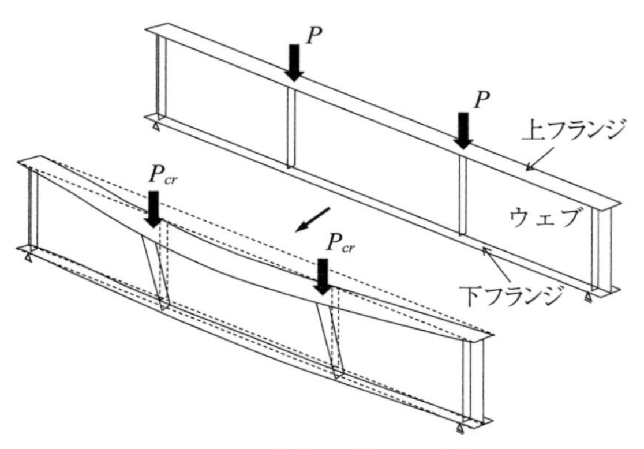

図 12.3　鋼桁の横倒れ座屈

道路橋示方書では，桁の横倒れ座屈に対する**基準曲げ圧縮強度曲線**（曲げ圧縮応力度の制限値）が次式で規定されている。

$$\frac{\sigma_u}{\sigma_Y} = \begin{cases} 1.0 & (\lambda_b \le 0.2,\ 0.32^{1)}) \\ 1.0 - 0.412(\lambda_b - 0.2) & (0.2,\ 0.32^{1)} < \lambda_b) \end{cases} \tag{12.3}$$

注：1）SBHS500 および SBHS500W

ここに，$\lambda_b = \dfrac{2}{\pi} K \sqrt{\dfrac{\sigma_Y}{E}} \cdot \dfrac{l}{b_f}$，　$K = \begin{cases} 2 & (A_w/A_f \le 2) \\ \sqrt{3 + \dfrac{A_w}{2A_f}} & (A_w/A_f > 2) \end{cases}$，

A_w，A_f はそれぞれウェブおよび圧縮フランジの総断面積，l は圧縮フランジの固定点間距離（横桁間隔，対傾構間隔），b_f は圧縮フランジ幅。

⑤　道路橋示方書では，軸方向圧縮力を受ける両縁支持板の最小板厚も規定されている。

12.2.3　圧縮応力を受ける板の基準圧縮強度曲線（局部座屈）⑤

道路橋示方書では，軸方向圧縮力を受ける両縁支持板の**基準圧縮強度曲線**（局部座屈に対する圧縮応力度の制限値）として次式が規定されている。

$$\frac{\sigma_u}{\sigma_Y} = \begin{cases} 1.0 & (0 \le R \le 0.7) \\ (0.7/R)^{1.83} & (0.7 < R) \end{cases} \tag{12.4}$$

ここに，$R = \dfrac{b}{t} \sqrt{\dfrac{\sigma_Y}{E} \cdot \dfrac{12(1-\nu^2)}{\pi^2 k}}$（幅厚比パラメータ），$k$ は板の座屈係数（両縁支持板は，**図 10.11**（a）の $k = 4.0$）。ただし，応力勾配による係数を 1 としている。

道路橋示方書では，軸方向圧縮力を受ける圧縮フランジ等の自由突出板（**図 10.10（b）**の 3 辺単純支持板であるが $k = 0.43$ を利用）の基準圧縮強度曲線として次式が規定されている。

$$\frac{\sigma_u}{\sigma_Y} = \begin{cases} 1.0 & (0 \le R \le 0.7) \\ (0.7/R)^{1.19} & (0.7 < R) \end{cases} \tag{12.5}$$

12.2.4　基準圧縮強度の計算例

例題 12.1　柱の基準圧縮強度の計算

ここでは SBHS400 材（$\sigma_Y = 400$ N/mm^2，ヤング係数 $E = 200$ kN/mm^2）に対して，圧縮を受ける溶接箱形断面の有効細長比 l/r が 50 と 100 の場合の基準圧縮強度 σ_u を求める。l/r が 50 と 100 の場合，λ_c はそれぞれ 0.712, 1.42 になる。したがって基準圧縮強度 σ_u は，式（12.2）より，$\lambda_c = 0.712$（$l/r = 50$）の場合，$\sigma_u = 0.78 \times \sigma_Y = 312$ N/mm^2, $\lambda_c = 1.42$（$l/r = 100$）の場合，$\sigma_u = 0.40 \times \sigma_Y = 160$ N/mm^2 になる。

例題 12.2　横倒れに対する基準曲げ圧縮強度の計算

ここでは**図 12.4** に示す圧縮フランジの固定点間距離 l が 3m の SBHS400 材（$\sigma_Y = 400$ N/mm^2，ヤング係数 $E = 200$ kN/mm^2）を用いた鋼主桁の横倒れ座屈に対する基準曲げ圧縮強度を求める。

フランジの面積 A_f に対するウェブの断面積 A_w の比が $A_w/A_f = 1.23$ なので $K = 2$ となり，$l = 3000$ mm およびフランジの幅 $b_f = 300$ mm を用いて λ_b が 0.57 になる。したがって，式（12.3）より基準曲げ圧縮強度は $\sigma_u = 339$ N/mm^2 になる。

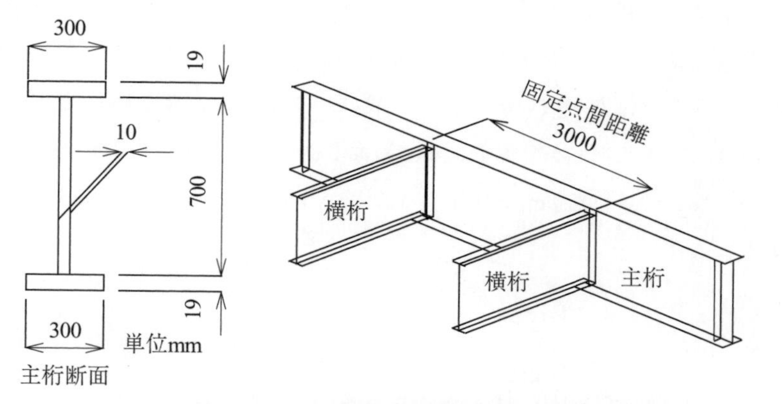

図 12.4　横倒れに対する基準曲げ圧縮強度を求める鋼主桁

例題 12.3　板の基準圧縮強度の計算

SBHS400 材（$\sigma_Y = 400$ N/mm^2，ヤング係数 $E = 200$ kN/mm^2，ポアソン比 $\nu = 0.3$）に対して，**図 12.5（a），（b）**の鋼板の基準圧縮強度を求める。

問題 12.1

SBHS500 材（$\sigma_Y = 500$ N/mm^2，ヤング係数 $E = 200$ kN/mm^2）に対して，圧縮を受ける溶接箱形断面以外の有効細長比 l/r が 50 と 100 の場合の基準圧縮強度を求めなさい。

問題 12.2

圧縮フランジの固定点間距離 l が 5 m の SBHS500 材（$\sigma_Y = 500$ N/mm^2，ヤング係数 $E = 200$ kN/mm^2）を用いた以下の断面の鋼主桁の横倒れ座屈に対する基準曲げ圧縮強度を求めなさい。

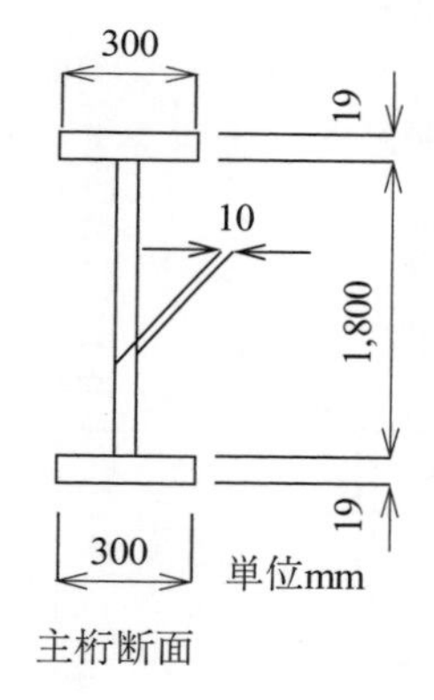

問題 12.3

板幅 $b = 300$ mm の SBHS500（$\sigma_Y = 500$ N/mm^2，ヤング係数 $E = 200$ kN/mm^2，ポアソン比 $\nu = 0.3$）の鋼板に対して，(a)4 辺単純支持された場合，(b)3 辺単純支持された場合に対して，それぞれ板の基準圧縮強度が降伏応力に達する最小の板厚 t を求めなさい。

図 12.5（a）に示す，両縁支持板鋼板に対して，座屈係数が $k=4$ であるので $R=0.78$ となり，式（12.4）より基準圧縮強度は $\sigma_u=325.1\ \mathrm{N/mm^2}$ になる。

図 12.5（b）に示す自由突出板に対して，座屈係数が $k=0.43$ であるので $R=2.39$ となり，式（12.5）より基準圧縮強度は $\sigma_u=92.7\ \mathrm{N/mm^2}$ になる。

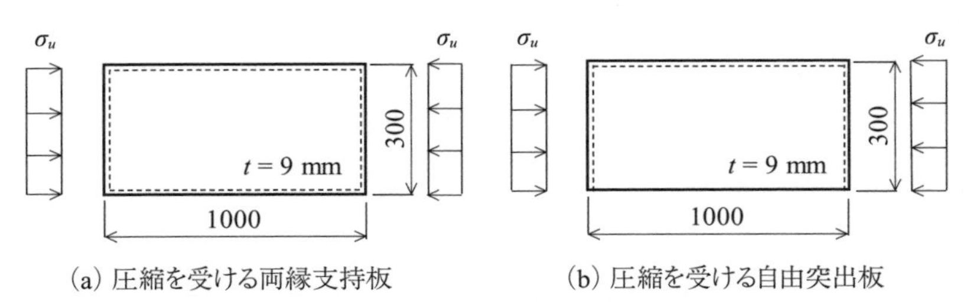

図 12.5　基準圧縮強度を求める鋼板

12.3　鋼桁および合成桁の断面に生じる応力分布

問題 12.4

次の断面を有する鋼桁の断面２次モーメント I_s を求めなさい。

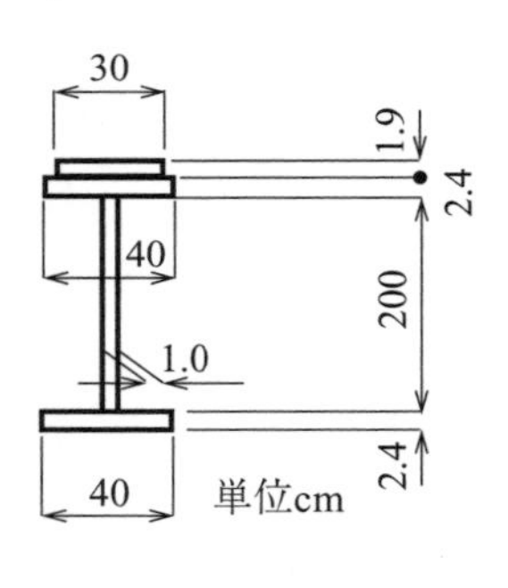

例題 12.4　曲げモーメントを受ける鋼桁の断面の応力分布

図 12.6 に示す鋼桁断面を有する鋼部材に等曲げモーメント M が作用した場合の断面に生じる応力分布を求める。鋼桁のような複数の鋼板で構成される鋼部材の断面２次モーメントは，**表 12.1** に示すような表を用いて計算される。特に，断面の形状が I 形の場合，ウェブの図心を，$y=0$ として y 軸の正の方向を鉛直下向きにして計算するのが一般的である。また，上下フランジ自体の断面２次モーメント I は，**表 12.1** に示しているが，他の断面２次モーメントと比べて非常に小さいので無視されることが多い。フランジ幅 b が広い場合は，一般に，フランジの有効幅 b_e を用いて断面２次モーメントが計算される。断面２次モーメントは桁数が多くなるため，長さの単位を cm で計算することが多いので，ここでも cm で計算する。

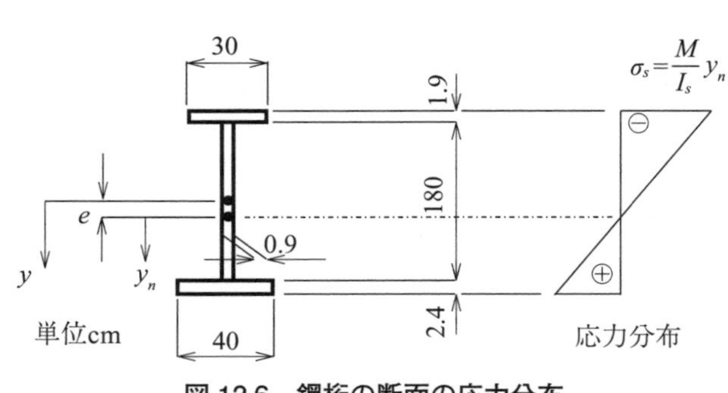

図 12.6　鋼桁の断面の応力分布

表 12.1　鋼桁の断面諸量の計算表

	b cm	h cm	A cm^2	y cm	$A\cdot y$ cm^3	$A\cdot y^2$ cm^4	I cm^4
U.Fl	30	1.9	57.0	-91.0	-5184	471498	17
Web	0.9	180	162.0	0.0	0	0	437400
L.Fl	40	2.4	96.0	91.2	8755	798474	46
合計			315		3571	1707436	

表 12.1 の中で，断面積 A，断面1次モーメント $A\cdot y$ の合計を利用して次式のように，ウェブ中央（$y=0$）から鋼桁断面の中立軸位置までの距離 e が求められる。

$$e=\sum(A\cdot y)/\sum A=3571.05/315=11.3\ \mathrm{cm} \tag{12.6}$$

したがって，ウェブ中央から下側に 11.3 cm の位置が鋼桁の中立軸の位置になる。

鋼桁の断面2次モーメント I_s は，断面2次モーメント $A\cdot y^2$ と I の合計と，断面積 A の合計およびウェブ中央からの偏心量 e を用いて次式のように求められる。

$$I_s=\sum(A\cdot y^2+I)-A\cdot e^2=1.707\times10^6-315\cdot11.3^2=1.67\times10^6\ \mathrm{cm}^4 \tag{12.7}$$

したがって，鋼の弾性範囲内に対して，曲げモーメント M が作用した場合に，鋼桁に生じる応力分布 σ_s は，断面2次モーメント I_s および中立軸からの距離 y_n を用いて次式で求められる。

$$\sigma_s=\frac{M}{I_s}y_n \tag{12.8}$$

正曲げモーメントを受ける場合の鋼桁の応力分布の例を**図 12.6** に示している。

例題 12.5　曲げモーメントを受ける合成桁の断面の応力分布

図 12.7 に示すコンクリート床版と鋼桁で構成されている合成桁に等曲げモーメント M が作用した場合に，断面に生じる応力分布を求める。2種類の材料が利用された場合の断面2次モーメント I_v も，一般に，**表 12.1** と同様に，一般に，表を用いて断面2次モーメントが計算される。ただし，材料が異なる部材に対しては，ある材料を主としたヤング係数比が用いられる。合成桁の場合，一般には，コンクリートのヤング係数を分

問題 12.5

次の断面を有する合成桁の断面2次モーメント I_v を求めなさい。ただし，コンクリート床版のヤング係数比を $n=7$ とする。

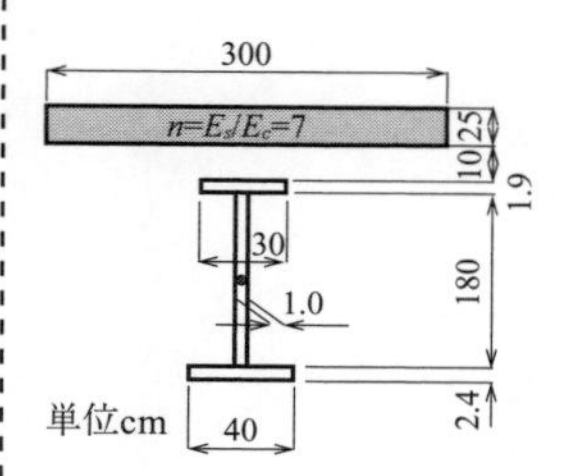

母にするので，コンクリート床版のヤング係数比 n は $n=7$（鋼のヤング係数を $E_s=210\ \mathrm{kN/mm^2}$ とするとコンクリートのヤング係数は $E_c=30\ \mathrm{kN/mm^2}$）を用いることになる。ウェブの図心を，$y=0$ とした断面諸量の計算表を**表 12.2** に示す。

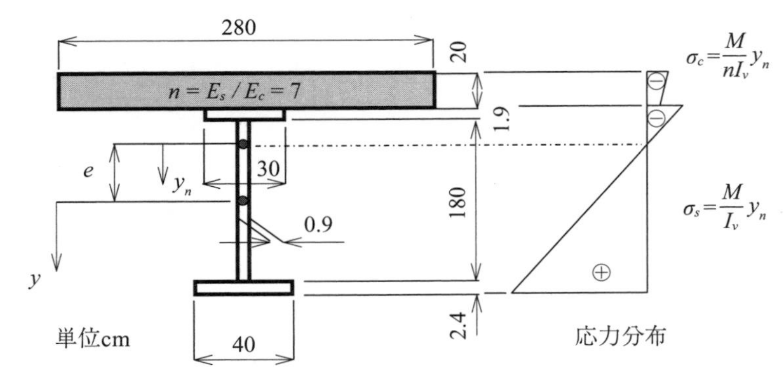

図 12.7　合成桁の断面と応力分布

表 12.2　合成桁の断面諸量の計算表

	b cm	h cm	n	A/n cm²	y cm	$A/n\cdot y$ cm³	$A/n\cdot y^2$ cm⁴	I/n cm⁴
床板	280	20	7	800	-101.9	-81520	8306888	26667
U.F1	30	1.9	1	57	-91.0	-5184	471498	17
Web	0.9	180	1	162	0	0	0	437400
L.F1	40	2.4	1	96	91.2	8755	798474	46
合計				1115		-77949	10040991	

表 12.2 の，断面積 A/n，断面1次モーメント $A/n\cdot y$ の合計を利用して合成桁のウェブ中央から鋼桁断面の中立軸位置までの距離 e が次式のように求められる。

$$e=\sum(A/n\cdot y)/\sum(A/n)=-77949/1115=-69.9\ \mathrm{cm} \tag{12.9}$$

したがって，合成桁の場合，床版の断面が大きいので，ウェブ中央から上側に 69.9 cm の位置が中立軸の位置になる。

合成桁の断面2次モーメント I_v も同様に，断面2次モーメント $A/n\cdot y^2$ と I/n の合計と，断面積 A/n の合計およびウェブ中央からの偏心量 e を用いて次式のように求められる。

$$I_v=\sum\left(A/n\cdot y^2+I/n\right)-A/n\cdot e^2=4.59\times10^6\ \mathrm{cm^4} \tag{12.10}$$

したがって，鋼およびコンクリートの弾性範囲内に対して，作用曲げモーメント M が作用した場合の合成桁のコンクリート床版および鋼桁に

生じる応力分布 σ_c，σ_s は，断面 2 次モーメント I_v，ヤング係数比 n および中立軸からの距離 y_n を用いて次式で求められる。

$$\sigma_c = \frac{M}{nI_v} y_n, \quad \sigma_s = \frac{M}{I_v} y_n \tag{12.11}$$

正曲げモーメントを受ける場合の合成桁の断面応力分布の例を**図 12.7** に示している。合成桁では鋼とコンクリートのヤング係数が異なるため，応力分布に段差が生じる。ただし，コンクリートのひずみ分布 ε_c，鋼のひずみ分布 ε_s は，それぞれの応力 σ_c，σ_s をコンクリートと鋼のヤング係数 E_c，E_s でそれぞれ除して与えられるため，ひずみは次式のように同じ式となり，段差がない直線分布になる。

$$\varepsilon_c = \frac{\sigma_c}{E_c} = \frac{M}{E_s I_v} y_n, \quad \varepsilon = \frac{\sigma_s}{E_s} = \frac{M}{E_s I_v} y_n \tag{12.12}$$

12.4　崩壊荷重

12.4.1　鋼の応力 - ひずみ関係⑥

鋼部材に引張荷重を与えて計測される，一般的な構造用鋼材の応力 σ（載荷荷重 P/ 健全状態の断面積 A_0）とひずみ ε の関係を**図 12.8（a）**に示す。鋼部材に引張荷重を与えた場合，荷重が小さい範囲では，応力とひずみが線形関係（比例関係 $\sigma = E\varepsilon$）を示し，その限界を比例限界 σ_p と呼ぶ。さらに荷重を与えると応力とひずみが非線形を示すが，荷重を除荷するとひずみが 0 に戻る。この限界を弾性限界 σ_e と呼ぶ。さらに荷重を増加させると応力がほぼ一定でひずみだけが増加する。この範囲を降伏棚（塑性流れ域）と呼び，応力を**降伏応力**⑦ σ_Y あるいは下降伏点 σ_{Yl}（降伏に達した際のピーク値を上降伏点 σ_{Yu} と呼ぶ）と呼ぶ。塑性流れ域に達した後に荷重を除荷すると，ひずみが 0 に戻らずに，残留ひずみが生じる。すなわち鋼部材には永久変形が残ることになる。さらに荷重を増加させると，構造用鋼材の場合，2 ～ 3% の塑性ひずみに達した後，再び応力が上昇し始め（**ひずみ硬化領域**），最大応力（引張強度）σ_b に達した後に，断面積が減少して破断に至る。最大応力に達した後に，応力が低下するのは，載荷荷重 P を健全状態の断面積 A_0 で除した値を応力 σ としているからであり，減少した断面積で除した場合の応力（**真応力**）は低下しない。

鋼部材の設計では，**図 12.8（b）**に示す理想弾塑性体の応力 - ひずみ関係（**完全弾塑性**）を用いるのが一般的である。ただし，繰返し塑性ひずみ

⑥ 鋼強度の鋼材の応力 - ひずみ関係は，以下のように明確に降伏応力や降伏棚が現れない場合がある。その場合は，除荷した際の残留ひずみが 0.2% となる際の応力を 0.2% 耐力 $\sigma_{0.2}$ としている。$\sigma_{0.2}$ は，降伏応力と同様にして扱われている。

⑦ Yield Stress
鋼材の機械的性質を証明する鋼材検査証明書（ミルシート）では，上降伏点が降伏点（降伏応力）として用いられる。

を与える場合は，2 次勾配を考慮した**バイリニアモデル**等が用いられる。

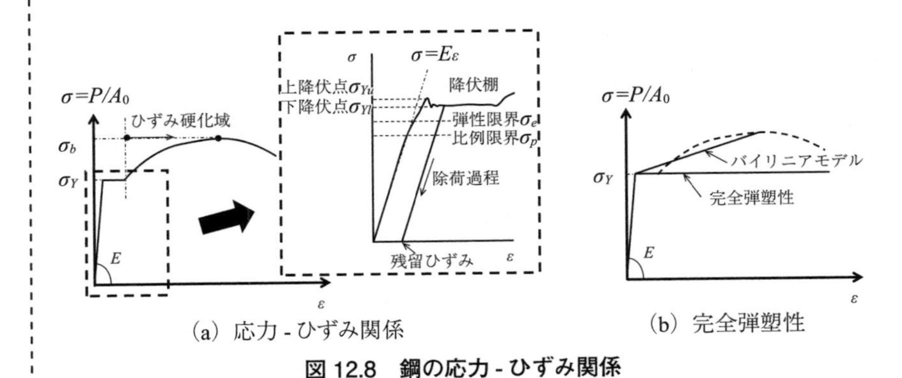

(a) 応力 - ひずみ関係　　(b) 完全弾塑性

図 12.8　鋼の応力 - ひずみ関係

12.4.2　降伏モーメントと全塑性モーメント

理想弾塑性体の応力 - ひずみ関係を有する鋼部材に曲げモーメントが作用した場合の曲げモーメント M と曲率 φ の関係と断面の応力分布を**図 12.9** に示す。縁応力が降伏に達したときの曲げモーメントを**降伏曲げモーメント** M_Y と呼ぶ。この状態は初期降伏状態と呼ばれている。板の座屈が生じない断面に対して，さらに曲げモーメントを大きくすると，M-φ 関係の傾きが変化し，断面内で降伏応力に達する範囲が増加する。最終的に全断面が圧縮降伏応力あるいは引張降伏応力状態に達すると，それ以上曲げモーメントが大きくならない。この状態の曲げモーメントを**全塑性モーメント** M_P と呼ぶ。全塑性モーメント M_P に達した断面は，全塑性モーメント M_P 以上の曲げモーメントを受け持つことができないので，全塑性モーメント M_P に達した断面は，**塑性ヒンジ**になる。

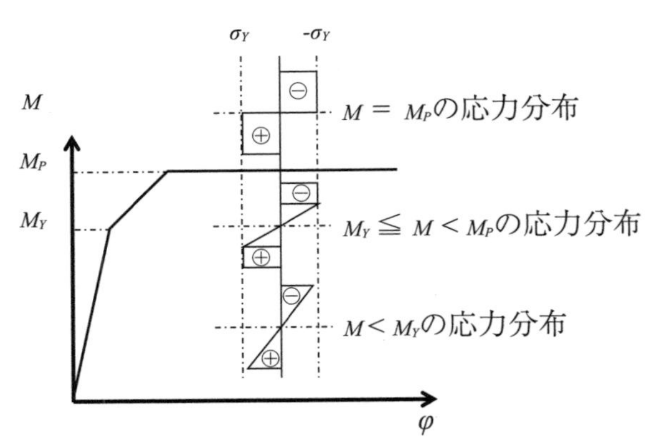

図 12.9　曲げモーメントと曲率の関係

降伏曲げモーメントと降伏応力の関係，全塑性モーメントと降伏応力の関係は次のように表される。

$$M_Y = W\sigma_Y \tag{12.13}$$

$$M_P = Z\sigma_Y \tag{12.14}$$

W は**第 5 章**の断面係数であり，Z は**塑性断面係数**と呼ばれている。また，M_P/M_Y すなわち Z/W は，断面形状によって定まるので，**形状係数**と呼ばれている。

図 12.10 に示す長方形断面（幅 b，高さ h）の場合，圧縮応力の合力と引張応力の合力の作用位置は，それぞれの応力分布の図心であるため，図心間の距離を Y とすると，降伏モーメント M_Y および全塑性モーメント M_P は偶力モーメントとして，それぞれ次のように計算できる。

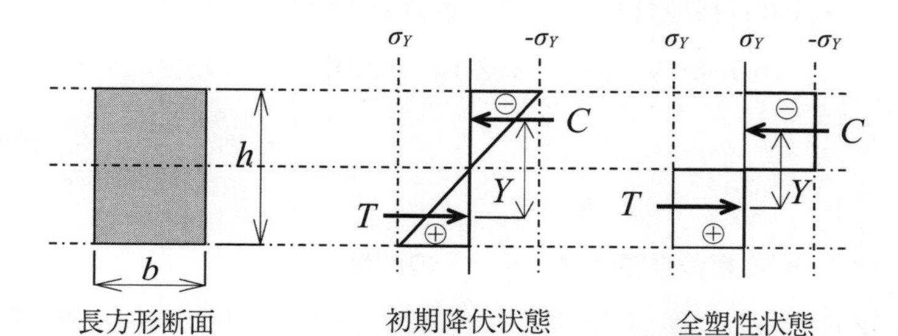

図 12.10　長方形断面の初期降伏応力分布と全塑性応力分布

$$M_Y = C \times Y = T \times Y = \left(b \times \frac{h}{2} \times \frac{1}{2} \times \sigma_Y\right) \times \frac{2}{3}h = \frac{bh}{6}\sigma_Y = W\sigma_Y \tag{12.15}$$

$$M_P = C \times Y = T \times Y = \left(b \times \frac{h}{2} \times \sigma_Y\right) \times \frac{h}{2} = \frac{bh}{4}\sigma_Y = Z\sigma_Y \tag{12.16}$$

したがって，長方形断面の場合，形状係数 Z/W は，1.5 になる。

任意断面に対する全塑性モーメントは次式で計算できる。

$$M_P = \sum_{i=1}^{n} \left(A_i \times \sigma_Y \times y_i\right) \tag{12.17}$$

ここに，A_i は n 分割した断面の断面積，y_i は塑性中立軸から A_i の図心までの距離。

例題 12.6　鋼桁の全塑性モーメントの計算

図 12.6 に示す鋼桁（鋼の降伏応力 $\sigma_Y = \pm 400$ N/mm²）に対して全塑性モーメント M_P を求める。**図 12.6** の断面では，上フランジと下フランジの断面積が異なるため，ウェブの中央や断面の中立軸位置ではなく，圧縮応力の合力と引張応力の合力の絶対値が等しくなる位置が塑性中立軸になる。上フランジが下フランジより面積が小さいので，差分を圧縮側のウェ

問題 12.6

次の断面を有する鋼桁の全塑性モーメント M_P を求めなさい。ただし，鋼の降伏応力 $\sigma_Y = \pm 400$ N/mm² とする。

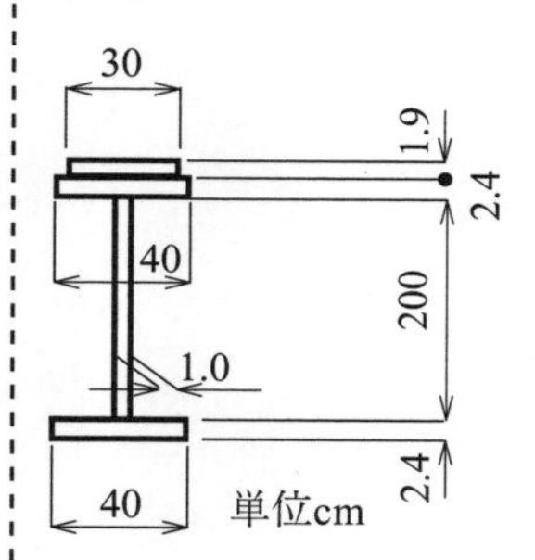

ブが担う。したがって，引張フランジから圧縮フランジの面積を差し引き，ウェブの板厚で割った値（96－57）/ 0.9 ＝43.3 cm が，引張フランジの面積と等価になるように圧縮フランジの面積を補うウェブ高さになる。したがって，ウェブの下端から塑性中立軸までの距離は，（180－43.3）/ 2 ＝68.3 cm になる。

全塑性モーメント M_p は，式（12.17）で与えられるので，次のように求められる。断面積や塑性中立軸からの距離の単位は cm なので，mm へ換算することを忘れないように注意が必要である。

$$\begin{aligned} M_P &= \sum_{i=1}^{n}\left(\sigma_Y \times A_i \times y_i\right) \\ &= 400 \times \Big[\Big\{57 \times (180 + 1.9/2 - 68.3) + 0.9 \times (43.3 + 68.3)^2 / 2 \\ &\quad + 0.9 \times 68.3^2 / 2 + 96 \times \left(68.3 + 2.4/2\right)\Big\} \times 10^3\Big] = 8.32 \times 10^9 \ \mathrm{N \cdot mm} \end{aligned} \tag{12.18}$$

問題 12.7

次の断面を有する合成桁の全塑性モーメント M_P を求めなさい。ただし，鋼の降伏応力 σ_Y＝±400 N/mm^2，コンクリートの圧縮強度 σ_c ＝－30 N/mm^2 とする。

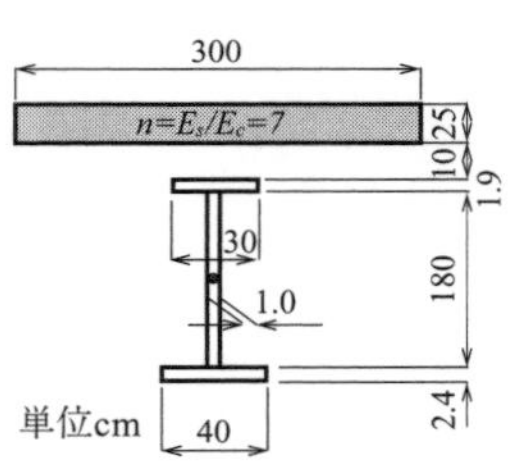

例題 12.7　合成桁の全塑性モーメントの計算

図 12.7 に示す，鋼・コンクリート合成桁（引張を正として，鋼の降伏応力 σ_Y＝±400 N/mm^2，コンクリートの圧縮強度 σ_c＝－30 N/mm^2）の全塑性モーメントを求める。合成桁の場合は，コンクリート床版の鋼換算面積が大きいため，コンクリート床版の厚さ内に塑性中立軸が存在することが多い。ただし，コンクリートの応力 - ひずみ関係は，コンクリートの圧縮強度に達する前に非線形となるため，コンクリート床版の圧縮応力の合力を算出する際には，圧縮縁から中立軸までの距離の0.85倍される。また，コンクリート床版の引張応力が鋼と比べて著しく小さいため，一般に，コンクリート床版の引張応力部分は無視して計算される。したがって，**図 12.11** に示すように，鋼桁の断面積 A_s，コンクリート床版の有効幅 b_c およびそれぞれの材料強度を用いて，$C = T$（絶対値が等しい）となるコンクリート床版上面から塑性中立軸までの距離 e を次式によって求める。

$$e = \frac{\sigma_Y \times A_s}{0.85 \times \sigma_c \times b_c} = \frac{400 \times \left(57 + 162 + 96\right) \times 10^2}{0.85 \times 30 \times 280 \times 10} = 176.4 \ \mathrm{mm} \tag{12.19}$$

コンクリート床版上面から塑性中立軸までの距離 e が，床版の厚さ 200 mm 以下なので，コンクリート床版の厚さ内に塑性中立軸があることがわかる。ただし，0.85e が床版の厚さよりも大きくなった場合は，鋼桁内に塑性中立軸が存在するため，コンクリート床版の面積 A_c にコンクリートの圧縮強度 σ_c を乗じた圧縮力と鋼桁の一部の圧縮力の合力と鋼桁の引張力の合力の絶対値が等しい条件から，塑性中立軸を求める必要がある。

コンクリート床版の厚さ内に塑性中立軸がある場合，合成桁の全塑性モーメントは，次のように求められる。

$$
\begin{aligned}
M_P &= \sigma_Y A_s Y = \sigma_Y A_s (d - e/2) \\
&= 400 \times \left\{315 \times \left(111.9 + 11.3 - 17.6/2\right) \times 10^3\right\} \\
&= 14.4 \times 10^9\ \mathrm{N \cdot mm}
\end{aligned}
\tag{12.20}
$$

圧縮力の合力 C と引張力の合力 T の絶対値が等しい（$C = T$）ので，$M_P = 0.85\sigma_c b_c e Y$ からも同じ値が求められる。

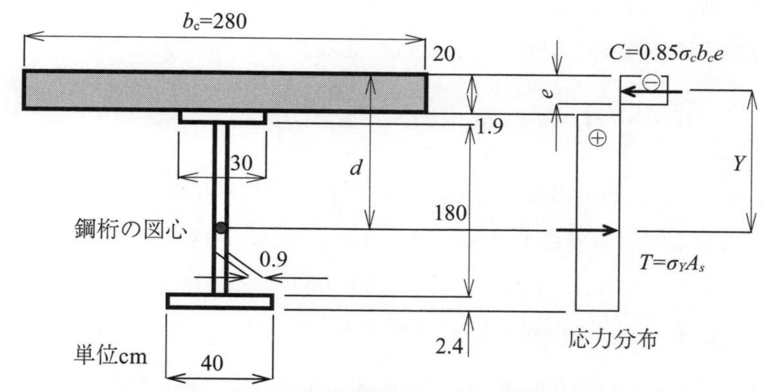

図 12.11　合成桁の圧縮応力の合力と引張応力の合力

12.4.3　崩壊荷重の計算

例題 12.8　静定はりの崩壊荷重

図 12.12（a）に示すような，支間中央に集中荷重 P が作用した単純はり（静定構造）において，載荷荷重を増加させると，支間中央の曲げモーメントが全塑性モーメント M_P に達し，その位置に**塑性ヒンジ**が生じ，不安定構造となって崩壊（**塑性崩壊**）する。**図 12.12（b）**に示すように塑性ヒンジ（図中では通常のヒンジと区別するために●で示している）の回転角 θ を考えて，仮想仕事の原理から崩壊荷重 P_u が求められる。

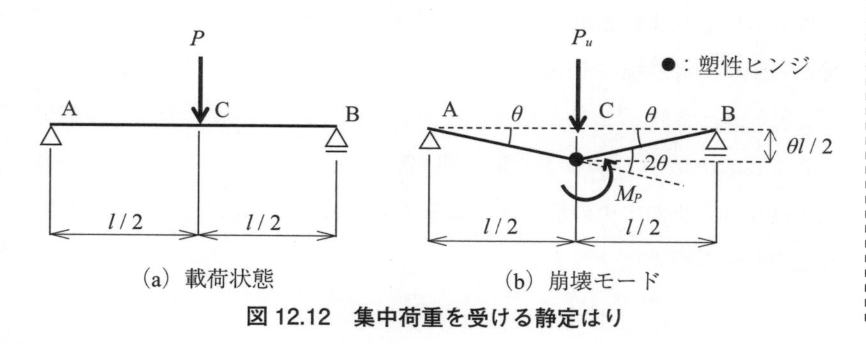

図 12.12　集中荷重を受ける静定はり

問題 12.8

次の単純はりの崩壊荷重 P_u を求めなさい。ただし，はりの断面の全塑性モーメントを $\pm M_P$ とする。

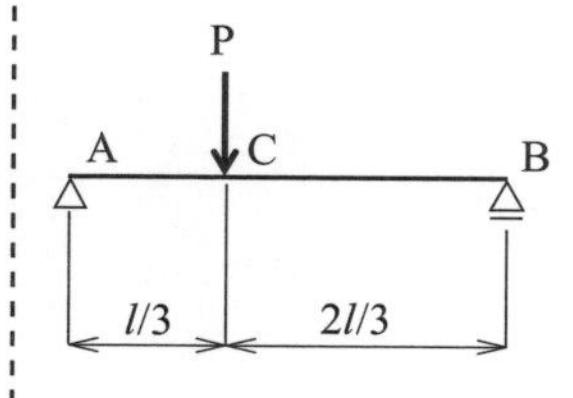

外力による仮想仕事の和 W_e は，崩壊荷重 P_u とその点における変位から計算できる。ただし，θ は微小な角度であるので，$\sin\theta \fallingdotseq \tan\theta \fallingdotseq \theta$ として取り扱う。

$$W_e = \sum_{i=1}^{n}\left(P_i \times \delta_i\right) = P_u \times \left(\theta \times \frac{l}{2}\right) = \frac{\theta l}{2} P_u \tag{12.21}$$

また，内力による仮想仕事の和 W_i は，はりの断面の全塑性モーメント M_P と回転角 θ の積の和となる。支点 A と B は，ともにヒンジなのでモーメントは 0 となり，支間中央の点 C の位置のモーメントが全塑性モーメント（内力なのではりを曲げる方向に作用させる）に達する際の内力による仮想仕事の和 W_i を計算すると次式になる。

$$W_i = \sum_{i=1}^{n}\left(M_P \times \theta_i\right) = M_P \times 2\theta = 2\theta M_P \tag{12.22}$$

したがって，外力の仮想仕事の和 W_e と内力の仮想仕事の和 W_i が等しい（$W_e = W_i$）ので，崩壊荷重 P_u が次式のように求められる。

$$P_u = 4M_P / l \tag{12.23}$$

この結果は，**図 12.12（a）**の支間中央に集中荷重を受ける単純はりの曲げモーメントの最大値 M_{max} が M_P に達したとして計算した荷重と一致する。

図 12.13 (a) に示す等分布荷重が作用した場合の単純はり（静定構造）に対しても等分布荷重を大きくすると，最大曲げモーメントが生じる支間中央で塑性ヒンジが生じ，不安定構造になって崩壊する。**図 12.13（b）**に示すように塑性ヒンジの回転角 θ を考えると，崩壊に至る等分布荷重 w_u に対する外力による仮想仕事の和 W_e は，微小区間 dx の等分布荷重 w_u による外力 $w_u dx$ と各位置の変位 $\delta(x) = \theta \cdot x$ を乗じて積分することで求められる。

$$W_e = \int_l \left\{w_u dx \cdot \delta\left(x\right)\right\} = 2\int_0^{l/2} w_u \cdot \theta x dx = \frac{\theta l^2}{4} w_u \tag{12.24}$$

内力の仮想仕事の和 W_i は，式（12.22）と同じであるので，$W_e = W_i$ の関係から，はりが崩壊する際の等分布荷重 w_u は次式のように求められる。

$$w_u = 8M_P / l^2 \tag{12.25}$$

式（12.25）からわかるように，**図 12.13（a）**の等分布荷重が載荷された単純はりの支間中央の最大曲げモーメント M_{max} が M_P に達したとして計算した等分布荷重と一致する。

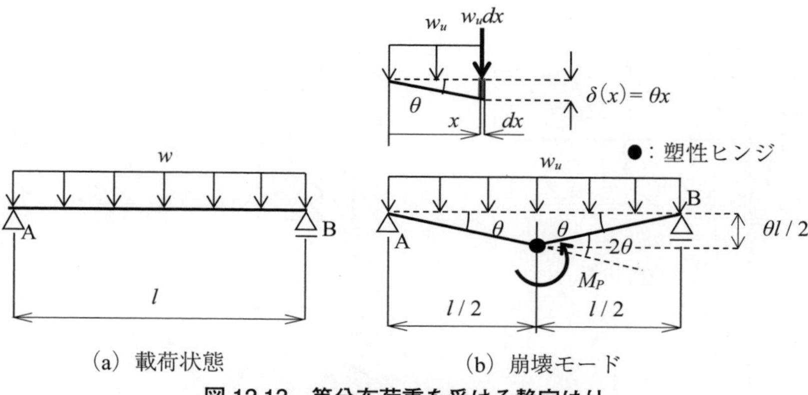

（a）載荷状態　（b）崩壊モード

図 12.13　等分布荷重を受ける静定はり

例題 12.9　不静定はりの崩壊荷重

1 次不静定はりの崩壊荷重 P_u も仮想仕事の原理から計算できる。不静定はりでは，荷重を大きくすると，曲げモーメントの絶対値が最大の位置で最初に全塑性モーメントに達し塑性ヒンジが生じる。その状態に達しても，さらに荷重を増加させることができるが，塑性ヒンジが生じた構造，すなわち静定構造になったはりに対しては，不静定はりの曲げモーメントにおいて 2 番目に絶対値が大きい位置が全塑性モーメントに達し塑性ヒンジが生じて崩壊する。

例として，**図 12.14（a）**に示す集中荷重が作用する不静定はりに対して，崩壊に至る過程を説明する。はりの断面の全塑性モーメントを $\pm M_P$ とする。不静定反力を求めてモーメント図を描くと，**図 12.14（b）**に示すように点 A で曲げモーメントの絶対値が最大値になることがわかる。したがって，最初に点 A に塑性ヒンジが生じる。点 A に塑性ヒンジが生じる際の荷重 P は，$M_A = -M_P$ より，$P = 16M_P/(3l)$ になる。

点 A が塑性ヒンジに達した後は，**図 12.14（c）**に示すような点 A に全塑性モーメント（$-M_P$）が作用した静定構造になる。**図 12.14（b）**で点 A の次に曲げモーメントの絶対値が大きい位置は点 C なので，その位置の曲げモーメントが M_P になった場合に崩壊する。したがって，$M_C = -R_B \times (l/2) = M_P$ となるので，**図 12.14（c）**から反力 R_B（$C = M_p - P/2$）を求めて，崩壊荷重 P_u が $P_u = 6M_P/l$ になる。

問題 12.9

次の不静定はりの崩壊荷重 P_u を求めなさい。ただし，はりの断面の全塑性モーメントを $\pm M_P$ とする。

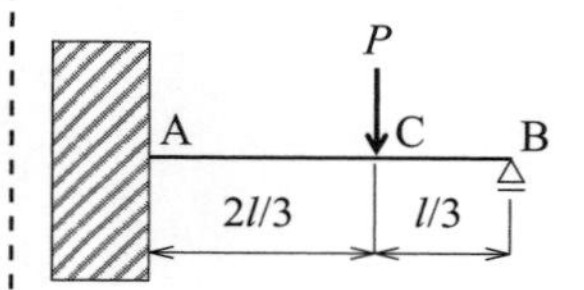

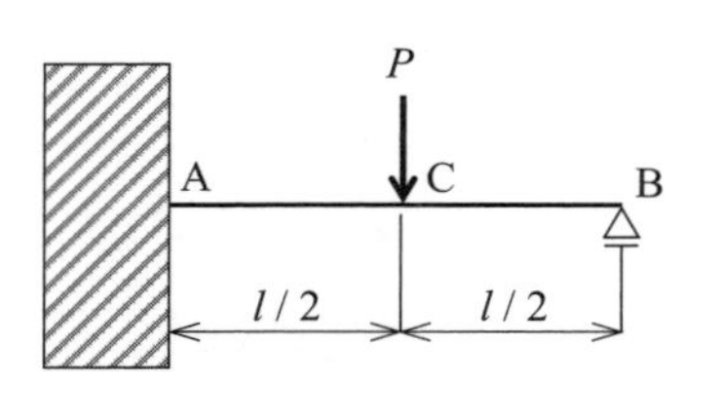

(a) 載荷状態

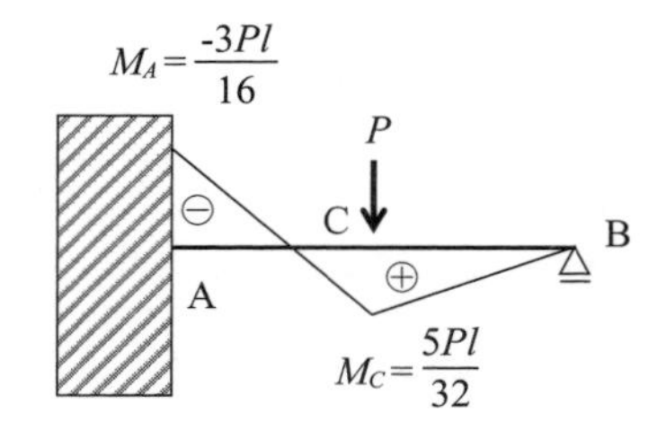

(b) 曲げモーメント図

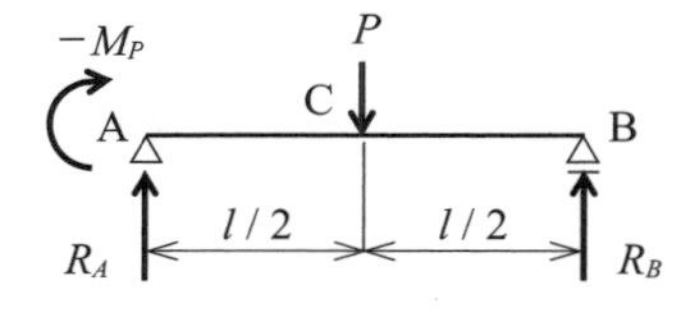

(c) 点Aが塑性した後の状態

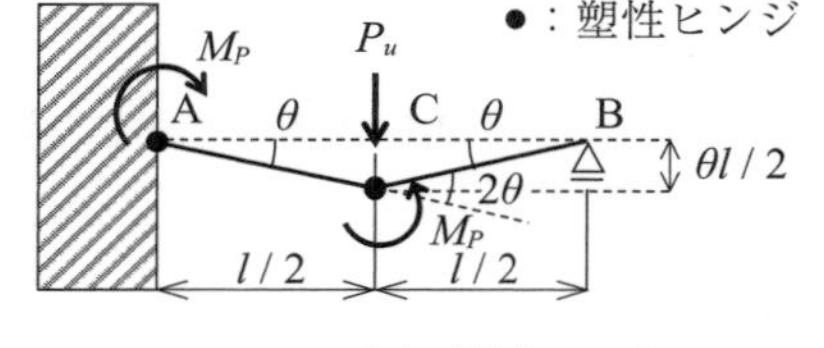

(d) 崩壊モード

図 12.14 集中荷重を受ける不静定はり

次に，**図 12.14 (a)** に示す集中荷重が作用する不静定はりに対する崩壊荷重 P_u を仮想仕事の原理を利用して求める。**図 12.14 (d)** に示すような塑性ヒンジによる回転角 θ が生じる場合を考えると，W_e と W_i は，それぞれ次のように求められる。

$$W_e = \sum_{i=1}^{n}\left(P_i \times \delta_i\right) = P_u \times \left(\theta \times \frac{l}{2}\right) = \frac{\theta l}{2} P_u \tag{12.26}$$

$$W_i = \sum_{i=1}^{n}\left(M_P \times \theta_i\right) = M_P \times \theta + M_P \times 2\theta = 3\theta M_P \tag{12.27}$$

したがって，外力の仮想仕事の和 W_e と内力の仮想仕事の和 W_i が等しい（$W_e = W_i$）ので，不静定構造に対して崩壊荷重 P_u が次式のように求められる。

$$P_u = 6M_P / l \tag{12.28}$$

このように，不静定はりに対しても，崩壊荷重は，仮想仕事の原理を用いると容易に計算できる。

次に**図 12.15 (a)** に示す等分布荷重が作用する不静定はりに対する崩壊に至る等分布荷重 w_u を求める。はりの断面の全塑性モーメントを $\pm M_P$ とする。**図 12.15 (b)** に示すような塑性ヒンジによる回転角 θ が生じる場合を考えると，W_e は，次のように求められる。

$$W_e = \int_l w_u \cdot \delta(x) dx = 2\int_0^{l/2} w_u \cdot \theta \cdot x dx = \frac{\theta l^2}{4} w_u \tag{12.29}$$

内力の仮想仕事の和 W_i は，式（12.27）と同じであり，外力の仮想仕事

の和 W_e と内力の仮想仕事の和 W_i が等しい（$W_e=W_i$）ので，等分布荷重が作用する不静定構造が崩壊する際の等分布荷重 w_u は次式のように求められる。

$$w_u = 12M_P/l^2 \tag{12.30}$$

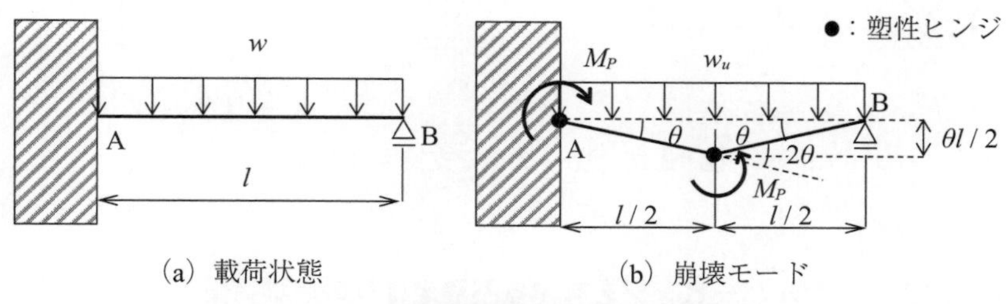

図 12.15　等分布荷重を受ける不静定はり

例題 12.10　ケーブルで支持されたはりの崩壊荷重

図 12.16（a）に示すケーブルで支持されたはりの崩壊荷重を求める。はりの断面の全塑性モーメントを $\pm M_P$，ケーブルの断面の降伏荷重を N_Y とする。**図 12.16（b）**に示すような塑性ヒンジによる回転角 θ が生じる場合を考えると，外力の仮想仕事 W_e は次のように求められる。

$$W_e = \sum_{i=1}^{n}\left(P_i \times \delta_i\right) = P_u \times \theta l = \theta l P_u \tag{12.31}$$

ケーブルで支持されている場合，ケーブルの内力の仮想仕事も含める必要がある。ケーブルは全断面が降伏する荷重 N_Y までしか荷重を負担できないため，ケーブルの降伏荷重 N_Y とその点の変位を考慮して内力の仮想仕事の和 W_i は次のように求められる。

$$W_i = \sum_{i=1}^{n}\left(N_Y \times \delta_i\right) + \sum_{i=1}^{n}\left(M_P \times \theta_i\right) = N_Y \times \theta l + M_P \times \theta = \theta l N_Y + \theta M_P \tag{12.32}$$

したがって，外力の仮想仕事の和 W_e と内力の仮想仕事の和 W_i が等しい（$W_e=W_i$）ので，ケーブルで支持されたはりの崩壊荷重 P_u が次式のように求められる。

$$P_u = N_Y + M_P/l \tag{12.33}$$

問題 12.10

次のケーブルで支持されたはりの崩壊荷重 P_u を求めなさい。ただし，はりの断面の全塑性モーメントを $\pm M_P$，ケーブルの断面の降伏荷重を N_Y とする。

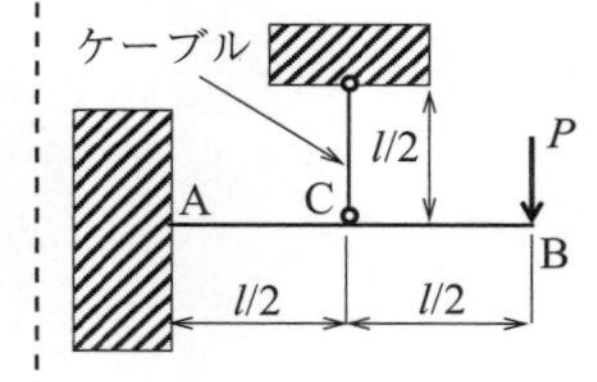

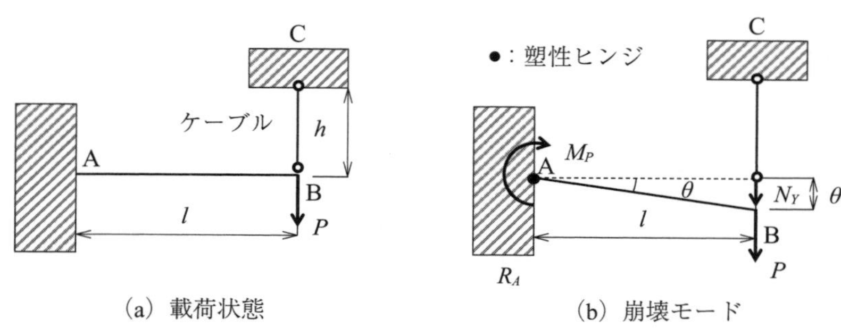

図 12.16　ケーブルで支持されたはり

問題 12.11

次のゲルバーヒンジを有する不静定はりの崩壊崩壊荷重 P_u を求めなさい。ただし，はりの断面の全塑性モーメントを $\pm M_P$ とする。

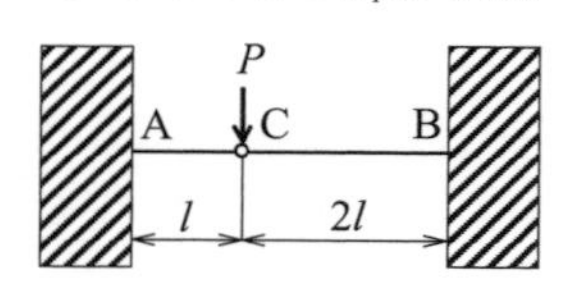

例題 12.11　ゲルバーヒンジを有する不静定はりの崩壊荷重

図 12.17 (a) に示すゲルバーヒンジを有する不静定はりの崩壊荷重を求める。はりの断面の全塑性モーメントを $\pm M_P$ とする。**図 12.17 (b)** に示すような塑性ヒンジによる回転角 θ が生じる場合を考えると，W_e と W_i は，それぞれ次のように求められる。

$$W_e = \sum_{i=1}^{n}(P_i \times \delta_i) = P_u \times \left(\theta \times \frac{l}{2}\right) = \frac{\theta l}{2} P_u \tag{12.34}$$

$$W_i = \sum_{i=1}^{n}(M_P \times \theta_i) = M_P \times \theta + M_P \times \theta = 2\theta M_P \tag{12.35}$$

したがって，外力の仮想仕事の和 W_e と内力の仮想仕事の和 W_i が等しい（$W_e = W_i$）ので，ゲルバーヒンジを有する不静定はりの崩壊荷重 P_u が次式のように求められる。

$$P_u = 4M_P/l \tag{12.36}$$

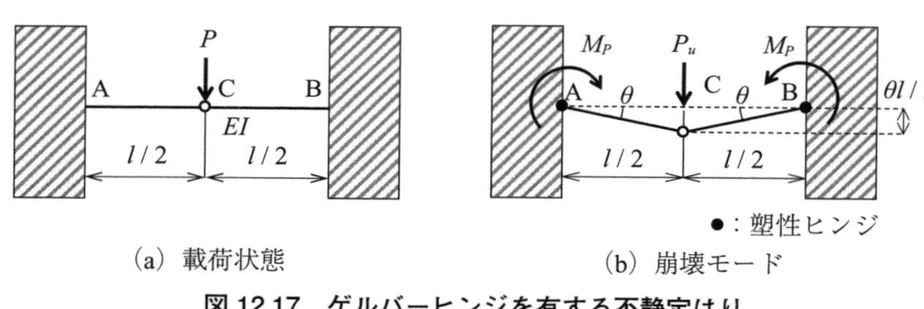

図 12.17　ゲルバーヒンジを有する不静定はり

問題 12.12

次の重ねはりの崩壊荷重 P_u を求めなさい。ただし，はりの断面の全塑性モーメントを $\pm M_P$ とする。

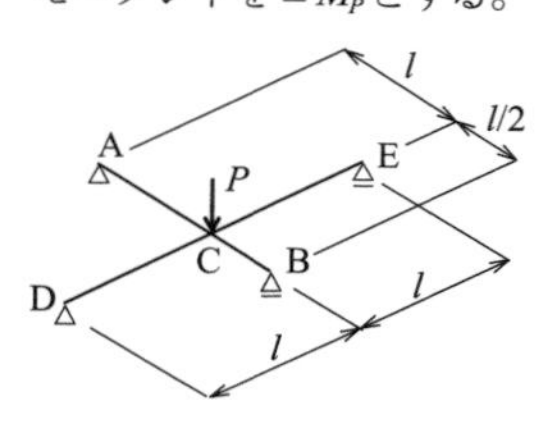

例題 12.12　重ねはりの崩壊荷重

図 12.18 (a) に示す集中荷重が作用する重ねはりに対する崩壊荷重 P_u を求める。はりの全塑性モーメントを $\pm M_P$ とする。各はりの載荷位置の変位が一致するように，**図 12.18 (b)** に示すような塑性ヒンジによる回転角が生じる場合を考えると，W_e と W_i は，それぞれ次のように求められる。

ただし，はり AB とはり DE の点 C 位置の変位が等しくなるように崩壊モードの回転角を定める必要がある。

$$W_e=\sum_{i=1}^{n}\left(P_i\times\delta_i\right)=P_u\times\left(\theta\times\frac{l}{2}\right)=\frac{\theta l}{2}P_u \tag{12.37}$$

$$W_i=\sum_{i=1}^{n}\left(M_P\times\theta_i\right)=M_P\times 2\theta+M_P\times\theta=3\theta M_P \tag{12.38}$$

したがって，外力の仮想仕事の和 W_e と内力の仮想仕事の和 W_i が等しい（$W_e=W_i$）ので，不静定構造に対して崩壊荷重 P_u が次式のように求められる。

$$P_u=6M_P/l \tag{12.39}$$

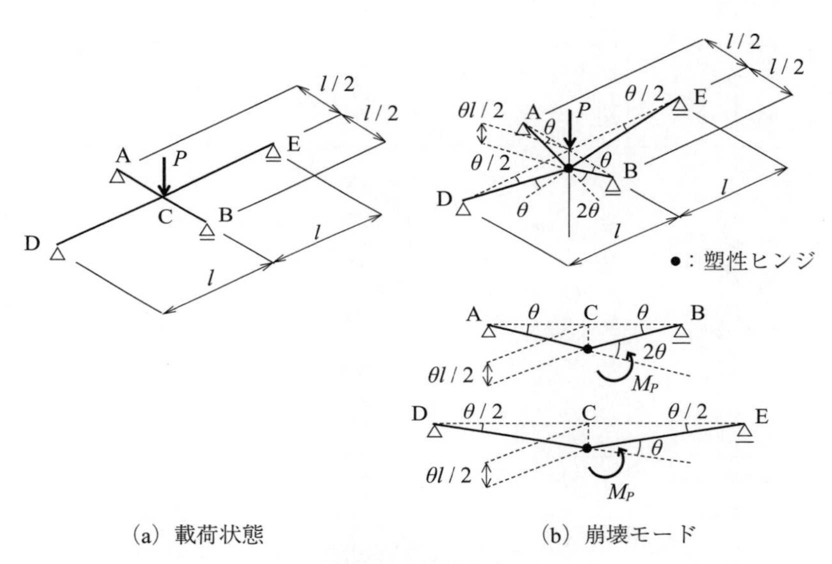

(a) 載荷状態　　(b) 崩壊モード

図 12.18　重ねはり

付録1　はりの公式一覧

載荷状態	せん断力，モーメント図	支点反力，せん断力	曲げモーメント	た　わ　み	最大たわみ
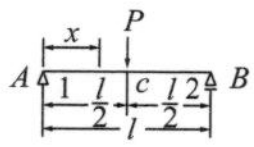	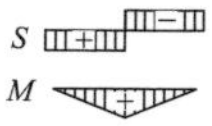	$R_A=R_B=\frac{P}{2}$ $S_1=S_2=\frac{P}{2}$	$M_1=\frac{Px}{2}\left(0\le x\le\frac{l}{2}\right)$ $M_c=\frac{Pl}{4}$	$y_1=\frac{Pl^3}{16EI}\left(\frac{x}{l}-\frac{4}{3}\cdot\frac{x^3}{l^3}\right)$ $\left(0\le x\le\frac{1}{2}\right)$	$y_c=\frac{Pl^3}{48EI}$
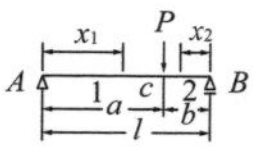	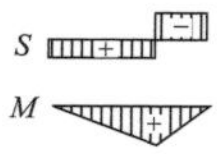	$R_A=S_1=\frac{Pb}{l}$ $R_B=-S_2=\frac{Pa}{l}$	$M_1=\frac{Pb}{l}x_1\ (0\le x_1\le a)$ $M_2=\frac{Pa}{l}x_2\ (0\le x_2\le b)$ $M_c=\frac{Pab}{l}$	$y_1=\frac{Pa^2b^2}{6EIl}\left(2\frac{x_1}{a}+\frac{x_1}{b}-\frac{x_1^3}{a^2b}\right)$ $(0\le x_1\le a)$ $y_2=\frac{Pa^2b^2}{6EIl}\left(2\frac{x_2}{b}+\frac{x_2}{a}-\frac{x_2^3}{ab^2}\right)$ $(0\le x_2\le b)$	$y_c=\frac{pa^2b^2}{3EIl}$ $y_{min}=\frac{Pb\left(l^2-b^2\right)^{\frac{3}{2}}}{9\sqrt{3}EIl}$ $\left(x=\sqrt{\frac{l^2-b^2}{3}}\right)$ ($a>b$ のとき)
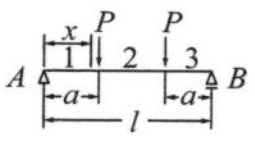	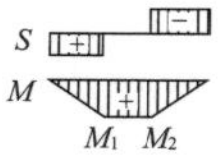	$R_A=R_B=P$ $S_1=-S_3=P$ $S_2=0$	$M_1=Px,\ \ M_2=Pa$ $M_a=P(1-x)$	$y_1=\frac{Px}{6EI}\left(3a(l-a)-x^2\right)$ $(0\le x\le a)$ $y_2=\frac{Pa}{6EI}\left(3x(l-x)-a^2\right)$ $(a\le x\le l-a)$	$y_{max}=\frac{Pa}{24EI}$ $\times\left(3l^2-4a^2\right)$ $\left(x=\frac{l}{2}\right)$
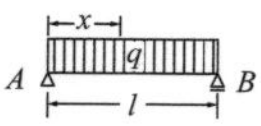	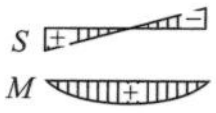	$R_A=R_B=\frac{ql}{2}$ $S=\frac{ql}{2}\left(1-\frac{2x}{l}\right)$	$M=\frac{ql^2}{2}\left(\frac{x}{l}-\frac{x^2}{l^2}\right)$ $M_{max}=\frac{ql^2}{8}$	$y=\frac{ql^4}{24EI}\left(\frac{x}{l}-2\frac{x^3}{l^3}+\frac{x^4}{l^4}\right)$	$y_{max}=\frac{5ql^4}{384EI}$
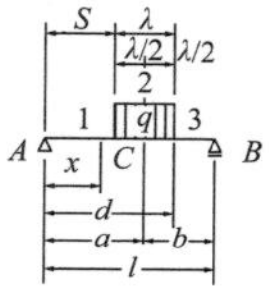	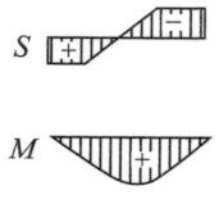	$R_A=q\frac{b\lambda}{l}$ $R_B=q\frac{a\lambda}{l}$ $S_1=R_A\ (0\le x\le s)$ $S_2=R_A-q(x-s)$ $(s\le x\le d)$ $S_3=-R_B\ (d\le x\le l)$	$M_1=R_Ax\ \ (0\le x\le s)$ $M_2=R_Ax-\frac{q}{2}(x-s)^2\ (s\le x\le d)$ $M_3=R_B(1-x)\ \ (d\le x\le l)$ $M_C=q\lambda(\frac{ab}{l}-\frac{\lambda}{8})$ $M_{max}=\frac{ab\lambda}{l^2}q(l-\frac{\lambda}{2})$	$y_1=\frac{q}{24EI}\left[-4\frac{\lambda}{l}\left(l-s-\frac{\lambda}{2}\right)x^3\right.$ $\left.+\left\{\frac{d^4}{l}-4d^3+4\lambda l(d+s)-\frac{s^4}{l}+4s^2\right\}x\right]$ $y_2=\frac{q}{24EI}\left[x^4-4\left(\lambda-\frac{\lambda s}{l}-\frac{\lambda^2}{2l}+s\right)x^3\right.$ $\left.+6s^2x^2+\left\{\frac{d^4}{l}-4d^3+4\lambda l(d+s)-\frac{s^4}{l}\right\}x+s^4\right]$ $y_3=\frac{q}{24EI}\left[4\frac{\lambda}{l}\left(s+\frac{\lambda}{2}\right)x^3-12\lambda\left(s+\frac{\lambda}{2}\right)x^2\right.$ $\left.+\left\{\frac{1}{l}(s+\lambda)^4+4\lambda l(d+s)-\frac{s^4}{l}\right\}x+s^4-d^4\right]$	
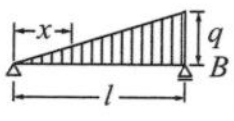	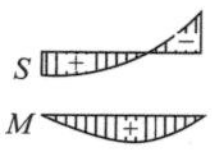	$R_A=\frac{ql}{6}$ $R_B=\frac{ql}{3}$ $S=\frac{ql}{6}\left(1-3\frac{x^2}{l^2}\right)$	$M=\frac{ql^2}{6}(\frac{x}{l}-\frac{x^3}{l^3})$ $M_{max}=\frac{ql^2}{9\sqrt{3}}=0.06415ql^3$ $\left(x=\frac{l}{\sqrt{3}}=0.5774l\right)$	$y=\frac{ql^4}{360EI}$ $\times\left(7\frac{x}{l}-10\frac{x^3}{l^3}+3\frac{x^5}{l^5}\right)$	$y_{max}=0.006522\frac{ql^4}{EI}$ $(x=0.5193l)$
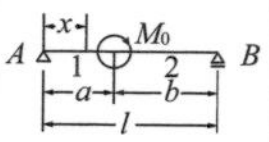	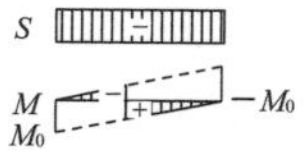	$R_A=-\frac{M_0}{l}$ $R_B=\frac{M_0}{l}$ $S=-\frac{M_0}{l}$	$M_1=-\frac{M_0}{l}x\ \ (0\le x\le a)$ $M_2=\frac{M_0}{l}(l-x)\ \ (a\le x\le l)$ $-M_{max}=-\frac{a}{l}M_0$ （左側） $+M_{max}=\frac{b}{l}M_0$ （右側）	$y_1=\frac{M_0x}{6EIl}(x^2-a^2-2ab+2b^2)$ $(0\le x\le a)$ $y_2=\frac{M_0(l-x)}{6EIl}(-x^2-2lx-3a^2)$	
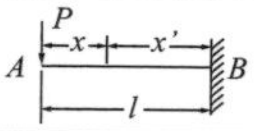	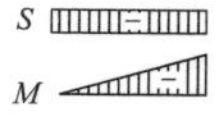	$R_B=-S=P$	$M=-Px$ $M_{max}=-Pl$	$y=\frac{Pl^3}{6EI}(3\frac{x'^2}{l^2}-\frac{x'^3}{l^3})$	$y_A=\frac{Pl^3}{3EI}$
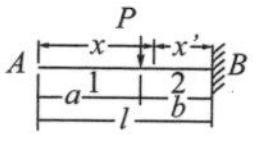	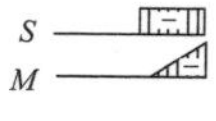	$R_B=-S_2=P$ $(0\le x'\le b)$ $S_1=0$	$M_1=0$ $M_2=-P(b-x')\ \ (0\le x'\le b)$ $M_{max}=-Pb$(点B)	$y_1=\frac{Pb^3}{6EI}(3\frac{x'}{b}-1)\ (b\le x'\le l)$ $y_2=\frac{Pb^3}{6EI}(3\frac{x'^2}{b^2}-\frac{x'^3}{b^3})\ (0\le x'\le b)$	$y_A=\frac{Pb^2(3l-b)}{6EI}$
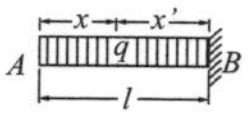	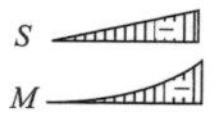	$R_B=ql$ $S=-qx$	$M=-\frac{qx^2}{2}$ $M_{max}=-\frac{ql^2}{2}$(点B)	$y=\frac{ql^4}{24EI}(6\frac{x'^2}{l^2}-4\frac{x'^3}{l^3}+\frac{x'^4}{l^4})$	$y_A=\frac{ql^4}{8EI}$

載荷状態	せん断力, モーメント図	支点反力, せん断力	曲げモーメント	た　わ　み	最大たわみ
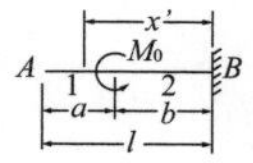	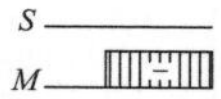	$R_B=0$ $S=0$	$M_1=0$ $M_2=-M_0$ $M_{max}=-M_0$	$y_1=\frac{M_0 b}{2EI}(2x'-b)\ (b\leq x'\leq l)$ $y_2=\frac{M_0 x'^2}{2EI}\ (0\leq x'\leq b)$	$y_A=\frac{M_0 b}{2EI}(2l-b)$
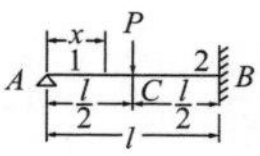	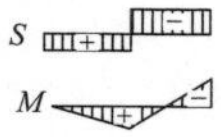	$R_A=S_1=\frac{5}{16}P$ $R_B=-S_2=\frac{11}{16}P$	$M_1=\frac{5}{16}Px\ (0\leq x\leq\frac{l}{2})$ $M_2=P(\frac{l}{2}-\frac{11}{16}x)\ (\frac{l}{2}\leq x\leq l)$ $M_C=\frac{5}{32}Pl$ $M_{max}=M_B=-\frac{3}{16}Pl$	$y_1=\frac{Pl^3}{96EI}(\frac{3x}{l}-\frac{5x^3}{l^3})$ $(0\leq x\leq\frac{l}{2})$ $y_2=\frac{Pl^3}{96EI}(\frac{11x}{l}-2)(1-\frac{x}{l})^2$ $(\frac{l}{2}\leq x\leq l)$	$y_{max}=\frac{1}{\sqrt{5}}\frac{Pl^3}{48EI}$ $(x=0.4472l)$
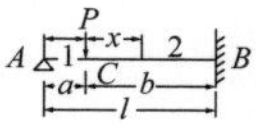	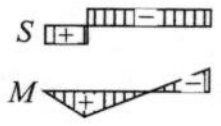	$R_A=S_1=\frac{Pb^2}{2l^3}\times(a+2l)$ $R_B=-S_2=\frac{P}{2}\left(\frac{3a}{l}-\frac{a^3}{l^3}\right)$	$M_1=R_A x\ (0\leq x\leq a)$ $M_2=R_A x-P(x-a)\ (a\leq x\leq l)$ $M_B=-\frac{Pa(l^2-a^2)}{2l^2}$ $M_C=\frac{Pa}{2}(2-\frac{3a}{l}+\frac{a^3}{l^3})$	$y_1=\frac{Pb^2 x}{12EIl^3}\left[3al^2-(2l+a)x\right]$ $(0\leq x\leq a)$ $y_2=\frac{Pa(l-x)^2}{12EIl^3}\left[(3l^2-a^2)x-2a^2 l\right]$ $(a\leq x\leq l)$	$y_C=\frac{Pb^3a^2}{12EIl^2}$ $\times\left(3+\frac{a}{l}\right)$
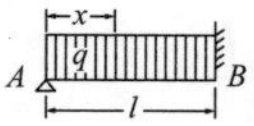	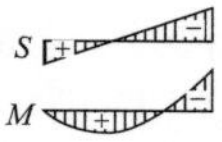	$R_A=\frac{3}{8}ql$ $R_B=\frac{5}{8}ql$ $S=ql\left(\frac{3}{8}-\frac{x}{l}\right)$	$M=\frac{qlx}{2}(\frac{3}{4}+\frac{x}{l})$ $-M_{max}=M_B=-\frac{ql^2}{8}$ $+M_{max}=\frac{9}{128}ql^2\ (x=\frac{3}{8}l)$	$y=\frac{ql^4}{48EI}(\frac{x}{l}-3\frac{x^3}{l^3}+2\frac{x^4}{l^4})$	$y_{max}=\frac{ql^4}{184.6EI}$ $\left(x=\frac{l}{16}(1+\sqrt{33})\right.$ $\left.=0.4215l\right)$
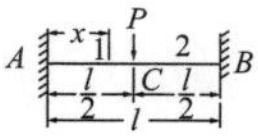	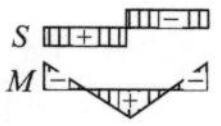	$R_A=S_1=\frac{P}{2}$ $R_B=-S_2=\frac{P}{2}$	$M_1=\frac{Pl}{2}(\frac{x}{l}-\frac{1}{4})$ $(0\leq x\leq\frac{1}{2})$ $M_A=M_B=-\frac{Pl}{8}$ $M_C=\frac{Pl}{8}$	$y_1=\frac{Pl^3}{16EI}(\frac{x^2}{l^2}-\frac{4x^3}{3l^3})$ $(0\leq x\leq\frac{l}{2})$	$y_{max}=\frac{Pl^3}{192EI}$
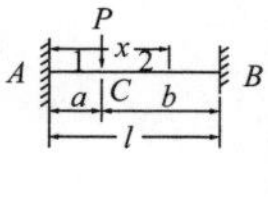	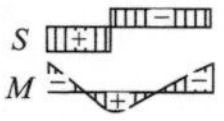	$R_A=S_1=P\frac{b}{l^3}$ $\times(l^2-a^2+ab)$ $R_B=-S_2=P\frac{a}{l^3}$ $\times(l^2-b^2+ab)$	$M_1=R_A x+M_A\ (0\leq x\leq a)$ $M_2=R_B(l-x)+M_B\ (a\leq x\leq l)$ $M_A=-P\frac{ab^2}{l^2}$ $M_C=2P\frac{a^2b^2}{l^3}$ $M_B=-P\frac{ba^2}{l^2}$	$y_1=\frac{Pb^2x^2}{6l^3EI}(3al-3ax-bx)$ $(0\leq x\leq a)$ $y_2=\frac{Pb^2x^2}{6l^3EI}\left\{\frac{l^3(x-a)^3}{b^2x^2}+3al-3ax-bx\right\}$ $(a\leq x\leq l)$	$y_C=\frac{Pa^3b^3}{3EIl^3}$
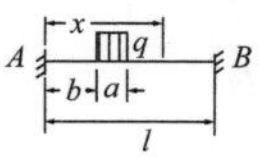	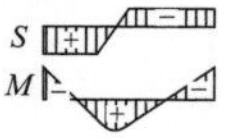	$R_A=R_{0A}-\frac{M_A-M_B}{l}$ $R_B=R_{0B}-\frac{M_A-M_B}{l}$ $S=S_0-\frac{M_A-M_B}{l}$	$M=M_0+M_A(\frac{l-x}{l})+M_B\frac{x}{l}$ $M_A=-\frac{qa}{12l^2}\left[12(b+\frac{a}{2})(1-b-\frac{a}{2})^2\right.$ $\left.-a^2\left\{2l-3(b+\frac{a}{2})\right\}\right]$ $M_B=-\frac{qa}{12l^2}\left[12(b+\frac{a}{2})(l-b-\frac{a}{2})^2\right.$ $\left.-a^2\left\{3(b+\frac{a}{2})-l\right\}\right]$	注) R_0, S_0, M_0 は梁 AB を単純梁と考えたときの反力，せん断力，曲げモーメントを示す。	
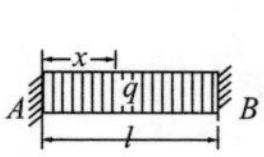	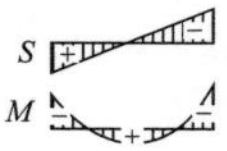	$R_A=R_B=\frac{ql}{2}$ $S=\frac{ql}{2}\left(1-2\frac{x}{l}\right)$	$M=-\frac{ql^2}{2}(\frac{1}{6}-\frac{x}{l}+\frac{x^2}{l^2})$ $M_A=M_A=\frac{-ql^2}{12}$ $M_C=\frac{ql^2}{24}$	$y=\frac{ql^4}{24EI}(\frac{x^2}{l^2}-2\frac{x^3}{l^3}+\frac{x^4}{l^4})$	$y_C=\frac{ql^4}{384EI}$

付録２　断面諸量の公式一覧

断面形状	断面積（A）	２軸（図心を通る）より縁までの距離（y）	断面２次モーメント（I_x）
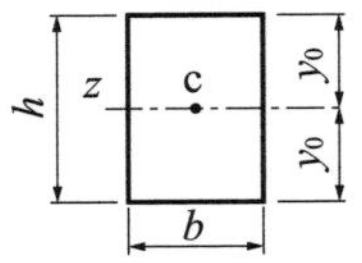	bh	$y_0=\dfrac{h}{2}$	$\dfrac{bh^3}{12}$
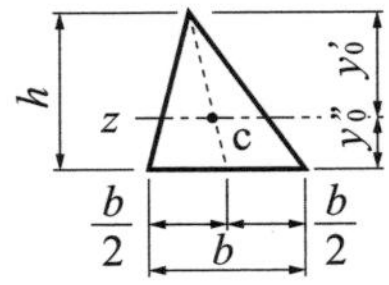	$\dfrac{bh}{2}$	$y_0'=\dfrac{2}{3}h$ $y_0''=\dfrac{1}{3}h$	$\dfrac{bh^3}{36}$
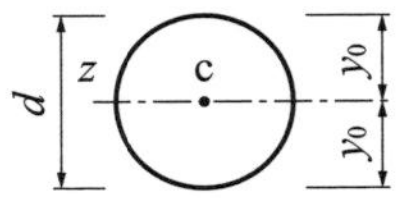	$\dfrac{\pi d^2}{4}$	$y_0=\dfrac{d}{2}$	$\dfrac{\pi d^4}{64}$
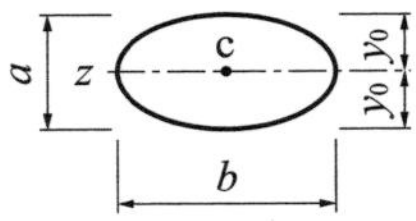	$\dfrac{\pi ab}{4}$	$y_0=\dfrac{a}{2}$	$\dfrac{\pi a^3 b}{64}$
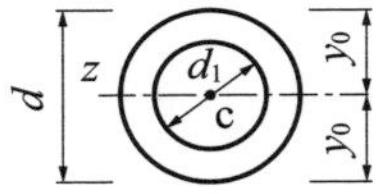	$\dfrac{\pi}{4}(d^2-d_1^2)$	$y_0=\dfrac{d}{2}$	$\dfrac{\pi}{64}(d^4-d_1^4)$
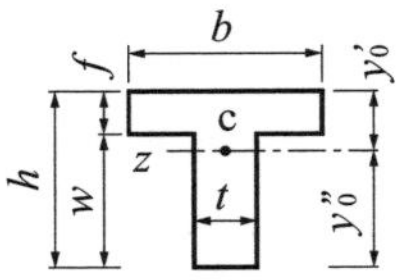	$bf+wt$	$y_0'=\dfrac{th^2+f^2(b-t)}{2(bf+wt)}$ $y_0''=h-y_0'$	$\dfrac{ty_0''^3+by_0'^3}{3}-\dfrac{(b-t)(y_0'-f)^3}{3}$
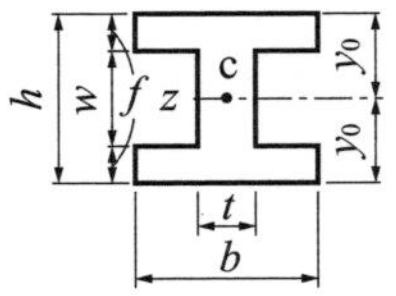	$bh-w(b-t)$	$y_0=\dfrac{h}{2}$	$\dfrac{bh^3-w^3(b-t)}{12}$
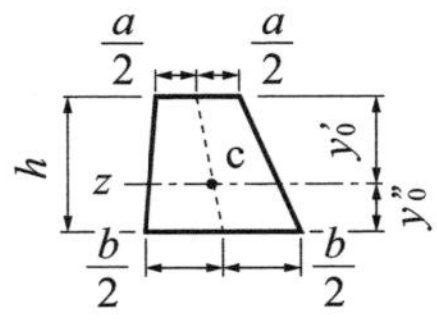	$\dfrac{1}{2}(a+b)h$	$y_0'=\dfrac{a+2b}{a+b}\dfrac{h}{3}$ $y_0''=\dfrac{2a+b}{a+b}\dfrac{h}{3}$	$\dfrac{a^2+4ab+b^2}{36(a+b)}h^3$

付録３　表計算ソフトによる任意のⅠ形断面に対する断面２次モーメント算出例

実際の設計で用いられている表計算ソフトにより断面２次モーメントを計算している事例を示す．表計算ソフトでは，断面形状を入力すると，自動的に中立軸や断面２次モーメントを算出できるようになっている．

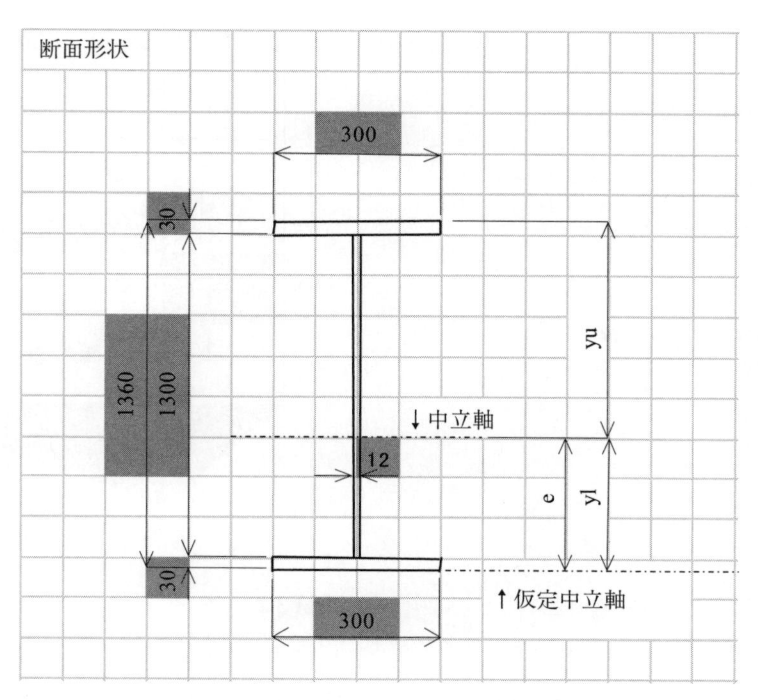

断面諸元

				A（mm²）	y（mm）	Ay（mm³）	Ay²（mm⁴）	I（mm⁴）
	b		h					
1 上フランジ	300	x	30	9,000	1,345	12,105,000	16,281,225,000	675,000
	h		b					
1 腹板	1,300	x	12	15,600	680	10,608,000	7,213,440,000	2,197,000,000
	b		h					
1 下フランジ	300	x	30	9,000	15	135,000	2,025,000	675,000

ΣA ＝	33,600 mm²	ΣAy ＝	22,848,000 mm³	Σ(Ay²+I) ＝	25,695,040,000 mm⁴
e ＝	680 mm			ΣAe² ＝	15,536,640,000 mm⁴
yu ＝	680 mm	yl ＝	680 mm	Σ(Ae²+I)−ΣAe² ＝	10,158,400,000 mm⁴

計算の流れとしては，断面最下部を仮の中立軸位置と設定し，各長方形断面の断面積と断面１次モーメントから中立軸位置（yu，yl）を算出している．その後，式（5.18）を用いて仮定中立軸における断面２次モーメントを算出し，最後に中立軸の位置での補正を行い，最終的な断面２次モーメントを算出している．

問題解答

第 2 章

問題 2.1

$H_A=0$ kN, $R_A=14$ kN, $R_B=6$ kN

問題 2.2

$H_A=0$, $R_A=\frac{5}{6}wa$, $R_B=\frac{7}{6}wa$

問題 2.3

$H_A=0$ kN, $R_A=30$ kN, $R_B=10$ kN

問題 2.4

$H_B=0$, $R_B=\frac{qa}{2}$, $M_B=-\frac{qa^2}{6}$

問題 2.5

$H_A=0$ kN, $R_A=45$ kN, $M_A=-150$ kN·m,

$R_B=15$ kN

問題 2.6

$H_A=-5$ kN, $R_A=-4$ kN, $R_B=4$ kN

問題 2.7

$H_A=-1$ kN, $R_A=-2$ kN, $H_B=-4$ kN,

$R_B=2$ kN

第 3 章

問題 3.1

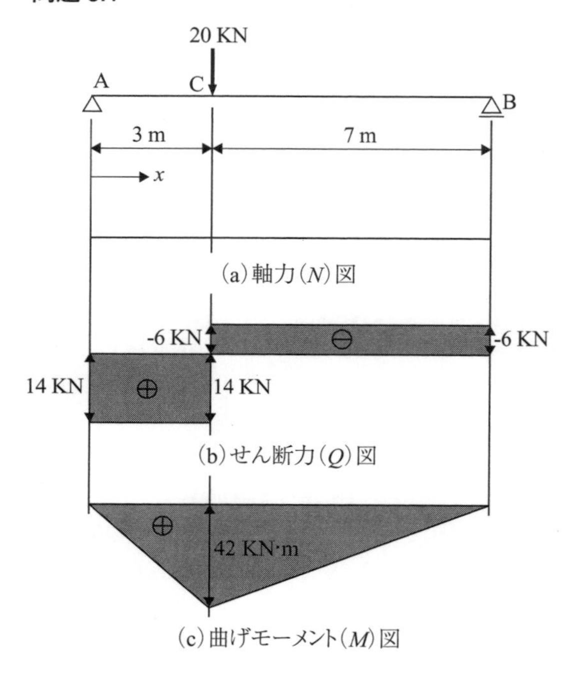

問題 3.2

$a=1$ m

問題 3.3

曲げモーメントは，点 A から $\frac{\ell}{\sqrt{3}}$ の箇所で生じ，その大きさは $\frac{9\ell^2}{9\sqrt{3}}$ となる。

問題 3.4

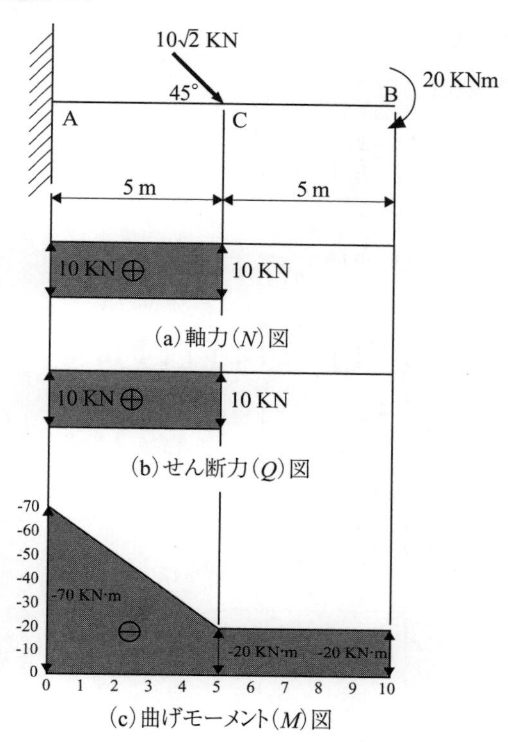

問題 3.5

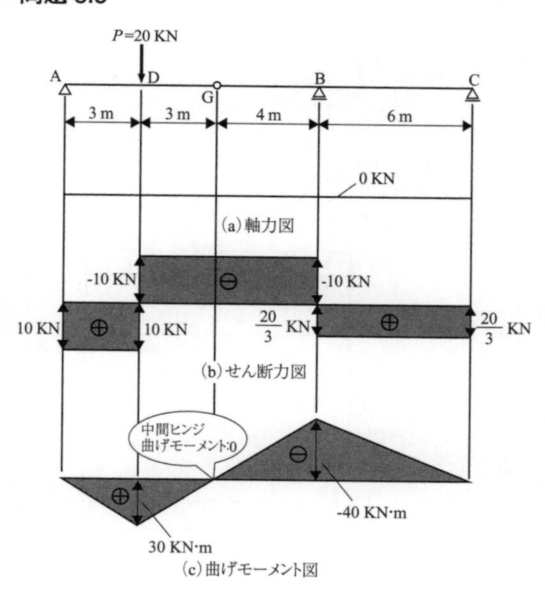

第 4 章

問題 4.1

$$S3=\frac{\sqrt{5}}{2}P$$

$$S4=-\frac{\sqrt{5}}{2}P$$

$$L2=\frac{1}{2}P$$

問題 4.2

$$R_a=\frac{2P1+P2}{3}$$

$$U1=-\left(\frac{2P1+P2}{2}\right)$$

$$S1=\left(\frac{-5P1+5P2}{12}\right)$$

$$L1=\frac{3P1+3P2}{4}$$

第 5 章

問題 5.1

図心座標 $(y_0,\ z_0)=(29.4\ \mathrm{mm},\ 0\ \mathrm{mm})$

問題 5.2

$I_z=804000\ \mathrm{mm}^4$

問題 5.3

$$\sigma_1=\frac{E_1}{E_1A_1+E_2A_2+E_3A_3}P$$

$$\sigma_2=\frac{E_2}{E_1A_1+E_2A_2+E_3A_3}P$$

$$\sigma_3=\frac{E_3}{E_1A_1+E_2A_2+E_3A_3}P$$

問題 5.4

$$I_z = \frac{517}{12}a^4$$

$$\sigma_{x\,max,min} = \pm\frac{15pL^2}{2068a^3}$$

$$\varepsilon_{x\,max,min} = \pm\frac{15pL^2}{2068Ea^4}$$

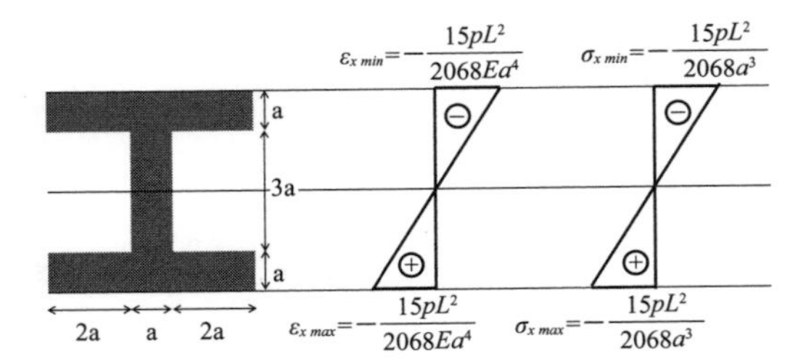

問題 5.5

せん断応力度は正値のみ表示するものとする。

ウェブに生じる最大せん断応力：

$$\tau_{wxz\,max} = \frac{483pL}{2068a^2}$$

ウェブに生じる最小せん断応力：

$$\tau_{wxz\,max} = \frac{60pL}{517a^2}$$

フランジに生じる最大せん断応力：

$$\tau_{fxz\,max} = \frac{12pL}{517a^2}$$

フランジに生じる最小せん断応力：

$$\tau_{fxz\,max} = 0$$

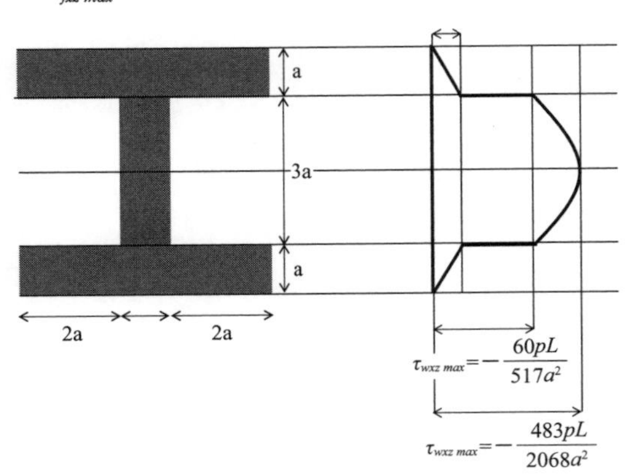

第 6 章

問題 6.1

$$w_C = w\left(x = \frac{L}{2}\right) = \frac{5pL^4}{384EI}$$

$$\theta_A = w'(x=0) = \frac{pL^3}{24EI}$$

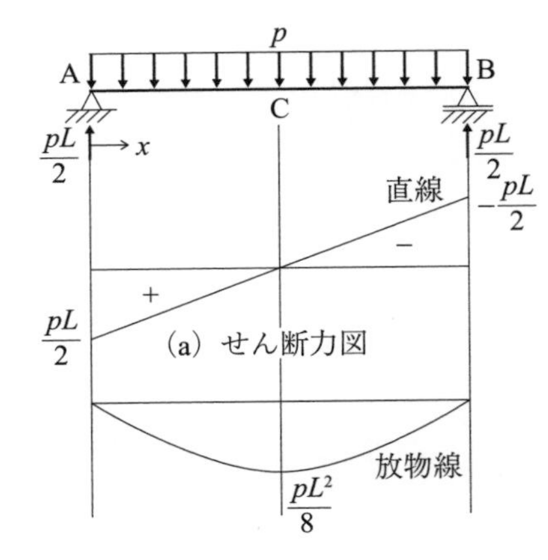

(a) せん断力図

(b) 曲げモーメント図

問題 6.2

$$w_B = w(x=L) = \frac{pL^4}{8EI}$$

$$\theta_B = w'(x=L) = \frac{pL^3}{6EI}$$

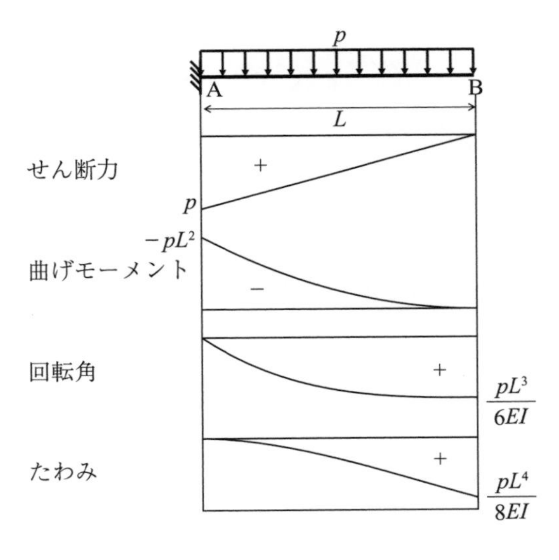

問題 6.3

$$w_B = w(x = L) = \frac{11pL^4}{120EI}$$

$$\theta_B = w'(x = L) = \frac{pL^3}{8EI}$$

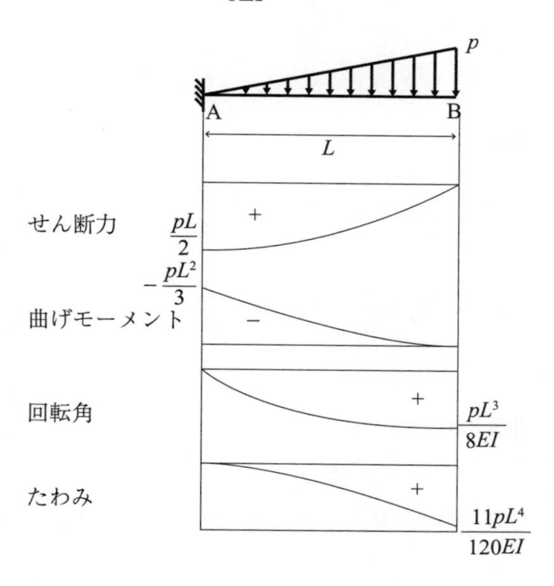

問題 6.4

$$w_B = w(x = L) = \frac{PL^3}{3EI}$$

$$\theta_B = w'(x = L) = \frac{PL^2}{2EI}$$

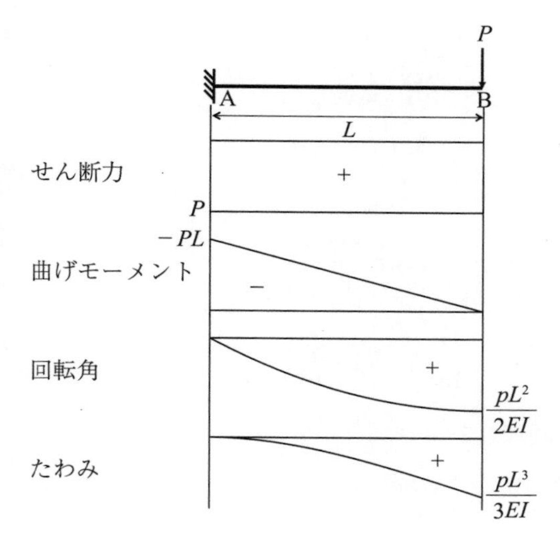

問題 6.5

$$w_B = w(x = L) = \frac{PL^3}{3EI}$$

$$\theta_B = w'(x = L) = \frac{PL^2}{2EI}$$

問題 6.6

$$w_C = w\left(x = \frac{L}{2}\right) = \frac{PL^3}{192EI}$$

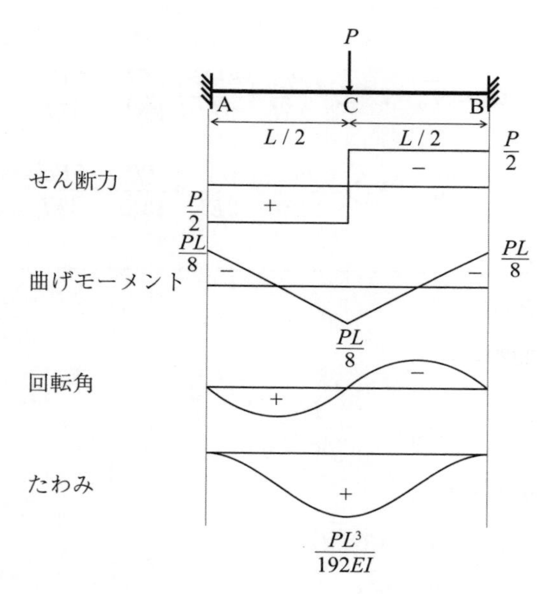

問題 6.7

$$\theta_A = R_A = \frac{PL^2}{2EI}$$

$$w_A = \overline{M}(x = 0) = \frac{PL^3}{3EI}$$

問題 6.8

$$\theta_A = R_A = -\frac{5PL^2}{16EI}$$

$$w_A = \overline{M}(x = 0) = -M_A = \frac{3PL^3}{16EI}$$

問題 6.9

$$\theta_B = -R_B = \frac{2M_0L}{3EI}$$

$$w_C = \overline{M_C} = -\frac{M_0L^2}{3EI} + \frac{2M_0L^2}{3EI} = \frac{M_0L^2}{3EI}$$

問題 6.10

$$w_E = \overline{M_E} = R_AL = -\frac{PL^2}{12EI}$$

$$\theta_B = \overline{V}(x=0) = R_B = \frac{5PL^2}{12EI}$$

$$w_D = \overline{M_D} = 2R_CL - \frac{PL^3}{2EI} = \frac{8PL^3}{3EI} - \frac{PL^3}{2EI} = \frac{13PL^3}{6EI}$$

$$w_F = \overline{M_F} = R_CL - \frac{PL^3}{12EI} = \frac{4PL^3}{3EI} - \frac{PL^3}{12EI} = \frac{5PL^3}{4EI}$$

第 8 章

問題 8.1

$$U = \frac{P^2l^3}{96EI}, \quad \delta = \frac{Pl^3}{48EI}$$

問題 8.2

$\delta_V = 233Pl/(32EA)$,

$\delta_H = 9Pl/(2EA)$

問題 8.3

$R_A = 5ql/8$, $M_A = -ql^2/8$, $R_B = 3ql/8$

問題 8.4

$$N_1 = P\left(\sqrt{3}-1\right)/2, \quad N_2 = P/\sqrt{3},$$

$$N_3 = P\left(3-\sqrt{3}\right)/6$$

問題 8.5

$R_A = R_D = 2ql/5$,

$R_B = R_C = 11ql/10$

問題 8.6

$$X = \frac{3ql}{8\left(1+\dfrac{3I}{2Al^2}\right)},$$

$$R_C = -X = \frac{-3ql}{8\left(1+\dfrac{3I}{2Al^2}\right)}$$

問題 8.7

$$H = -\frac{3}{8}P, \ H_A = H_B = -H = \frac{3}{8}P$$

$$M_A = M_B = \frac{Pl}{8}, \quad R_A = R_B = \frac{P}{2}$$

問題 8.8

$X = P/9$, $R_A = 8P/9$,

$R_B = P/9$, $M_A = -8Pl/9$, $M_B = -2Pl/9$

問題 8.9

$X = P/4$, $R_A = P/4$, $R_B = P/2$, $R_D = R_E = P/8$

第 9 章

問題 9.1

$$\theta_B = -\frac{PL^2}{32EI}$$

$$M_{AB} = -\frac{3PL}{16}$$

$$M_A = -M_{AB} = \frac{3PL}{16}$$

$$R_A = \frac{11}{16}P, \quad R_B = \frac{5}{16}P$$

問題 9.2

$M_{AB} = 1$ kNm $= M_A$

$M_{BA} = 2$ kNm

$M_{BC} = -2$ kNm

$M_{CB} = 2$ kNm

$M_{CD} = -2$ kNm

$M_{DC} = -1$ kNm $= -M_D$

$$F_A = -\frac{M_{AB} + M_{BA}}{4} = -0.75 \text{ kN}$$

$$F_D = -\frac{M_{CD} + M_{BC}}{2} = 1.5$$

$R_A = 6$kN

$R_D = 6$kN

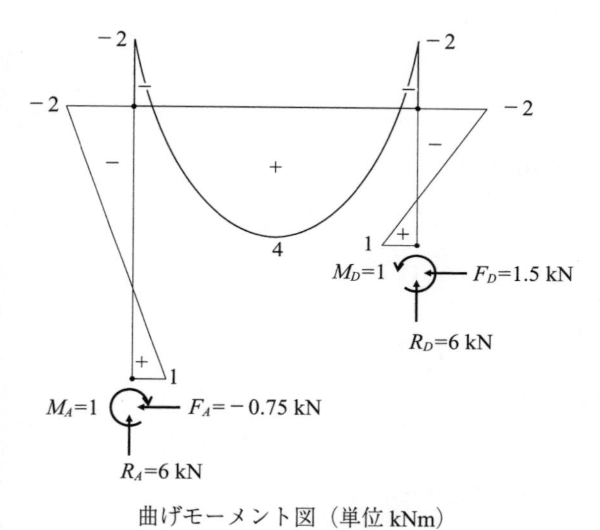

曲げモーメント図（単位 kNm）

第 10 章

問題 10.1

点 A の応力：23.6 N/mm^2

最大圧縮応力：29.7 N/mm^2

角度 45° の縁

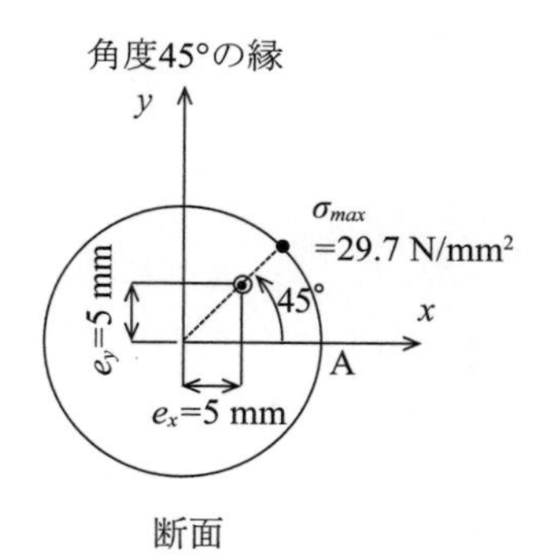

断面

問題 10.2

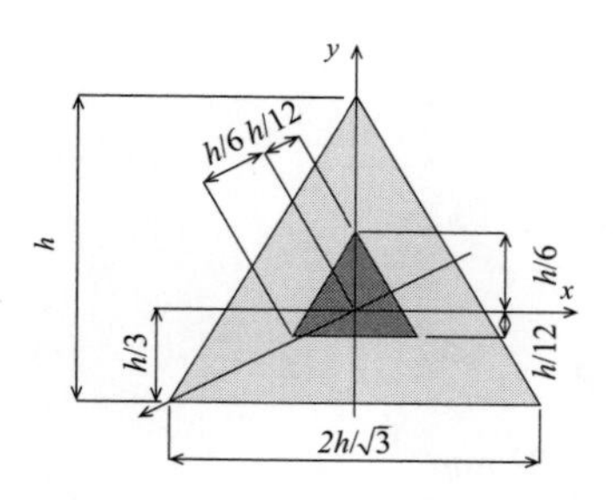

問題 10.3

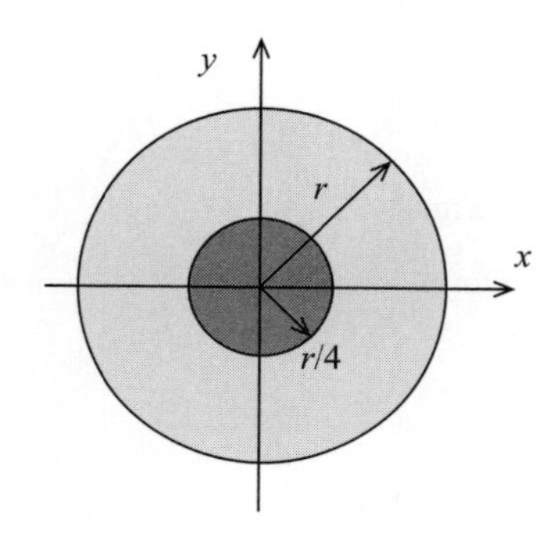

問題 10.4

$P_{cr} = 4.03$ kN

問題 10.5

$\gamma = 2.02$

問題 10.6

座屈する。図 4.17 の場合 $P_{cr} = 43.8$ kN

問題 10.7

(a) 座屈する（$\sigma_{cr} = 18.0$ N/mm^2）

(b) 座屈しない（$\sigma_{cr} = 243.0$ N/mm^2）

(c) 座屈する（$\tau_{cr} = 19.6$ N/mm^2）

第 11 章

問題 11.1

$N_{u0} = 1.24 \times 10^6$ N

問題 11.2

$\sigma'_c = 7.04$ N/mm^2

$\sigma'_s = 38.1$ N/mm^2

$\sigma_s = 162$ N/mm^2

問題 11.3

$\sigma'_c = 8.32$ N/mm^2

$\sigma_s = 117$ N/mm^2

問題 11.4

$M_u = 8.82 \times 10^9$ Nmm

第 12 章

問題 12.1

$l/r = 50$：$\sigma_u = 337.7$ N/mm^2

$l/r = 100$：$\sigma_u = 153.1$ N/mm^2

問題 12.2

$\sigma_u = 307$ N/mm^2

問題 12.3

(a) $t = 11.3$ mm

(b) $t = 34.4$ mm

問題 12.4

$I_s = 3.16 \times 10^6$ cm^4

問題 12.5

$I_v = 5.75 \times 10^6$ cm^4

問題 12.6

$M_P = 13{,}804 \times 10^6$ N・mm

問題 12.7

$M_P = 17{,}172 \times 10^6$ N・mm

問題 12.8

$P_u = 9M_P/(2l)$

問題 12.9

$P_u = 6M_P/l$

問題 12.10

点 C に塑性ヒンジが生じて崩壊する場合：

$P_u = 2M_P/l$

点 C に塑性ヒンジが生じない場合：

$P_u = N_Y/2 + M_P/l$

問題 12.11

$P_u = 3M_P/(2l)$

問題 12.12

$P_u = 5M_P/l$

索引

た

な

は

執筆者紹介

編著者

大垣 賀津雄（おおがき かづお）（1 章，11 章）
ものつくり大学　技能工芸学部　建設学科　教授　博士（工学）
1961 年 1 月，大阪府生まれ。大阪市立大学工学部土木工学科卒業。大阪市立大学 大学院工学研究科土木工学専攻修了。1986 年 4 月～川崎重工業株式会社勤務。2000 年 12 月 長岡技術科学大学より博士（工学）学位授与。2015 年 4 月～ものつくり大学技能工芸学部建設学科教授。技術士（建設部門，総合技術監理部門）

著者

大山 理（おおやま おさむ）（2 章，3 章）
大阪工業大学　工学部　都市デザイン工学科　教授　博士 (工学)
1973 年 1 月，京都府生まれ。大阪工業大学工学部土木工学科卒業。大阪工業大学大学院工学研究科土木工学専攻修了，博士（工学）学位授与。2001 年 4 月～片山ストラテック (現：日本ファブテック) 株式会社勤務。2005 年 4 月～大阪工業大学工学部都市デザイン工学科講師，准教授を経て 2016 年 4 月～現職。

石川 敏之（いしかわ としゆき）（8 章，10 章，12 章）
関西大学　環境都市工学部　都市システム工学科　教授　博士（工学）
1973 年 5 月，兵庫県生まれ。近畿大学理工学部土木工学科卒業。大阪大学大学院工学研究科土木工学専攻修了。2002 年 9 月～駒井鉄工㈱に勤務。2005 年 9 月大阪大学大学院工学研究科土木工学専攻博士後期課程修了，博士（工学）学位授与。2005 年 10 月～大阪大学大学院工学研究科特任研究員。2007 年 8 月～名古屋大学大学院環境学研究科助教。2010 年 4 月～京都大学大学院工学研究科助教。2015 年 4 月～関西大学環境都市工学部准教授を経て 2022 年 4 月～現職

谷口 望（たにぐち のぞむ）（4 章，5 章，7 章）
日本大学　理工学部　交通システム工学科　教授　博士（工学）
1973 年 6 月，北海道生まれ。早稲田大学理工学部土木工学科卒業。早稲田大学大学院理工学研究科建設工学専攻修士課程修了。早稲田大学大学院理工学研究科建設工学専攻博士課程修了。1999 年 4 月～早稲田大学理工学部土木工学科助手。 2001 年 4 月～財団法人鉄道総合技術研究所勤務。2001 年 7 月早稲田大学より博士（工学）学位授与。2008 年 4 月～京都大学工学研究科社会基盤工学専攻特定助教。2010 年 4 月～財団法人鉄道総合技術研究所勤務。2013 年 4 月～前橋工科大学社会環境工学科准教授。2021 年 4 月～現職。技術士（建設部門）

宮下 剛（みやした たけし）（6 章，9 章）」
名古屋工業大学　特任教授　博士（工学）
1975 年 8 月，埼玉県生まれ。東京大学工学部土木工学科卒業。東京大学工学系研究科社会基盤学専攻修士課程修了。東京大学工学系研究科社会基盤学専攻博士課程修了。2005 年 9 月東京大学より博士（工学）学位授与。2005 年 4 月～日本学術振興会特別研究員 (DC2, PD) 。2006 年 4 月～長岡技術科学大学工学部助教，特任講師，准教授を経て，2024 年 4 月～現職。

基礎から実践
構造力学

2024年4月23日　　初版第1刷

編　著　大垣　　賀津雄
著　者　大山　　理
　　　　石川　　敏之
　　　　谷口　　望
　　　　宮下　　剛
印刷所　モリモト印刷
製本所　モリモト印刷

発行所　**理工図書**　株式会社
〒102-0082　東京都千代田区一番町27-2
電　話　03-3230-0221（代表）
FAX　03（3262）8247
振替口座　00180-3-36087番
http://www.rikohtosho.co.jp
お問合せ info@rikohtosho.co.jp

Printed in Japan
ISBN 978-4-8446-0944-5 C3051